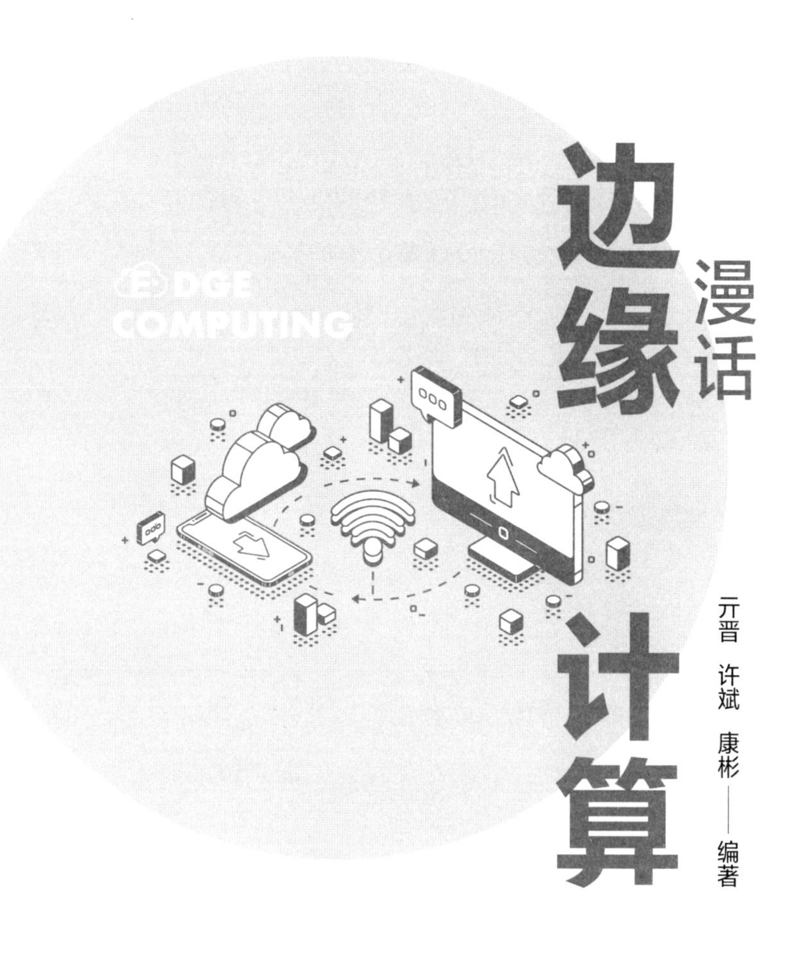

漫话边缘计算

亓晋 许斌 康彬——编著

中国科学技术出版社
·北　京·

图书在版编目（CIP）数据

漫话边缘计算 / 亓晋，许斌，康彬编著 . — 北京：中国科学技术出版社，2023.7
ISBN 978-7-5236-0211-9

Ⅰ . ①漫… Ⅱ . ①亓… ②许… ③康… Ⅲ . ①无线电通信—移动通信—计算—普及读物 Ⅳ . ① TN929.5-49

中国国家版本馆 CIP 数据核字（2023）第 072960 号

策划编辑	杜凡如　王秀艳
责任编辑	史　娜
版式设计	蚂蚁设计
封面设计	北京潜龙
责任校对	焦　宁
责任印制	李晓霖

出　版	中国科学技术出版社
发　行	中国科学技术出版社有限公司发行部
地　址	北京市海淀区中关村南大街 16 号
邮　编	100081
发行电话	010-62173865
传　真	010-62173081
网　址	http://www.cspbooks.com.cn

开　本	710mm × 1000mm　1/16
字　数	256 千字
印　张	18
版　次	2023 年 7 月第 1 版
印　次	2023 年 7 月第 1 次印刷
印　刷	河北鹏润印刷有限公司
书　号	ISBN 978-7-5236-0211-9/TN · 59
定　价	79.00 元

目录
CONTENTS

第一章

边缘计算的神秘面纱

伴随5G（第五代移动通信技术）、人工智能、物联网等前沿技术的兴起，边缘计算正成为当下最流行、最值得关注的技术领域。与此同时，边缘计算的快速发展，给智能家居、智慧城市、智慧交通、智能制造、工业互联网等对实时计算有着高需求的产业应用带来了前所未有的机会。

“边缘计算”概念最早是由电气与电子工程师协会会士（IEEE Fellow）、韦恩州立大学计算机科学系教授——施巍松提出，在谷歌、亚马逊、微软等巨头的大力支持下，在学术界与工业界取得了广泛关注。

但是，作为大众读者，大家难免困惑于这个多少有些新奇而又陌生的名词——“边缘计算”。对此，读者肯定会产生疑问：“什么是边缘计算？边缘计算可以做些什么？边缘计算能够带给我们些什么？边缘计算的价值在哪里？”为了正确回答这些问题，也为了方便读者理解边缘计算的“内涵”，笔者将运用轻松诙谐的文字给大家带来一场“边缘计算”之旅。

《“十四五”信息通信行业发展规划》强调了建设面向特定场景的边缘计算设施，推进边缘计算与大数据、云计算、物联网等技术的融合下沉部署。这充分说明了边缘计算是国家大力推动的前沿创新技术。

那么，边缘计算到底是什么？正如俗话说的那样：一千个人心中就有一千个哈姆莱特，不同的学者和机构对边缘计算的范围界定和描述上均存在差异。通过网罗资料，综合各方观点，笔者较为推崇

OpenStack 社区的解释：边缘计算是为应用开发者和服务提供商在网络的边缘侧提供的云服务和 IT（信息技术）环境服务；目标是在靠近数据输入或用户的地方提供计算、存储功能。

用通俗的话来说，边缘计算提供了一种“边缘侧”服务，可以快速响应用户需求，具有低时延、高带宽、高稳定等特点，可以在终端设备、边缘服务器存储、计算部分甚至全部待处理的数据。事实上，你日常生活中使用的手机就是“边缘端”的一种。

为了进一步加深对边缘计算的理解，我们用一个简单的小例子来说明吧！

在日常生活中，你的智能手机里可能装有音乐 APP（手机应用软件），在使用期间，它会主动收集你的个人信息，包括性别、年龄、音乐播放风格、搜索关键词等。这些数据可以被送入后台进行大数据分析，并建立个性化的用户画像，为你推荐合适的歌曲。

那么，如何快速地计算出你的“音乐喜好”呢？在云计算模式下，这些个人信息会被传送至主云中心服务器，并在主云中心服务器上进行计算，这很可能会带来较高的传输时延。此时，手机仅作为数据收集、发送和接收的对象。然而，在边缘计算模式下，你的“智能手机”拥有本地算力，作为“边缘端”可以直接对个人信息进行运算分析，构建用户画像。所以，在边缘计算中，用户的个人信息可以在本地产生，并且依赖本地算力实现部分或全部的任务计算，大大提高计算效率。

根据上面的例子，读者应该对边缘计算有了直观理解：边缘计算，其实就是云计算模式由于带宽、传输速率、时延等种种限制，利用本地或靠近数据源的设备（“边缘端”）替代主云中心服务器进行数据或应用程序的计算、存储等服务。

一、关于边缘计算和云计算的小故事

你是一名创业人员；

你拥有卓越的技术和远大的理想；

经过一番努力，你创办了一个公司；

当然此时，你的公司只有四五个员工，规模不大，但大家齐心协力；

你们一起探讨方案，开发产品，并进行产业推广；

通过持之以恒的努力，公司终于在某一天上市了；

公司员工越来越多，业务部门越来越复杂，规模越来越大；

从前公司内的任何细节都需要你亲自过问，但你现在明显力不从心；

于是，你开始挑选部门负责人，让他们代替你去完成相应业务；

而你只需要汇总重要的事，管理好各部门的负责人即可；

慢慢地，公司组织越来越井井有条……

在上述故事中，我们假设创业的“你”是“云中心”，那么各个部门负责人就是“边缘端”。公司运作的过程，就如同主云中心服务器将数据、应用程序等任务所需的通信、存储和计算任务下沉到网络边缘节点一般。

我们希望读者可以领悟到：如果把所有事情都交给主云中心服务器来处理，是不现实的。它可能给网络带来高时延以及中断的风险，严重降低任务执行效率。而边缘计算模式则可以将数据、应用程序的部分或全部从主云中心转移到“边缘侧”的逻辑端点，缓解其与主云中心服务器之间的通信带宽，有助于降低传输成本与时延。

作为云计算的衍生物，边缘计算在继承其性能特征的基础之上做了进一步改进，以达到万物互联时代的用户体验需求。那么，相较于云计算，边缘计算有哪些优势呢？

优势一：实时性

与云计算模式不同，边缘计算无须将数据发送至主云中心服务器，避免集中式处理造成的高时延问题。以“智能驾驶”为例，安装在“智能汽车”上的可见光摄像头、毫米波雷达、激光雷达等传感器能够动态收集实际路况信息，当有潜在交通威胁发生时，“智能汽车”必须在极短的时间内作出反应。边缘计算为上述场景带来了机会，它通过“边缘侧”即时处理的特性，减少了数据在车辆端与主云中心服务器之间的回传时延，具有实时性。

优势二：智能性

在云计算模式下，网络的功能服务需要在主云中心服务器上进行处理，显得十分笨拙。但是，在边缘计算模式下，它们能够在边缘节点直接处理，并将结果返回给网络用户，这在很大程度上提高了网络的智能性。

优势三：数据聚合性

在现实中，边缘节点可以充当“数据聚合器”，它们可以收集大量数据并进行预处理，然后发送给“云”后再作进一步运算分析。

优势四：低时延

由于边缘计算能够在数据产生的源头就对其进行处理，不再消耗大量时间将数据传输到相隔较远的主云中心，大大保证了任务执行的低时延需求。这是边缘计算的一大优势，使其在智能制造、智慧健康、智能驾驶等应用场景起到支撑性作用。因为，相关计算任务的决策必须在毫秒级时长内完成。

优势五：低带宽

根据高德纳（Gartner，全球最具权威的信息技术研究与顾问咨询公司，成立于1979年，总部设在美国康涅狄格州斯坦福）物联网知名研究机构 Machina Research 统计数据显示，2025 年全球物联网设备（包括蜂窝及非蜂窝）将达到 251 亿个。以智能手机为例，平均每个月会产生 100Gbit 大小的数据。以飞机为例，波音 787 飞机的每个引擎一天可产生 588Gbit 左右的数据。请试想一下，如果把这些数据一股脑地发送到云端，将造成任务的严重拥堵。就好像高速公路上只有一个收费站口，塞满了等待过路的汽车，水泄不通！而边缘计算可以将部分任务迁移至更接近用户的“边缘端”，这就如同添加了几个电子不停车收费系统通道，疏导了等待过路缴费的汽车造成的交通拥堵，减少了拥挤。

优势六：隐私保护

边缘计算的另一大优势在隐私保护方面。由于边缘计算部署在离数据源更近的边缘侧，这在一定程度上避免了远距离通信（云计算模式）时可能造成的攻击；同时，边缘计算强调分布式存储，打破了传统集中存储方式，即用户的数据是按照一定规则分散放置在边缘侧不同的边缘计算设备上，避免了“一人”专断独权的现象，即使一台设备中的信息被窃取，也不会对整体造成严重影响。可靠的安全机制是保障运营商网络和服务，以及智能制造、智慧健康、智慧交通等产业应用的关键。

二、边缘计算就在我们身边

通过上一节的故事，相信读者对边缘计算的概念有了一个初步了解。边缘计算其实就是将原本需要在主云中心服务器进行计算、存储的任务下沉至“边缘侧”节点。那么，边缘计算在我们的生活中又有什么样的实际应用呢?

希望下面的案例能够帮助你对边缘计算在实际生活中的应用有一个较为全面的了解。

1. 案例一：计算卸载

随着物联网技术的发展，许多日常设备具有了计算能力，如智能手机、智能手表、高清摄像机等，它们可以被理解为“小型计算机”，直接对数据进行处理分析。这些都是从前的我们无法想象到的。从前，当任务在智能设备上产生时，通常的做法是将相关数据、应用程序发送给云服务器，这势必会造成较长的时延，降低用户体验。而计算卸载，正如它的字面意思那样，可以将应用任务在智能设备上完成计算操作，有效地减轻了云服务器的计算负担。举个例子，你正在浏览购物APP，想要为自己挑选一件时尚的T恤，你打开店铺、挑选商品、点击付款、确认收货方式……这每一步操作的背后都需要进行数据的处理与分析，但其中的每一步操作都是在你的智能手机上完成的。

2. 案例二：视频分析

网络摄像头的广泛使用使视频分析成为一项新兴技术。我们举一个在城市中寻找迷路老人的例子进行说明。当有老人走失后，家人通过报警，可以联系警察调用部署在城市范围内的摄像影像进行回顾搜索。但该方式需要花费大量的时间回溯老人可能走过的每一个街道、每一个路口，这不仅浪费了大量时间，对老人的安全也是一种威胁，毕竟，时间就是生命！当采取边缘计算模式时，部署在城市范围内的摄像机，首先从云端获取搜索走失老人的请求，然后在其内部存储的相关影像数据中进行搜索分析，一旦发现信息即发出报告，同时还可以在摄像机端进行实时的人像识别，大大提高任务执行效率。

3. 案例三：智慧城市

边缘计算应用可以从家庭扩展到社区，甚至扩展到城市，边缘计算为智慧城市建设的实时性提供了可能。为了实现智慧城市，云端需要存储非常大的数据量，2019年一个100万人口的城市每天产生180PB（存储单位拍字节，1PB=1024TB=1048576GB）的数据，数据涉及公共安全、健康、公用事业和交通运输等方面。建立集中式的云中心来处理所有的数据是不现实的，因为所需的工作量、成本等太大了。在这种情况下，边缘计算成为一种有效的解决方案。分布在城市各个角落的无线传感器可以详细地监测城市的环境，并结合边缘计算来降低数据传输时间、简化网络结构，为卫生应急、公共安全等服务提供低时延预测服务。具体内容见图1.1。

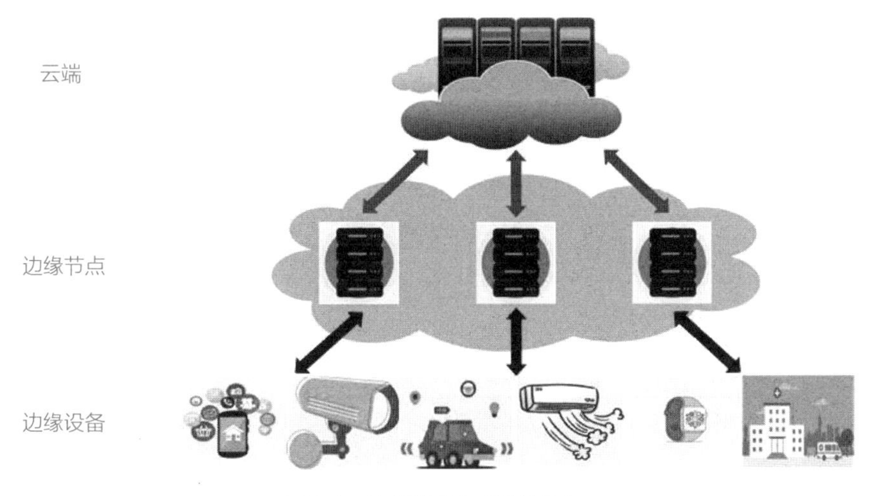

图1.1　边缘计算与智慧城市

4. 案例四：虚拟现实 / 增强现实

虚拟现实（Virtual Reality，VR）和增强现实（Augment Reality，AR）是资源密集型的应用服务，需要极短的响应时间，这对于当前的网络基础架构来说是一个挑战。如果将虚拟现实和增强现实对图片渲染的计算任务“下沉”到边缘设备或边缘计算服务器上，就可以大幅降低计算处理时延。将边缘计算服务器安放在与最终用户及其设备所在的位置距离很近的地方，可以给用户实时提供相应的计算服务，提高用户体验。

5. 案例五：安防监控

传统安防监控严重依赖人工审查，且通过摄像机收集到的监控视频需要通过核心网传输至云中心服务器进行计算与存储，这无疑给网络带来了负担。我们相信，在边缘计算模式下，摄像机能够充当“边缘终端”，因为它具备强大的数据采集能力，并对收集到的视频、图像数据进行预处理，包括缓存数据、本地判决、数据清洗，有效降低网络传输压力和业务端到端时延。此外，安防监控还可与人工智能相结合，通过在云中心训练算法，在边缘计算节点执行算法推理，协同完成本地决策与实时响应，实现人像重定位、人脸识别、身份鉴别、危险报警等业务应用。请你想象一下：夜黑风高，有一个陌生人闯入了工业园区。此时，架设在墙角的摄像机捕捉到了他的“身影”。“边缘端”立刻对收集到的视频、图像进行筛选、清洗，并进一步运用云端训练好的人工智能算法对陌生人进行人像重定位、身份识别、危险行为识别等。一旦发现可能存在盗窃、毁坏园区的现象，立刻上报值班工作人员或联网报警。安防监控施行架构可见图1.2。

图1.2　安防监控中的边缘计算

6. 案例六：智慧交通

当前，城市交通系统正面临重大变革。随着机动车、非机动车的普及，以及城市道路的建设，据公安部统计，截至2022年上半年，我国汽车保有量达3.1亿辆，其中新能源汽车保有量达1001万辆，汽车驾驶员达到4.54亿人。因此，如何提高交通系统的整体效率，提升市民出行的质量是最重要的挑战。“自动驾驶”是智慧交通的关键部分。要实现汽车的智能化，加强汽车的感知能力与计算能力，就必须给汽车搭载激光雷达、红外摄像头等感应装置，通过将收集到的路况数据传输给路侧边缘节点，能够在复杂路况下实现协同决策、事故预警、辅助驾驶等应用，加深车与车、车与路的协同能力，并进一步实现人、车、路之间高效的互联互通和信息共享。在未来，道路边缘节点还将集成地图系统、交通信号信息、移动目标信息，通过与云端融合，为边缘节点下发调度指令，整体提高交通系统的运行效率，最大限度地保障市民出行的安全与质量。具体内容见图1.3。

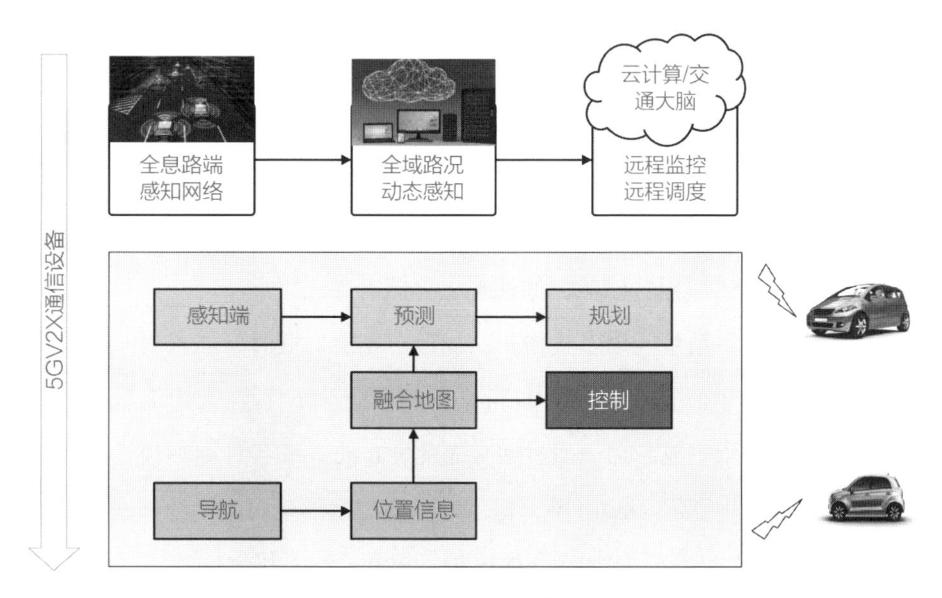

图1.3　智慧交通

以上6个案例只是边缘计算应用的冰山一角，关于边缘计算更多的应用，笔者会在后续章节详细介绍，希望这6个案例的介绍能够让读者感受到：边缘计算离我们并不遥远，它就在我们身边。

实际上，我们的生活已经或多或少被边缘计算所影响、改变，只是我们没有意识到。我们对边缘计算技术有多少了解呢？我们是不是一个求道边缘计算的“小学生”？让我们悄然地转一个身，轻声自问：“面对边缘计算，我落伍了吗？”

三、边缘计算世界的风起云涌

当大众还不知道边缘计算为何物之时，走在技术前列的科技弄潮儿——各大科技公司（亚马逊、微软、谷歌等），正在加速边缘计算的发展并推动其应用落地。

1. 边缘计算在国外

边缘计算技术正处于全速上升阶段，以亚马逊、谷歌、微软等为代表的信息技术巨头是该技术领域的开拓者与领航者。

2019年，亚马逊云科技发布了Wavelength，针对5G市场提供了边缘计算解决方案，通过使用电信提供商的基础设施，在5G无线网络边缘部署存储和计算资源来支持5G应用，使数据的处理、存储更接近用户。

随着联网设备数量的爆发式增长，加上对私密、低时延需求以及带宽限制等因素，2019年，谷歌发布了Coral Edge TPU芯片，旨在为边缘运行人工智能模型打造专用集成芯片。通过融合先前发布的Coral各种原型设计和生产产品以及Cloud TPU和Cloud IoT等，提供端到端的基础架构，协助部署客户基于人工智能的解决方案，例如预测性维护、异常检测、机器视觉等。

人工智能芯片制造商英伟达于2019年推出首款面向边缘设备的人工智能平台EGX。该平台能够在不与云中心交互的前提下完成实时数据感知与主动数据推理。EGX平台是可扩展的，可以从基于Jetson Nano处理器的轻型服务器扩展到基于NVIDIA T4的边缘服务器的微型数据中心，实现每秒100000000亿次操作。

微软公司计划大力投资物联网与边缘计算项目，预计总投资额为50亿美元左右。2020年，微软正式发布了Azure Edge Zones边缘计算平台，主要用于处理时延敏感的用例，例如机器人、混合现实和实时分析，基于云的托管服务，融合可靠的硬件和高速5G网络，以构建最全面、最广泛的边缘网络。

苹果公司正在采取设备驱动的方法来进行边缘计算，它专注于设备级的数据处理。2020年，苹果公司以2亿美元的价格收购了人工智能芯片制造厂商Xnor.ai，通过简化诸如图像识别的人工智能算法，使其更易运行在智能手机等设备上，有效支持Siri（苹果智能语音助手）、相机、新闻和地图等终端应用。

随着国际标准化组织对边缘计算的重视，边缘计算的标准化工作也开始得到发展。2017年国际电工委员会（IEC）发布了*Vertical Edge Intelligence*（VEI）白皮书，介绍了边缘计算对于制造业行业的重要价值。2018年年初，国际电信联盟物联网和智慧城市研究组（TTU-TSG20）成功立项首个物联网领域边缘计算项目，用于边缘计算的物联网需求。2019年，该机构又立项研究5G边缘计算网络层安全能力。2020年5月，工业互联网产业联盟发起了“边缘计算标准件计划”，联合各方展开包括《工业互联网边缘计算总体架构与要求》《工业互联网边缘计算节点模型与功能要求，边缘网关》等设备与平台标准研制，以及评估测量工作[1]。根据估算可知，2017—2026年美国在边缘计算方面的支出将达到870亿美元，欧洲则为1850亿美元。边缘计算将拥有巨大市场并能带动行业、社会经济发展。

从众多的边缘计算策略的积极跟进中我们可以看出如下端倪：目

前，无论是企业还是行业组织都在布局边缘计算的技术以及标准制定，这似乎是一种商业防御或行业防御。

2. 边缘计算在中国

2016年11月30日，边缘计算产业联盟（Edge Computing Consortium，ECC）在北京成立。该联盟由华为公司、中国科学院沈阳自动化研究所、中国信息通信研究院、英特尔公司、ARM公司等在北京倡导成立[2]，首批成员单位共有62家，涵盖科研院校、工业制造、能源电力等不同领域。在此基础之上，联盟发布了《边缘计算参考架构》1.0和2.0版本，提出了边缘计算在工业制造、电力能源、智慧城市、交通等行业应用的解决方案。

2017年，中国通信标准化协会（CCSA）对边缘计算发起了立项研究。CCSA工业互联网特设任务组（ST8）重点讨论了面向工业互联网的边缘计算和边缘云标准化内容，现已立项了《工业互联网边缘计算总体架构与要求》《工业互联网边缘计算技术研究》《工业互联网边缘计算边缘节点模型与要求》《工业互联网边缘计算需求》等标准。CCSA无线通信技术工作委员会（TC5）则给出了涉及边缘计算平台架构、场景需求、关键技术研究和总体技术要求[3]。

2018年11月，华为开源了云原生边缘计算平台项目KubeEdge，将Kubernetes原生的容器编排和调度能力拓展到边缘。KubeEdge还为边缘应用部署、云边元数据同步、边缘设备管理等提供基础设施支持，全面打通边缘计算中云、边、端协同场景。目前该平台已广泛应用于智能交通、智慧城市、智慧园区等领域。

边缘计算IT基础设施推进工作组ECII（由边缘计算产业联盟和绿色计算产业联盟联合成立）于2019年发布《边缘计算IT基础设施白皮书1.0》，该白皮书重新定义了边缘服务器的需求、技术方案和产业生态，阐述了边缘服务器主要计算架构的异构计算在多核并发、绿色节能以及云、边、端协同等方面的独特优势。

2020年12月，阿里云正式推出AIoT（人工智能物联网）边缘计算产品家族，包括28个场景一体机及3个系列通用一体机等边缘计算产品，覆盖城市、工业、农业、零售等领域，具有云边协同、近场计算、软硬一体等特点，基于云原生技术，构建云上管控，边缘执行的服务体系，可实现算力精细分工和下沉，提升边缘侧设备的智能化水平。例如，智能制造领域的基于机器视觉的缺陷检测解决方案能够在0.695秒的时间内完成精度高达99.9%以上的缺陷检测。

2021年，中国移动发布了边缘计算通用平台OpenSigma2.0，该平台具备更加丰富的边缘网络能力，为应用开发者提供需求对接、环境适配、分发部署、商用上线的一站式边缘计算服务。该平台已逐渐应用到了300余个区域和省级中心云上，建设了超过1500个内容分发网络（CDN）边缘节点[4]。

总体来说，我国的边缘计算研究虽然起步较晚，但发展较快。

> 曾经有一个珍贵的机会摆在我面前，但是我没有珍惜，等到失去的时候才后悔莫及，尘世间最痛苦的事莫过于此。如果上天能够给我再来一次的机会，我会对边缘计算说出那三个字：我爱你。如果非要在这份爱上加上一个期限，我希望……从现在起！
>
> ——中国IT人

四、边缘计算的终极主力军

在先前的内容中，我们揭秘了边缘计算的“神秘面纱”，探讨了边缘计算的“风起云涌”。下面，笔者将简单介绍一下边缘计算的终极主力军。

今天，人们通过移动互联网看视频、进行线上购物，在这种云计算服务越来越普及的市场环境下，诸如抖音、京东、天猫、拼多多等平台，除了核心放在云上之外，都需要借助内容分发网络的边缘模式[5]。万物互联时代，边缘计算正加速向我们靠近：无论是远程医疗、流畅低时延的智能生活还是智能驾驶，背后都有它的身影。研究公司Analysys Mason的数据显示，未来三年IT预算的30%将用于边缘计算。美国公司Grand View Research预测：边缘计算市场有望以每年54%的速度增长，到2025年，市场规模有望达到290亿美元。边缘计算作为云计算的重要补充，具有低延迟、低带宽运行和隐私保护等优点，因此吸引了不少终极主力军进入这一领域。

1. 国内运营商

股票市场上，通信板块里面的公司是众多股民热捧的对象，然而翻看财务报告，却发现它们往往都是“打工仔”，整个产业链的利润主要是流向最上游的设备厂家，还有最下游的运营商。这个规律几十年来一直奏效，然而踏入5G时代之后，运营商有变成“打工仔”的趋势——之前运营商能够成为价值的汇聚点，是因为运营商在整个产业链中是最接近用户的，也就是掌握着用户资源。然而从3G时代开始，这个角色被互联网企业撬动了，它们基于运营商的网络，向用户提供如网络通信、电子支付、云计算等服务。现在运营商虽然还捏着用户，但是用户的主导权已经有所转移，所以就不难解释为什么互联网大佬们会对5G有各种憧憬以及运营商有纠结的情绪了。

不仅如此，网络建设的投入越来越高，使用周期却越来越短，投入产出比正在下降。运营商也尝试过互联网化：推出了飞信、翼支付、咪咕等产品，但是效果并不显著。所以主流的意见是回归自己擅长的领域，走智能管道之路，即在5G时代扳回一局，而边缘计算似乎是扳回这一局的必争之地。在竞争激烈的市场中，为了获得高性能低延迟的服务，移动运营商纷纷开始部署移动边缘计算（MEC）[6]。下面将介绍我国三家大运营商，中国电信、中国移动和中国联通在移动边缘计算的战略部署。

（1）中国电信

近年来，中国电信一直以5G应用推动者的身份在MEC技术上深入研究，大力推进MEC平台的建设，同时和一些合作伙伴，如英特尔，共同努力改革传统网络模式，创建网络新模式，高效构建智能应用。在智能制造、直播视频等场景中，中国电信构建的MEC平台的身影随处可见。值得一提的是，在该MEC平台中，中国电信向广大用户提供了多项关键服务：连接、计算、安全/运维和能力/应用。

集团级MEC业务管理平台、省级汇聚层、地市级边缘面向企业及面向消费者的MEP（移动边缘节点）和区县级边缘面向消费者的移动边缘节点是中国电信MEC平台共拥有的四个关键部分。移动边缘节点已由MEC平台在全国各地级市部署，它采用了一站式部署方法，MEC业务管理平台完成集约运行，实现一点入云、一跳入云、一键部署、全国创新。

一点入云：MEC平台不仅支持固移融合的网络接入和服务质量保障，还支持多样化的承载/接入方式，以标准接口，快速、安全地在平台中加载智能应用，实现“一点入云”。中国电信MEC应用部署过程如图1.4所示。

一跳入云：多个模块被运用在中国电信MEC平台上为网络资源提供保障，比如通过专有云对接、5G用户面功能（User Plane Function，UPF）模块，使终端到边缘侧的接入时延控制在毫秒级。

中国电信使用英特尔的软硬件产品与技术和第二代英特尔可扩展处理器、OpenVINO工具等一系列高级产品，保障MEC平台上具有牢固的计算和保存能力，并提供统一的软件环境，为人工智能应用提供推理加速。结合英特尔的产品与技术，中国电信MEC平台获得的竞争优势如下。

统一的边缘能力管理平台。中国电信MEC平台使用英特尔开发的一款开源平台OpenNESS，见图1.5，用于在异构网络和多云环境中快速构建集成应用开发和托管环境，提供更灵活的边缘应用管理，方便平台用户的迁移和部署。OpenNESS可以构建MEC平台控制器和边缘节点代理两个模块。前者可

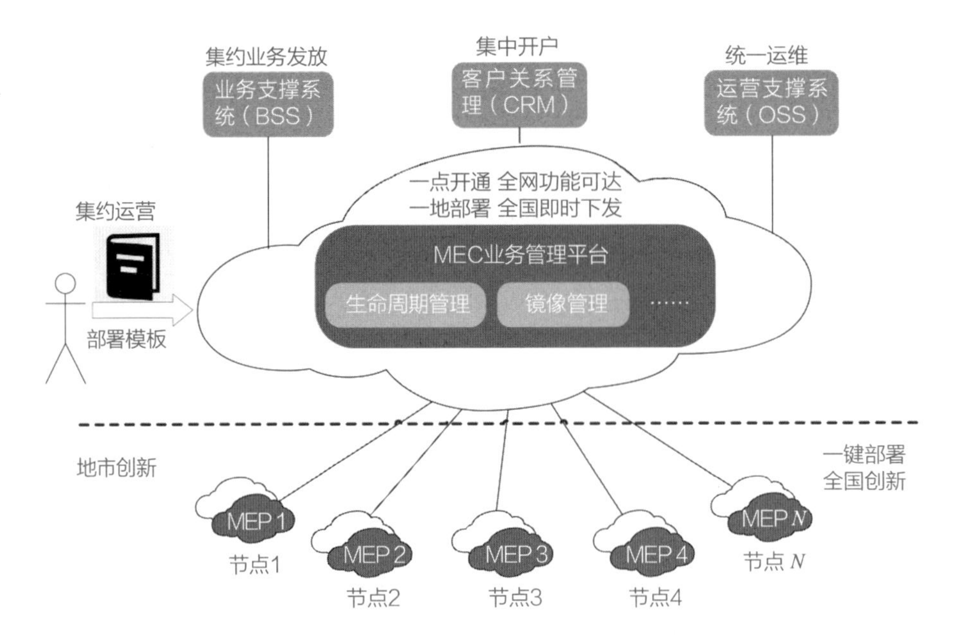

图1.4 中国电信MEC应用部署

以部署MEC平台，并与Kubernetes协同预分配平台资源，提升应用效率。后者可以通过各种网络接口控制数据流和身份验证，以提高应用程序的效率和安全性。

强劲有力的计算存储性能。针对海量数据清洗和人工智能推理问题，中国电信MEC平台使用英特尔傲腾硬盘产品，结合传统硬盘存储和现代化的分布式存储，其中基于傲腾技术的英特尔傲腾硬盘在每秒读写次数和硬盘使用寿命上表现优秀，在满足相同性能要求的情况下，它可以有效减少分布式存储节点的数量，从而降低解决方案的总成本。

智能应用人工智能推理加速。中国电信MEC平台采用英特尔的工业边缘洞见（Edge Insight EII）软件，大大简化了大数据的采集和分析过程。与此同时，人工智能推理任务还可以通过OpenVINO工具套件为大数据的全生命周期加速。这个英特尔开源工具套件和嵌入式导入模型支持转换和优化，使用一套硬件指令集就可以从深度学习模型加速推理，以支持高性能计算机视

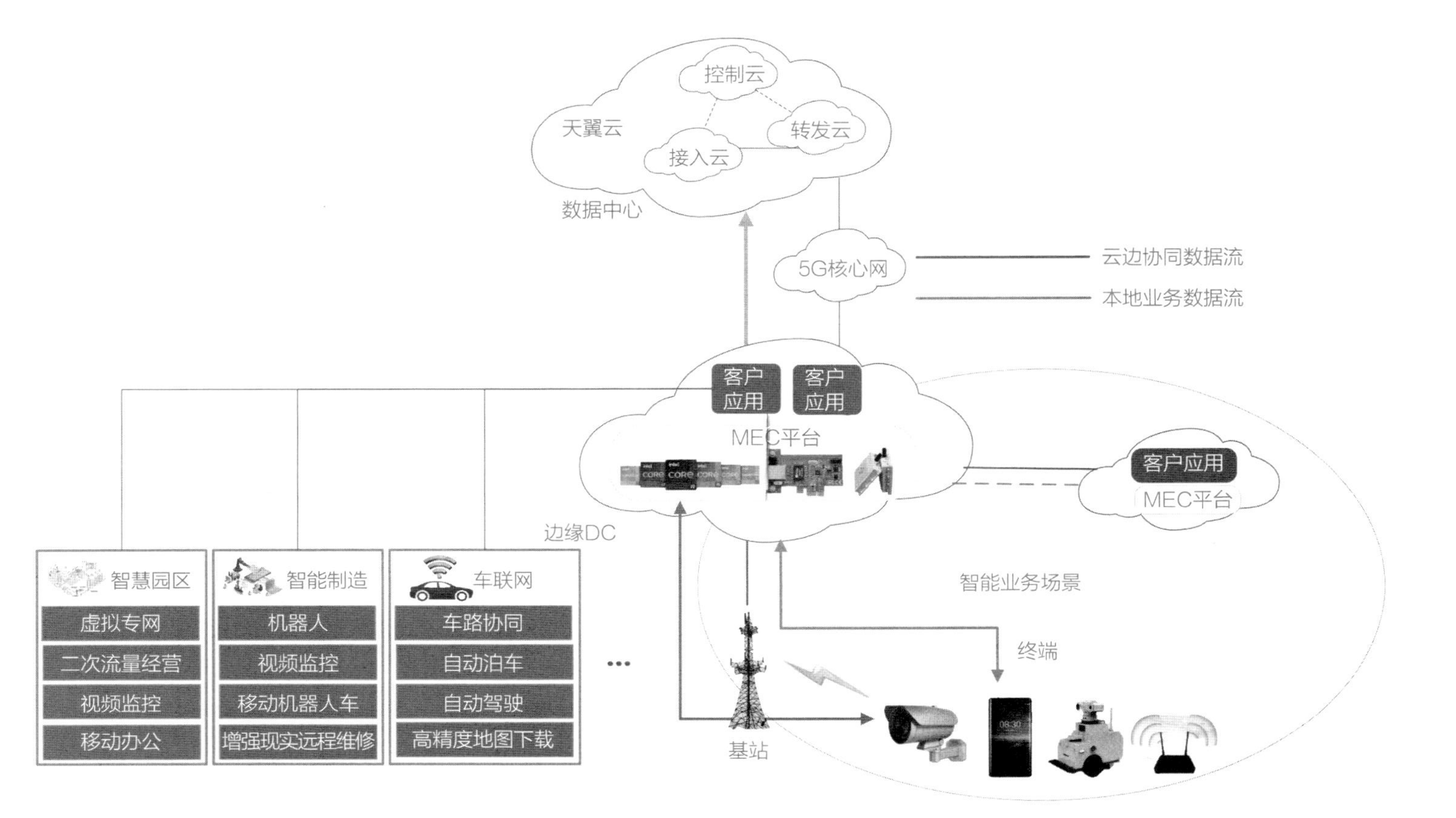

图1.5 中国电信MEC平台应用部署架构

觉算法。以上工具的使用既从根本上提高了复杂工作的效率，也提高了中国电信MEC平台的竞争力。

在云视频直播、质检、智慧医疗、智能制造等一系列垂直领域场景中，中国电信MEC平台已部署落地，而且已经取得了卓越的成果。

助力智慧工厂工业质检。在工业领域，质量检测一直是多数厂家面临的一大难题。随着市场的快速发展，早期的质量检测方法已经不能满足系统的巨大需求，而由于人工检测效率较低，所以工厂逐渐用质量检测机代替人工检测。但在传统情况下，大多数工厂仍依靠有线技术将机器和检测设备进行连接，导致设备部署困难、调试时间长、线路维护困难。5G边缘计算技术以高带宽、低时延、高算力、高可靠性为工业视觉机器质量检测注入了新力量。第一，采用5G无线连接方式代替传统的有线连接，使系统更方便适应复杂的制造环境，同时大大降低了升级线的成本；第二，超高的5G传输带宽能够达到超过50Mb/s甚至200Mb/s的传输速度，端到端通信时延等级10ms的性能，完全满足现代化工业中网络视觉系统的要求，同时支持大量工业生产数据的实时处理工作。例如，中国电信MEC数据节点平台通过3D激光摄像头终端实时采集生产数据并加工处理分析，实现了切割测试、凹槽测试、标识牌等功能，有效提升了产品质量和生产效率，减少了机器停机时间和工厂投资成本。

助力纺织工厂织物缺陷检测。纺织企业生产的产品更新快，生产的原材料千差万别，导致面料检测难度大，次品率始终居高不下，很多弹性制造和柔性制造无法满足要求。以一家纺织企业为例，在实际生产中，面料的质地和颜色多式多样，而人工或传统的软件面料检测算法往往只能识别特殊缺陷，难以识别其他细微的缺陷。而人工智能模型则可以通过对大规模缺陷数据纹理的不断训练和迭代改进，实现自我学习以识别更多人工或传统检测方法检测不出的缺陷。然而，大量的数据训练和启发式方法的应用注定了传统生产线的计算机无法像工业计算机那样处理任务。为了帮助用户有效处理这些问题，中国电信联合英特尔打造了基于云的智能工厂方案，助力织物缺陷检测。这个新方案将OpenVINO工具、逻辑和分析、生产线和控制设备一起在现场边缘设备上部署，经过5G网络，有缺陷的数据可以被上传至MEC边缘服务器，再由第二代英特尔至强扩展处理器和OpenVINO工具套件构建的计算特性发挥作用，迭代优化之后的算法模型会被发送到边缘服务器中，形成完整的工作检测闭环。

助力高清视频直播美颜呈现。随着高清时代的到来，舞台细节变得清晰可见，为了获得最佳的视听效果，越来越多的云视频直播采用实时优化技术，帮助演员隐藏皮肤瑕疵，提升形象美感，以呈现更好的视频效果。但是要做到实时“美”并不容易。一般来说，对演员进行美颜时，我们需要将视频分帧，然后进行放大双眼、瘦脸、瘦下巴、添加滤镜等美形美容处理。在高清视频直播中，单个视频码率通常达到每秒几十位，如果所有美容都由云端处理，显然将为网络带宽带来巨大挑战。中国电信正在与英特尔合作，通过MEC平台帮助客户解决这个问题。MEC服务器平台部署在数据中心边缘，可以直接处理高清摄像头实时拍摄的图像，完成一系列美容后，直接由5G核心网推送到移动设备而不是在云端进行处理。在此过程中，云端只是简单地将美颜算法交付给MEC平台，这种模式让整个美颜过程发生在边缘侧，大大降低了高清视频数据在网络上的传输的能耗和延迟。

目前，中国电信MEC平台已广泛应用于教育、医疗、制造、智慧园区等垂直领域，为超过1600家用户提供优质的边缘计算服务。针对未来人工智能技术加速落地的趋势，中国电信还将继续与英特尔及其他行业合作伙伴一起，探索更多先进软硬件产品与5G MEC场景的结合，加速云边端协同整体解决方案在更多行业应用中的落地，以更多高性价的解决方案为不同垂直领域用户的数字化、智能化转型提供驱动力，加速智能化新时代的到来。

（2）中国移动

中国移动边缘计算的发展背景，概括为一句话就是，始于内容分发，服务于全行业数字化转型。边缘计算在靠近数据源和用户的位置为用户提供计算、存储等基础设施，同时以开放平台为载体，为用户提供云环境和相应的边缘业务，在用户近端实现更安全、实时的智能化业务。

IT界利用强大的云平台，将云PaaS（平台即服务）能力下沉到用户近端，将云应用生态延伸到用户侧；工业界通过边缘计算掌握垂直行业入口，在工业现场终结实时性业务，对上云数据进行清洗和过滤，提高云平台运行效率；电信界以5G发展为契机，充分发挥边缘节点的基础资源优势，将算力与连接资源有机结合，为垂直行业提供智能化基础设施。可以说，边缘计算是撬开垂直行业新业务、新价值、新模式的一把利器，如何将5G网络与边缘算力协同以解决行业的痛点，是运营商抓住边缘计算机遇的关键。图1.6展示了中国移动的5G系统设计愿景。

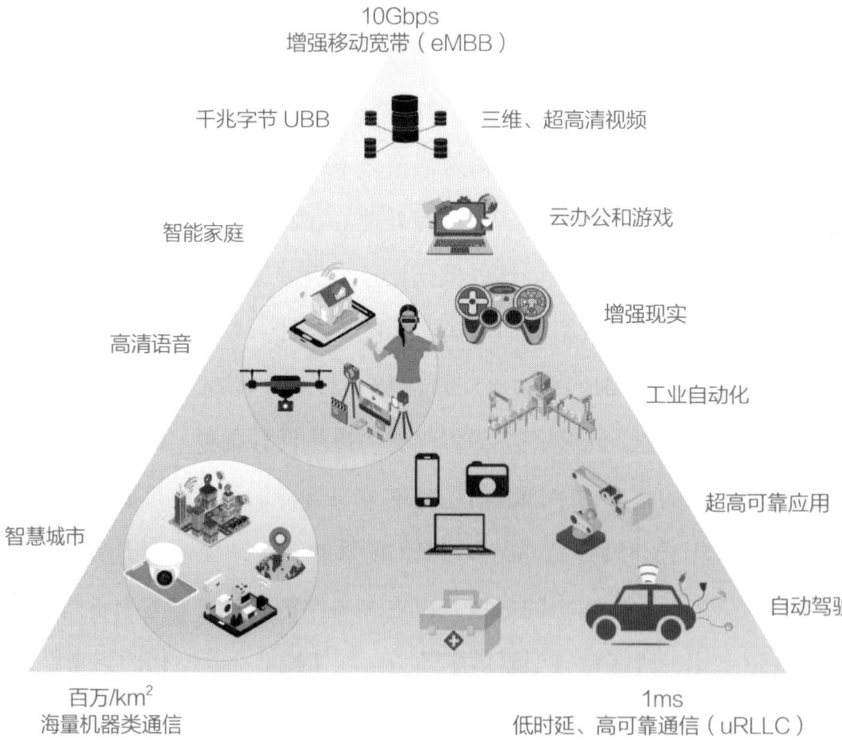

10Gbps
增强移动宽带（eMBB）
千兆字节 UBB
三维、超高清视频
云办公和游戏
智能家庭
增强现实
高清语音
工业自动化
超高可靠应用
智慧城市
自动驾驶
百万/km^2
海量机器类通信
1ms
低时延、高可靠通信（uRLLC）

图1.6　5G系统设计愿景

边缘计算的部署位置。根据运营商端到端基础资源建设及业务发展这一特征，在物理部署位置方面，中国移动的边缘计算节点大概能分为网络侧和现场级边缘计算这两大类别。网络侧边缘计算部署在地市及更低级别的机房中，这些节点作为微型的数据中心，云是其大部分的存在形式。现场级边缘计算则部署在运营商网络的接入点中，这些节点的位置大多在用户属地，许多节点没有机房环境，被用户业务作为接入运营商网络的第一个节点，边缘计算智能网关等CPE（用户前置设备/用户驻地设备）类设备是典型的设备形态。这里需要指出的是，对于蜂窝网基站这类节点，虽然也属于接入点，但由于其部署在运营商机房中，物理位置有高有低，笔者仍将其归类为网络侧边缘计算节点。

面向全连接的算力平面。经过20年的努力，中国移动打造了一张覆盖无线和有线的网络基础设施平面。由于NFV（网络虚拟化）技术的迭代更新，中国移动开始构建服务于虚拟化网元的电信云设施。在人工智能、未来工业互联网等新兴业务上，中国移动以端到端的网络平面为基础，利用边缘计算的特点与优势，打造一张面向全连接的算力平面，形成算力的全网覆盖，将就近的智能连接基础设施提供给各垂直行业。在这个新的算力平面中，现场级边缘计算无处不在，智能化接入和实时数据处理被提供给用户，业务的接入更加灵活，为数据生态赋能；网络侧边缘计算触手可及，给用户提供了丰富的算力，人工智能、图像识别和视频渲染等新业务得以承载，为应用生态赋能。大量互补融合的网络资源与算力资源将垂直行业的业务的用户体验提升到了极致。

边缘计算技术体系视图。中国移动打造的边缘体系细分为行业应用、PaaS能力、IaaS（基础设施即服务）设施、机房规划、硬件设备和网络承载这几个重要领域。对于部署在不同位置的边缘计算，它们在这些专业领域中都有更个性化的技术选择，见图1.7。

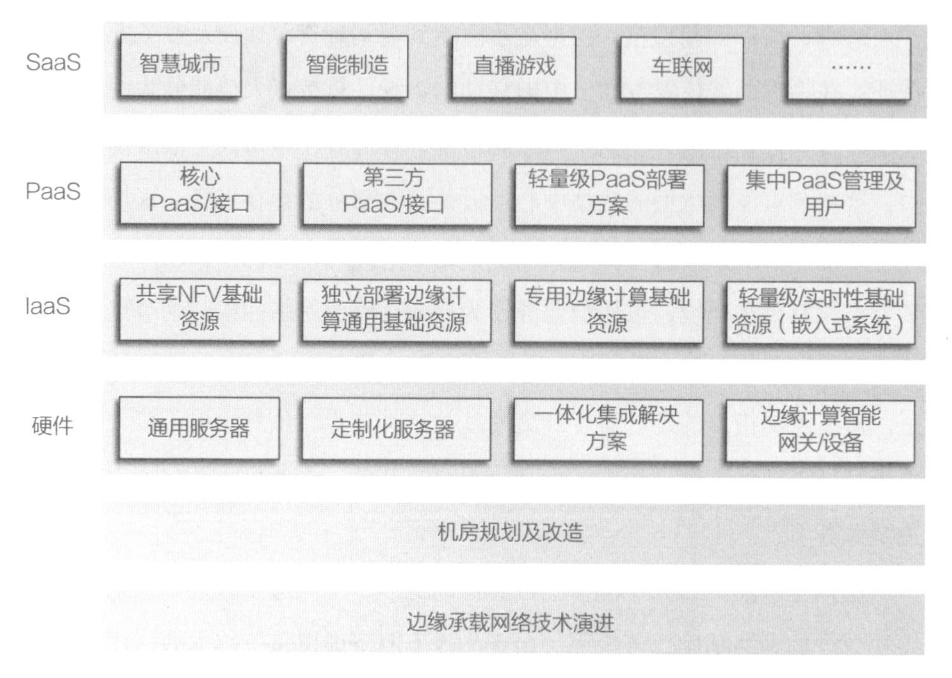

图1.7 中国移动边缘计算体系视图

边缘计算安全。安全在边缘计算中非常关键。首先，避免引入边缘计算应用对运营商基本网络和服务产生不良影响需要有效的边缘计算安全机制；其次，为了保证第三方应用入驻边缘计算平台的安全性，必须从技术和管理上确保边缘计算本身的安全；此外，一些通用的安全能力（如防火墙、入侵检测系统/入侵防御系统等）也被入驻边缘计算平台的第三方应用所需。确保边缘计算产业和生态健康发展，前提是完善网络和信息安全机制。在组网方面，边缘节点遭受物理攻击的风险变大，因为其靠近用户，边缘节点部署核心网用户面功能网元，并接入核心网数据面网关，这增大了核心网的攻击面；在业务提供方式方面，多个第三方边缘计算应用的托管、入驻需要运营商做好应用与应用、应用与网元之间的隔离；在运营模式方面，运营商还需要积累边缘计算平台、第三方应用的协作管理和运维的经验。此外，因为第三方开放网络能力涉及网络安全、业务和用户数据安全、用户隐私管理和控制等多方面的安全问题，所以应该从以下几个方面落实边缘计算安全。

典型业务场景介绍。目前边缘计算行业的应用发展大体呈现两个阵营：一类是已经在公有云部署的成熟业务，随着业务量增长和用户实时性体验需求高涨，产生了向边缘计算延伸演进的动机。这类应用非常依赖原属公有云生态，且受到来自网络、数据和业务逻辑各层面边云协同的技术挑战。另一类是新兴的边缘计算原生业务，因为自身对安全、带宽和时延需求比较严苛，边缘计算资源需要就近使用。这一类应用不太依赖公有云生态，但当下由于边缘计算生态还不够成熟，碎片化是这一类应用生态比较严重的问题。边缘计算的PaaS、IaaS和硬件平台同时考虑了上述两类应用生态的优缺点，并进行了针对性设计，不仅将现存公有云应用生态需求下沉，还构建了原生边缘计算应用生态所需要的核心能力。边缘计算技术体系中的关键赋能模块包括PaaS、IaaS和硬件平台。在PaaS方面，运营商可以利用自身网络资源的独特优势，通过基础PaaS平台为上层应用提供各类特色网络服务。第三方PaaS平台也有着同样的重要程度，因为第三方合作伙伴对行业逻辑的理解，在一些特定的垂直行业中往往更加深刻，这就能够快速地在边缘计算生态中提供消除行业痛点的PaaS能力。PaaS还需要在部分现场部署的边缘节点中关注轻量级部署的问题。同时，远程集中统一管理也是一项边缘计算PaaS平台需要具备的能力。在IaaS方面，基于运营商在网络虚拟化领域的探索，边缘计算需要考虑在基础设施层面与网络虚拟化的共享和融合，同时也要兼顾独立部署的能力。在硬件方面，由于边缘计算节点机房条件的不同，服务器外观和功率需要被重新设计和定制。一体化集成交付能力以及各类现场智能化接入设备的丰富生态也要在不同的垂直行业应用场景中考虑到。业务场景介绍如下。

单兵执法业务场景（智慧城市类）：业务痛点包括视频流处理不及时——基于传统计算和网络模型，将便携式摄像头或定点区域监控采集到的视频流发送到云端，由云端的视频分析和处理系统对视频流做处理，提高了系统处理的时延，无法满足执法的时效性；网络带宽的占用比较大——原本的计算能力放在了云端，而视频流需要实时上传到云端，这样会使网络带宽压力变大；不利于数据安全隐私——上传摄像头采集的数据到云端，因为线路过长，所以数据泄露和代码被劫持的风险大大增加。表1.1给出了单兵执法业务场景下业务对网络的诉求。

表1.1 单兵执法场景下业务对网络的诉求

业务	时延	带宽	硬件需求
视频监控	≤10ms	100Mbps	英伟达T4显卡

此业务的方案目标为借助5G低时延的网络能力孵化公共安全单兵执法的业务场景，探索人工智能+边缘计算应用场景。视频流实时采集，并由边缘计算程序对其进行分析，再将其与边缘服务器的数据对比，提高执法的时效性，降低视频数据对网络的冲击，同时降低上行网络带宽占用率。

此业务可以采用5G+MEC方案，利用5G独立组网核心网络，下沉用户平面功能（UPF）到边缘机房，同时在边缘机房部署边缘计算平台和Aspire vGI增值功能，利用用户平面功能的分流能力，将业务流量分流到边缘计算平台及Aspire vGI，进行图像数据对比和分析。

智能产品质量检测（智能制造类）：业务痛点包括工业相机服务器数量众多——一条生产线有30道工序，每道工序需要部署一个工业相机，一个工业相机对应一台工业相机服务器；工业相机服务器无网络连接，服务器数据无容灾备份；人工生产线巡检效率差——当前生产线均为人工巡检，过程记录无法及时存档，出现问题无法及时回溯；参观接待频繁，影响车间流程，且接待外界参观需求较多，车间环境较嘈杂，不便于介绍等。表1.2给出了智能产品质量检测场景下业务对网络的诉求。

表1.2 智能产品质量检测场景下业务对网络的诉求

业务	时延	带宽	硬件需求
质量检测	≤100ms	30~50Mbps	英伟达V100显卡

此业务的方案目标为开展基于5G的工厂内智能产品质量检测项目试点，借助5G低时延、抗电磁干扰能力强、移动性好、便利等优势，通过5G+边缘计算的方式解决工厂内工业相机和工业服务器无网络连接的问题，孵化工厂内部署边缘计算的业务场景，探索智能质量检测+边缘计算的APP应用场景。

此业务可采用5G+MEC解决方案，企业园区部署MEC，完成本地流量闭环，工业相机、巡检机器人、用户和虚拟现实等在园区内可实现互相访问。基站接入普通企业用户可访问专网和外部网络。

王者荣耀云游戏（直播游戏类）：客户诉求、现状和痛点是王者荣耀服务器集中部署在南京、上海。

普通用户时延要求稳定在70~80ms，不出现丢包、抖动和超大时延等情况。目前用4G网络承载，时延和抖动均无法保证，高负荷时的时延达到了200ms以上。

对于1万个线下场馆的业余选手，遍布全国的水吧、游戏厅，经常举办微赛事，时延需求约50ms，但游戏服务器需分布式部署，不具备条件。

各类赛事、专业选手在高校、商场举办大型赛事，确保时延小于25ms；按赛事专人搭建网络，保障网络条件；希望通过轻量级网络方案降低成本、实现快速部署。

项目目标为利用5G网络、边缘计算和分流能力，确保王者荣耀游戏体验。

技术方案为区分用户群，针对普通用户通过5G网络保障业务时延；针对赛事场景，靠近场馆就近部署游戏服务器，以满足时延要求。

构建产业生态。2018年10月30日，中国移动成立了边缘计算开放实验室。该实验室专注于提供产业合作平台，促进边缘计算生态的迅速发展，将各行业边缘计算的优势凝聚在一起，第一批合作伙伴现已经达到34家。目前，边缘计算生态呈现碎片化特征，各行业在边缘计算领域中独自探索，为解决当前领域中的问题，开放实验室拟定了以下具体目标：开放入驻、跨界合作，开放实验室开放式欢迎IT/CT/OT跨界合作，促进产学研用协作创新；

提供服务、成果开放，开放实验室将提供平台进行合作集成研发，全面开放系统、能力以及成果；需求引导、应用为王，实验室将注重需求引导，面向实际应用，赋能垂直行业，推动商用。

边缘计算的发展需要统观端到端全栈体系。结合中国移动的边缘计算技术架构，开放实验室将以平台和硬件发展为基本战略，将平台和硬件相结合，构建面向全连接、全业务的边缘计算服务能力，为凝聚边缘计算行业资源打下基础。

平台方面：开放实验室将构建Open Sigma平台体系，根据文中提到的三层架构进行不同功能模块的部署，为应用提供管理、网络和行业特色接口，同时实现边缘计算PaaS平台的集中管理平台和轻量化部署。硬件方面，开放实验室从定制服务器、一体化集成交付解决方案以及边缘计算智能网关这几个维度切入，引导边缘计算硬件生态的发展。

开放实验室目前已经具备全栈服务能力，可供合作伙伴进行技术研究和应用部署。在接入能力方面，实验室可以提供4G/5G无线接入和宽带有线接入网络能力；在硬件方面，实验室可以提供通用服务器、OTII服务器（一款边缘定制服务器）以及嵌入式网关等设备；在基础资源方面，实验室可以提供虚拟机/容器等资源；在接口方面，实验室在2019年移动通信大会上发布的Open Sigma平台目前已经具备面向5G的六类三十余种网络接口的能力，并且可以提供多家应用互通的调度能力。

边缘计算的应用领域非常广泛，因此，开放实验室从最具商业化可能和发展潜力的领域出发，初期布局了智慧城市、智能制造、直播游戏和车联网四大领域。

目前，开放实验室已经和各个领域的代表性合作伙伴进行试验床建设共十五项，其中包含智慧城市四项、智能制造六项、直播游戏四项和车联网一项[7]。首批试验床项目集成了多家垂直领域合作伙伴的PaaS资源，涵盖了高清视频处理、虚拟化控制器、人工智能、时间敏感型网络等新兴技术，涉及智慧楼宇、智慧建造、柔性制造、内容分发网络、云游戏和车联网等多个场景。试验床项目将作为重要的参考依据，指导各个领域解决方案的产生，推进边缘计算的商业化部署。

借助边缘计算的发展，运营商也许可以从传统的仅提供连接，拓展到提供比连接、存储、计算更高的维度，从而扭转在行业数字化市场竞争中的被动局面，结局如何，让我们拭目以待。

（3）中国联通

2019年是5G进入商用的关键一年，全球运营商纷纷加快构建以数据中心为核心的全云化网络，致力于摆脱“管道”提供商的角色，努力开拓更多新业务增长领域，转型成为数字化服务提供商。MEC边缘云把低时延、高带宽、本地化业务这些特色内容沉淀到网络边缘，对5G网络重构和数字化转型起到了关键作用[8]。成千上万的边缘节点将会助力运营商开启与OTT（互联网向用户提供的各种应用服务）及其垂直行业合作的新窗口。

中国联通在边缘计算领域积极探索，构建了CUBE-Edge 2.0边缘业务平台来加快5G商用步伐。

同时，中国联通积极扩充并完善MEC边缘云标准体系，并且在诸如欧洲电信标准化协会、ITU-T、3GPP、CCSA等协会主导十余项标准立项。不仅如此，中国联通还充分发挥混改优势，加强与MEC产业链上下游协同，它的合作伙伴目前已经超过100家。

2. 内容分发网络服务提供商

内容分发网络（Content Delivery Network，CDN）的基本特征是广泛采用缓存服务器，其基本原理是：在用户访问网站时，将用户的访问用全局负载技术指向距离最近的，并且工作正常的缓存服务器上。之后由缓存服务器直接响应用户请求，从而提高用户访问的命中率和响应速度。简而言之，内容分发网络就是将网络上的内容智能分发到离用户更近的服务器节点，降低网络时延，进而提高请求的整体分发效率，节省带宽资源。这些与边缘计算的节点属性低时延和低带宽很相似。可以说内容分发网络本身就是边缘计算的雏形，这也令其在边缘计算市场具备先发优势。在接下来的内容里，笔者将介绍两家内容分发网络的服务商：网宿科技公司和阿卡迈（Akamai）。

（1）网宿科技

创立于2000年1月的网宿科技，主要提供的服务有内容分发网络、云计算、云安全和全球分布式数据中心。依托覆盖全国的营销、技术运维和研发团队，网宿科技向网络游戏运营商、电子商务类网站、即时通信、视频类网站、博客/播客论坛类网站、行业新闻资讯类网站、在线教育类网站等客户提供一站式互联网业务平台整体解决方案[9]。

2019年年初，边缘计算这个原本生涩深奥的技术概念，一夜之间成了家喻户晓的热门话题。而随着边缘计算概念的升温，网宿科技也逐步走到了媒体聚光灯下。经过几年的摸索和实践，网宿科技在边缘计算方面形成了比较完备的方案和服务。从技术层面看，网宿科技自主研发了智能负载均衡、自动路由、任务跟踪管理、流量管理、分布式海量文件存储、大批量文件快速分发等核心技术；从产品层面看，网宿科技结合容器等虚拟化技术，推出了边缘计算平台。该公司不断升级平台服务，并且在面向不同场景，例如家庭、车联网、智能制造等场景时，提供边缘计算服务。

网宿科技致力于打造企业网络连接和安全访问的整体解决方案，覆盖云及数据中心的主机安全、内容分发安全（网盾）以及安全SD-WAN（软件定义广域网）、用户访问安全［零信任SDP（软件定义边界）］。

与云计算厂商不同，网宿在边缘计算领域有一定的优势。因为云计算厂商是从公有云发展起来的，特点是模式较“重”，资源负担大，因为需要同时支撑网络管理、存储管理等，以及满足不同类型的客户需求。相较而言，网宿的边缘计算较“轻”，在安全性、计算、资源调度这些方面做得比较好，目前网宿还在探索更轻量级的技术方案。

目前，网宿科技通过将内容分发网络、边缘计算、安全和网络方面的能力融合，已经完善云边一体产品架构。在云端提供专有云、管理服务提供商服务，帮助企业轻松上云，在边缘侧提供边缘云和超融合云服务，满足企业更低时延、更高安全性的场景需求。

（2）阿卡迈

阿卡迈在创立之初是以解决互联网拥塞为目标的。随着技术的变迁，阿卡迈开始在2003年与IBM（国际商业机器公司）进行边缘计算合作。阿卡迈与IBM在2019年6月，在其WebSphere平台上提供基于边缘计算的服务。

阿卡迈在边缘网络、边缘计算的解决方案上进行调整，强调在无须任何物理环境和物理架构以及开发环境的前提下，把逻辑直接推送、下沉到边缘，并可以调用服务商所提供的一些后台函数，直接实现一些特定功能。此外，阿卡迈的平台类产品还实现了和谷歌云的自动对接，能够减少GCP（谷歌云平台）源站上的一些资源。不仅如此，阿卡迈的平台还与AWS（亚马逊Web服务）、Azure（微软基于云计算的操作系统）等云服务商实现了互联互通。

随着视频流量带来的互联网流量增长了近百倍，互联网骨干网中心的基础设施变得更加拥塞，只有边缘设备才能为视频提供更大的冗余处理能力。阿卡迈一直都是全世界最大的在线视频分发服务商，同时它还在性能上进行了优化：首先，阿卡迈能够提供更稳定、快速的专线，连接到客户自建的数据中心或者公有云上；其次，像FastTCP、QUIC、BBR这些适用于不同用户场景的新协议，阿卡迈都会根据用户接入网络的不同特点，采用相应的优化方式进行协议优化，从而保证在传输视频内容、网络应用内容、使用移动应用内容时，都能实现端到端的性能优化。

谈及边缘计算，绕不开具体的应用场景。作为当前最热门的应用领域，车联网强调实现车与车、车与道路、车与数据中心之间的协同。阿卡迈现在主要提供两方面服务：一是空中下载技术更新，这个产品主要帮助车辆、车企在不可靠的无线网络环境中提供可靠、高性能和安全的车载软件更新能力；二是物联网边缘连接，它是基于MQTT（消息队列遥测传输）协议的物联网软件和消息控制平台，为未来车联网或物联网提供通信能力。

阿卡迈的优势在于其智能边缘平台实际上是一个跨运营商平台，具有全球覆盖的能力，阿卡迈建设的是一个一致化、优化的边缘网络。当下阿卡迈要做的就是要把边缘计算能力叠加在这个智能边缘平台之上，目标是优化客户体验、更加贴近客户需求。总而言之，阿卡迈能够在离用户请求发起最近的地方，在边缘进行优化分发和安全处理，具有独到的价值[10]。

3. 云服务介绍

国内外云服务商为了守住现有的市场份额，纷纷提前布局边缘计算以避免被吞噬。在万物互联的浪潮下，接入物联网的系统中搭载了越来越多的终端或传感器，相比互联网其规模要大许多。物联网中的节点每时每刻都在产生大量的实时运算数据，这一现象迫使云服务商要在边缘端布局计算，然而实现该技术所需投入的时间很长，且整体工作规模并非可以轻易实现。当然，云服务商并不愿意放弃有关这项技术的项目，亚马逊、微软、谷歌等国外企业，阿里巴巴、华为、腾讯还有百度等国内企业都在对边缘计算这个领域大力发展。这些公司的边缘计算技术路线虽然各不相同，但总体遵循一个规律：把边缘和云计算紧密结合，充分发挥边缘的低时延、高安全等特性和云的大数据分析能力[11]。下面笔者就来具体地介绍这几家云服务商：亚马逊、微软和腾讯云。

（1）亚马逊

2006年，亚马逊网络服务（Amazon Web Services，AWS）面世，它向企业提供信息技术基础设施服务的方式是网络应用服务，这一项基础服务也就是云计算。它的主要优势在于为企业在业务发展的过程中把最开始的资本基础设施费用替换为较为低廉的可变成本。亚马逊网络服务涉猎的范围很多，包括：亚马逊弹性计算网云（Amazon EC2）、亚马逊简单队列服务（Amazon

Simple Queue Service）、亚马逊简单储存服务（Amazon S3）、亚马逊简单数据库（Amazon SimpleDB）以及Amazon CloudFront等。

亚马逊凭借自身强大的技术支撑与产业规模资源，在边缘计算前沿布局占据了一席之地。下面就让我们来说说亚马逊都有哪些优势吧！第一，用低廉的月成本替代前期基础设施投资；第二，持续成本低，在经济和效率方面的规模化改进，使其实现持续降价，而多种定价模式能优化所需的成本；第三，降低前期信息技术人力成本和持续信息技术人力成本，只需投入相当于传统基础设施成本几分之一的成本就能使用高度分散和功能全面的平台，方便用户根据需求配置所需资源量；第四，提高速度和灵敏性，更快地开发和部署应用程序，可以在几分钟内部署数百个甚至数千个服务器；第五，用户可以将其少量的信息技术和工程资源用在有助于其业务发展的项目上，而非在信息技术基础设施这一重要但几乎不会给其业务带来差别的项目上花费太多有限资源；第六，用户可以在全世界9个AWS地区或其中一个地区轻松部署开发者的应用程序，以实现全球性覆盖。

亚马逊网络服务。亚马逊网络服务是亚马逊公司旗下云计算服务平台，为全世界各个国家和地区的客户提供一整套基础设施和云解决方案。AWS是一个面向用户的服务手段，它包含了所有实用的云计算服务，如存储、物联网、弹性计算等，这一系列服务可以降低企业使用云计算的技术壁垒，减少其在信息技术上的投入资金和后续的维护资金。比如，从存储来说，AWS提供了S3作为对象存储工具，可以为用户存储大量的数据，并且S3可以被AWS的其他服务所访问。从服务器资源来说，AWS提供了EC2作为虚拟化的云服务器，提供各种类型的主机，如计算型、通用型、内存计算型、GPU（图形处理器）计算型等来满足业务对服务器的需要。在数据库方面，AWS提供了RDS（包含Mysql、MariaDB、Postgresql）作为关系型存储以及分布式大型关系型数据库Aurora，同时提供了多种NoSQL（非关系型数据库），如DynamoDB等，以及数仓如RedShift。

AWS在各个方面的业务需求上，都有对应的产品或者整体的解决方案，并且这些产品或者方案都有一个特点，就是全部不需要使用者有任何物理资源，所有的业务统统在AWS上运行，使用者只需要有一台电脑去登录AWS执行管理操作即可。同时，AWS也简化了许多运维的工作量，比如监控报警，AWS自身就已经集成了很丰富的监控报警功能。

AWS在每一个模块下，都提供了很丰富的产品来供用户选择使用。使用AWS可以做到不依赖任何一台物理服务器就能支撑起全公司所有的业务。目前，AWS在全球云平台的占有率也是处于前列，相当于引领着云平台的发展。

（2）微软

Microsoft Azure是在云计算的基础上由微软公司所研发的操作系统，最开始被称为“Windows Azure”。与Azure Services Platform系统类似，Microsoft Azure也被叫作微软的“软件和服务”技术。Microsoft Azure操作系统的用户主要是开发人员，它提供了可以在云服务器、数据中心、Web（全球广域网）和个人电脑上运行的开发应用程序。使用该系统的开发人员可以使用微软全球数据中心的网络基础服务以及数据中心的存储能力和计算能力。组成Azure服务平台的主要部分是：Microsoft.Net服务、Microsoft SQL数据库服务、Microsoft Azure，它们的作用是提供各项实时的服务，例如文件的分享、储存和同步，针对商业的Microsoft Dynamics CRM和Microsoft SharePoint服务。

Azure是一种可以进行互操作的灵活平台，开发者使用它可以创造出运行在云中的应用，或者利用它基于云的特性起到增强已有应用的作用。Azure的架构具有高开放性，它有两个作用：一是可以在线上针对复杂问题提供解决方案，二是搭载了网络应用以及针对个人电脑、服务器、互联设备的应用。Azure是以云计算为核心的平台，它的计算方法结合了软件和服务两个层次，而构成Azure服务平台基石的就是这种方法。Azure紧密结合了微软提供的数据存储运算能力、基础设施服务（即微软全球数据中心网络托管服务）和身处云计算云端的个人开发者的能力。微软一直保护Azure服务平台的开放性和互操作性，所以改变了企业的经营模式并且提升了用户从Web中获得信息的体验。由于这些技术的存在，用户可以决定应用程序是部署在基于云计算的互联网服务上还是部署在客户端上，当然用户也可以将二者结合起来。

2018年，微软决定将50亿美元的技术资金投入物联网和边缘计算的研究中去。在此之后，它就将其公有云功能（在其Azure业务下）扩展到边缘，同时也将资金投给了一些服务型企业，从而使得这些大型企业不但可以运行大型设备，而且也不用担心管理和安全等方面的问题。2020年年初，微软推出了Azure Edge Zones，以增加自身在边缘计算领域的影响。Edge Zones支持VM（虚拟机）、容器，针对延迟敏感且吞吐量密集的应用程序提供Azure托管服务。

该产品与亚马逊的Wavelength的相同之处是通过多种方式处理数据使其更接近最终用户。亚马逊Wavelength在电信提供商的5G网络边缘嵌入了其计算和存储服务，即使在需要超低延迟的应用场景也可以为开发者所服务，例如边缘的机器学习推理、自主工业设备、智能汽车、智慧城市、物联网等，以及增强现实与虚拟现实。在此基础上，开发者可以将需要超低延迟的应用程序部分部署在5G网络以内，然后无缝衔接至程序的其他部分，最后连接到全系列云服务上。

Azure Edge Zones致力于在用户密度高的城市实现其可用性。开发人员和企业可以将这些边缘区域作为目标，以便将高响应性的应用程序和体验提供给最终用户。Edge Zone的典型用例方案包括：机器人实时指挥控制、利用机器学习算法进行实时分析与推理、计算机视觉、混合现实和VDI（虚拟桌面基础架构）方案的远程渲染、沉浸式多玩家游戏、媒体流式传输和内容分发、监控与安保。

Microsoft Azure类型。Azure公共云和Azure Stack产品组合使得Azure

Edge Zones拥有三种边缘类型：Azure边缘区域、运营商的Azure边缘区域、Azure专用边缘区域。

Azure边缘区域：Azur边缘区域是一个占用空间较小的Azure扩展，被放在距离Azure区域较远的人口密集区。Azure边缘区域支持虚拟机、容器和选定的一组Azure服务，让使用者在靠近用户的位置上可以运行一些吞吐密集并且对延迟敏感的应用程序。Azure边缘区域是Microsoft全球网络的一部分，它在靠近用户的边缘区域中运行的应用程序之间提供了安全可靠的高带宽连接。Azure边缘区域由Microsoft所有和运营，开发者可以使用同一套Azure工具和同一个门户在Edge Zone中管理和部署服务。微软目前正在一些城市中建设和运营微数据中心。这些被称为Azure边缘区域的本地数据中心，将支持终端用户运行低延迟和高带宽的应用（如游戏或媒体制作）。开发人员可以从140个国家/地区的58个区域中选择一个来运行其应用程序，然后通过在该区域内选择城市来进行本地化。例如，一家媒体公司可以在美国西部地区部署视频渲染解决方案，然后选择洛杉矶作为Azure边缘地区，以向用户展示摄取和处理端点。这将为好莱坞的工作室和设计师提供超快速、低延迟的处理云中的视频编码和渲染的体验。由于Azure Edge Zones是Azure的扩展，因此开发人员和操作员可以继续使用同一套接口、平台和第三方工具来部署和管理应用程序。

运营商的Azure边缘区域：运营商的Azure边缘区域是占用空间较小的Azure扩展，放置于人口密集区的移动运营商数据中心。微软已经与电信提供商合作，将带有运营商的Azure Edge Zones视为在电信提供商的5G基础架构中运行的Azure Edge Zones。带有运营商基础架构的Azure Edge Zones距离移动运营商的5G网络仅一跳路程，为来自移动设备的应用程序提供了不到10ms的延迟。这些边缘区域通过Microsoft的全球网络连接到Azure公共云。它们在靠近用户运行的应用程序之间提供安全可靠的高带宽连接。开发人员可以利用他们较为熟悉的算法和框架在Azure Edge Zone中创建他们所需要的服务。5G将使企业能够运行隔离、安全、虚拟化的专用网络，同时为公共互联网提供无与伦比的速度和连接性，从而彻底改变企业。这将取代基于光纤和有线连接的现有网络基础架构。在Microsoft与电信提供商的合作关系下，专用的Azure Edge Zone将在5G网络中运行。使用相同5G网络的组织和企业将获得与Azure Edge Zone的高速连接。通过利用电信提供商的全国覆盖范围，Microsoft将能够在数百个城市之间部署Azure Edge Zones，从而提供与云的低延迟连接。

Azure专用边缘区域：Azure专用边缘区域是位于本地的小型Azure扩展，将Azure公共云的功能引入企业数据中心。该服务基于Azure Stack Edge平台，可以低延迟访问本地分布式计算和存储服务。它还允许组织并排分发虚拟网络VNF（虚拟网络功能），例如移动设备、路由器、防火墙和SD-WAN设备的数据包核心，以及来自独立软件开发商的应用程序（作为Azure托管应用程序）。Azure Stack Edge使用虚拟机、App Services和Kubernetes为客户提供一系列的计算服务，还提供检索、存储和数据处理的服务。Azure专有边缘区域基于Kubernetes，提供云协作解决方案，使客户通过熟悉的Azure门户就能够管理虚拟网络的生命周期功能和应用程序。

公有云基础架构。多年来，在与亚马逊、谷歌等科技公司的激烈竞争中，微软在其公有云中增加了安全、应用开发、数据分析等服务。这些产品现在也可以在边缘工作。例如，Azure SQL Edge的SQL（结构化查询语言）引擎使Azure SQL数据库更接近数据生成位置，从而实现低延迟分析。微软还为物联网设备和工作流管理提供高级服务。微软在2020年6月收购了物联网提供商CyberX，这可能会更好地解决微软与高端设备相关的安全风险。此次收购是对现有的Azure Sphere IoT的补充。

边缘应用。在过去的几十年里，服务提供商和运营商一直处于互联技术的前沿，为手机和蜂窝电话奠定基础。使用云和5G集成云服务联结了超低带宽连接和超低延迟计算和人工智能。微软正在利用新机会与运营商合作，将

5G分发给企业和开发人员从而创建沉浸式应用程序。网络提供商和运营商可以使用Azure Edge为合作伙伴和客户创建5G优化的服务和应用程序，以充分利用Azure存储、网络和人工智能上的优势。合作伙伴和服务提供商可以使用Azure Private Edge来分发、管理和构建产品，这适用于需要本地个人移动解决方案的组织。客户不需要了解移动范围、接入点和整体管理的复杂性，运营商合作伙伴可以帮助客户处理这些情况。

除了新业务结汇，在商业应用方面，微软还希望通过云技术改造其5G基础设施。今天，大多数5G基础设施都建立在专用硬件上。凭借高投资和极大的灵活性，微软以全新的方式帮助运营商降低成本并构建网络负载能力。目前，微软已收购阿佛龙网络技术有限公司（Affirmed Networks），后者是完全虚拟化的基于云的移动网络解决方案的领导者。微软期待利用Affirmed Networks的工作和技术专长做更多的事情，为虚拟移动网络中的客户、技术合作伙伴和运营商创造新的机会。

微软的虚拟现实、机器人和游戏产品，预计将受益于5G发展和边缘计算。2015年，微软推出了HoloLens，这是一款用于设备维护应用、培训的便携式增强现实监视器。在游戏方面，微软也在努力将其业务发展到Xbox游戏机之外。微软发布了xCloud，这是一项云服务，可将数据密集型游戏传输到平板电脑、智能手机等设备。与亚马逊一样，微软将边缘计算视为扩展云服务的机会，并希望通过游戏等有低延迟需求的应用程序获利。Azure IoT Edge是一项云服务，由微软提供，旨在允许用户在网络边缘的传感器和传统计算机上收集和分析大量数据，而无须将数据发送回Azure运行时中央处理单元。

此外，微软还在Azure IoT Edge中提供了自定义视觉识别服务，允许无人机和工业设备等外设在未连接到云端的情况下也能执行与视觉相关的功能。无人机供应商DJI正在与微软合作，构建一个带有Windows 10操作系统的个人计算机软件开发工具包。两家公司还将在Azure IoT Edge边缘计算等微软人工智能服务功能的开发和应用方面展开合作，为农业、建筑、公安等垂直领域的客户提供附加服务。

微软还宣布与高通合作建立一个能够运行Azure IoT Edge的视觉人工智能开发工具箱。据微软高管介绍，该套件提供了开发基于摄像头的物联网产品所需的硬件和软件，并且提出了一种使用Azure机器学习服务构建产品的方法供开发者去学习，同时高通Qualcomm智能平台和Qualcomm AI Engine提供硬件加速服务。这些产品允许用户从云端下载服务并在本地边缘设备上运行它们。微软还针对车载/家庭助理、智能扬声器以及其他语音设备的制造商推出了一款新的语音设备软件开发套件，旨在通过提供多声道音源的音频处理功能，从而更精确地进行语音识别，并实现远场语音辨识以及噪声消除等功能。

（3）腾讯云

未来，“云”将成为工业互联网的标准配置。近年来，腾讯云处于明显的发展加速阶段。

我们已经进入了一个中心与边缘协同，助力各行各业数字化转型的时代。随着物联网的发展，未来的网络结构一定是“云端”模式。除了强大的云能力外，腾讯云正在全面部署“边”和“端”计算能力，为即将到来的智能互联时代提供技术和平台支撑。

“边”的计算：“边缘”的计算和“雾计算”的概念是一致的。在这个模型中，数据、计算和应用都集中分布在网络边缘设备上，这是“云计算”的一个延伸概念。“雾计算”直接处理和存储不需要放在“云”上的数据，以减轻“云”的压力，提高效率和传输速率，减少延迟。

内容分发网络已经演化为基础网络层。它在网络边缘拥有丰富的节点设备，是“雾计算”的最佳承载者。在Web2.0和Web3.0时代，用户会有大量的动态数据请求。内容分发网络在边缘部署了动态路由优化能力，为用户的上行请求提供最佳路径；电商时代来临后，基于电商推广特点：内容分发网络在边缘部署了分区域回源和智能排队机制，帮助电商网站应对动态流量爆发到几十倍的挑战；另外，在安全问题上，还可以利用内容分发网络边缘来提高保护能力。基于腾讯云内容分发网络开发的腾讯云边缘计算网络已经具备IaaS、PaaS、SaaS的多维边缘服务能力。

IaaS边缘服务：腾讯云在边缘计算网络的建设中，不仅复用了大量内容分发网络边缘节点，还在国内外广泛搭建了pop节点，与腾讯云中心机房互联。腾讯云积极参与运营商5G建设进程，协助运营商建设多接入边缘计算（Multi-access Edge Computing）节点，助力无线网络边缘计算能力。腾讯云边缘计算网络基于内容分发网络边缘节点、pop节点和MEC节点资源，打通了海量的边缘存储和计算资源，可以将用户服务部署到离终端用户更近的计算节点上。以场馆内的虚拟现实直播为例。腾讯云在MEC节点部署了虚拟现实直播相关的拼接、转码和流媒体服务。多摄像头摄像机收集视频数据。数据通过基站，直接进入最近的MEC节点。传输链路径大大缩短；MEC上的虚拟现实直播业务整合视频数据，生成虚拟现实视频数据，并通过转码和流媒体将视频数据推送到用户侧的观看终端。

PaaS边缘服务：腾讯云边缘计算网络为客户和开发者开放了无服务器功能能力。在边缘计算节点的开放代码运行环境中，用户无须设置和管理中央服务器即可部署服务。在内容分发网络场景下，可以在边缘节点部署Serverless功能。在客户端请求、回源请求、回源响应和客户端响应之后，用户可以调用自己部署的函数来完成定制需求。腾讯云内容分发网络在安全防护场景中就使用了该能力：在内容分发网络边缘节点部署流量识别功能，将恶意攻击请求转发到高防集群，直接在边缘节点拦截攻击，见图1.8。不仅是内容分发网络业务，其他业务场景也可以充分利用PaaS的边缘计算服务。例如，在安防、无人超市等场景的人脸识别业务中，利用边缘节点部署人脸识别服务，比对本地的人脸数据库，返回计算结果，并将必要信息同步传到中央数据库进行存储复用。这种方式，一方面可以快速返回结果，减少业务延迟；另一方面，减少了骨干网上不必要的图像、视频等大量数据的传输，只传输必要的特征信息，降低带宽成本。

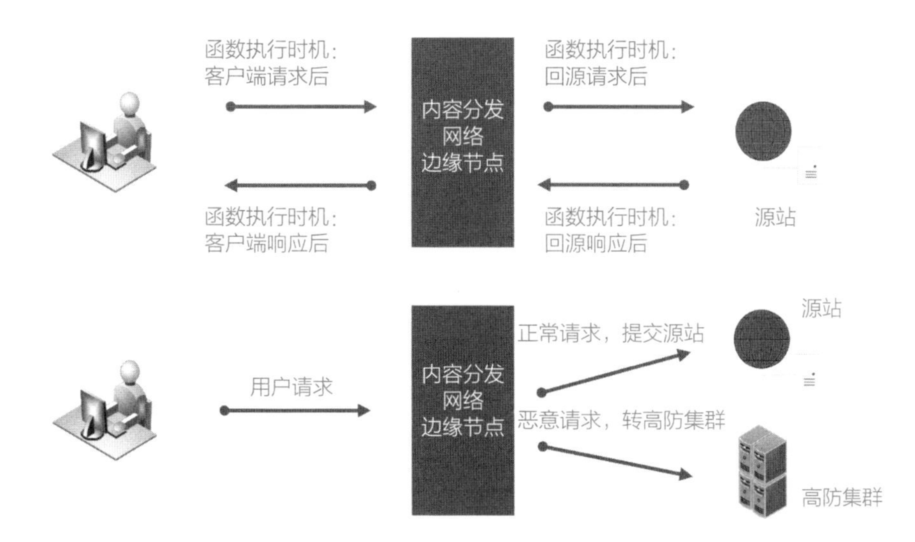

图1.8 边缘节点无服务函数部署图

SaaS边缘服务：基于腾讯的云边缘计算网络和对游戏行业的深刻理解，腾讯云为游戏行业提供云游戏SaaS服务，帮助游戏厂商和分销渠道提升用户体验和分销效率。云游戏是一种游戏解决方案，其中游戏在服务器上运行，渲染的游戏画面经过编码和压缩以视频流的形式提供给用户。在客户端，用户的游戏设备不需要任何高端处理器和显卡，只需要视频解码能力。该方案的关键指标是网络传输的延迟。腾讯云将云游戏服务器部署到边缘节点，并在联通-中兴通讯5G实际业务场景下进行测试，延迟翻倍，给玩家带来更好的体验。

“端”的计算：随着物联网的发展，边缘计算也在跟着发展。具有超强计算和存储能力的智能路由器、智能音箱、智能网络附属存储越来越受欢迎；安防和无人超市领域的大量人脸和图像识别会消耗大量带宽；车联网的高可用性要求极低的时延。

一方面，腾讯云内容分发网络已进入智能设备领域，即将推出流量共享平台产品。在这个平台上，路由器、音箱和网络附属存储等具有计算和存储能力的智能硬件会征求用户的同意，收集用户空闲的带宽和存储资源，提供给腾讯云。整合资源后，腾讯云会为客户提供更具性价比的内容分发网络产品。基于这个平台，未来我们还可以利用这些高性能智能设备的算力服务更多的业务场景。

另一方面，腾讯云边缘计算网络结合物联网套件形成腾讯云物联网边缘计算服务体系，为用户的设备提供本地计算、消息传递、缓存和同步服务。用户只需在云端进行业务逻辑代码编写、配置运行模式、配置消息规则，将任务一键发送至物联网边缘代理；在代理上，系统会自动完成代码操作，并提供消息收发、缓存的服务，并具备消息与云端同步的能力。腾讯云的边缘计算网络将进一步提升物联网设备的智能化水平。

腾讯云边缘计算产品介绍。腾讯云基于云边缘同构技术的边缘计算产品使得产品标准化、统一了用户体验。此外，腾讯云还在边缘云上引入了运营商的5G相关能力，如5G服务质量，希望能给用户带来更好的端到端体验。腾讯云边缘计算采用集中管理和异地容灾架构，管控成本更低，节点建设周期更短。从前，边缘节点之间没有专线打通内网，节点间的互通只能通过外网实现，安全和质量无法保证。但通过智能SD-WAN连接，腾讯云为边到边、云边互通加速，保证安全高效，同时使网络更加灵活。腾讯云还将GPU（图形处理器）算力下沉到边缘。边缘GPU实例可以提供强大的计算能力，从容应对高实时、高并发的海量计算场景。这不仅适用于深度学习、科学计算等通用GPU计算场景，也适用于图形和图像处理（三维渲染、视频编解码）场景。

腾讯云边缘计算实践案例。云渲染应用：依托广泛分布的边缘节点和腾讯实时音视频技术，提供低延迟GPU资源和渲染服务，可支持云游戏、云桌面和云渲染等服务。工业云应用：针对行业需求，通过边缘计算设备提供底层IaaS，模型可以快速复制，使得客户无须关注物理层和IaaS层的管理和维护。电竞竞技场：在电竞赛事中，5G切片技术结合5G摄像头，可以快速实现赛事的现场直播。未来，基于5G组播等技术，电竞竞技场还可以为现场观众提供多屏多视角的全视角游戏、沉浸式游戏观看等服务。用户的观赛画面将更加个性化，他们也将获得更好的观赛体验。

五、边缘计算的前世今生和未来

“有需求就会有市场”，这是现代商业的核心理念。如果将计算能力看成一种商品的话，在计算机出现之前，这种商品就以算筹、算盘、计算尺等形式出现了。而在计算机出现之后，这种商品则基本上是以计算机软硬件系统的形式表现的。

计算机在诞生之初还十分神秘，对普通民众来说是可望而不可即的，但随着个人计算机的普及，硬件设备性能的不断提高（其成本也在不断下降），以及包括微软、苹果等友好的视窗操作系统的开发，计算机及其带来的算力被广泛使用。随着计算机技术的蓬勃发展，计算机的表现形式和概念也在不断变化。在很多人眼中，计算机已经不再是一个仅支持数学运算和信息处理的方匣子，而是成为了通往信息世界的梯子。进入互联网时代，人们借助计算机进行信息交流与共享，人类社会步入了前所未有的新时代，人机交互正逐渐成为计算的一部分。为了满足日益增长的海量数据处理目标，也为了达到高效计算、缩减成本、节能减排的要求，云计算技术应运而生并被大力追捧。

但是，随着数字化转型、万物互联时代的到来，现有云计算技术逐渐暴露出一些弊端，它难以处理爆炸式增长的用户数据，无法做到实时响应任务，造成了用户体验差的问题。

下面我们就将人们对边缘计算的需求变化以及相应技术的发展变化做一个简单的回顾和总结，从中可以看到，边缘计算的出现，不是天外飞仙，而是技术的发展适应人们工作生活需求变迁与人类文明促进技术发展的必然结果，这是一个水到渠成的过程。

1. 回首边缘计算的前世

边缘计算是继云计算之后出现的新计算模式，它将计算下沉到靠近用户和数据源的网络边缘，提供数据缓存和处理功能，具有低时延、高安全等特点。

（1）传统云计算的不足

我想大家肯定会有疑问：云计算已经“统治”信息技术领域多年，为什么我们还需要边缘计算呢？这是因为云计算存在缺陷，因而需要边缘计算来对其进行补充。下面就让我来逐一介绍云计算的缺点吧！

实时性能力不够。万物互联时代已经悄然来临！实时性是保障其应用得以实施的重要手段。传统云计算模式要求应用系统把数据传送到云中心，请求并等待中心服务器的数据处理结果，这显然增加了系统的处理、传输时延。以无人汽车驾驶应用为例，高速行驶的无人汽车需要毫秒级的反应处理及相应的驾驶操作时间，一旦由于网络响应问题而加大系统时延，极有可能会导致车毁人亡的严重后果。

带宽不足。边缘设备会实时产生大量数据，全部数据若上传至云端将会给网络带宽带来极大压力。例如，波音787综合信息系统每秒产生的数据量超过5Gb，显然空中飞行的飞机与卫星之间的带宽不足以支持实时传输这么大的数据。

数据安全性低和隐私保护能力不足。万物互联中的数据信息与用户日常生活联系极为紧密。比如，现在很多家庭习惯安装室内智能网络摄像头。如果将摄像头采集的视频数据传输到云端，明显会增加用户隐私泄露的风险。随着欧盟《通用数据保护条例》（GDPR）的生效，数据安全和隐私保护问题对于一个云计算公司而言变得尤为重要。

现在我们知道了，实时性差、带宽不足、安全性低是云计算面临的主要挑战。既然病人出现了“病症”，那么就需要医生“开药”进行治疗！

（2）边缘计算提出的背景

正如上一小节所说，若数以万计的物联网设备收集的海量数据全部由主云中心进行处理，那么势必会给网络带宽、时延以及安全性带来挑战。严重的话，还可能造成系统故障，阻碍工业互联网、智能医疗、自动驾驶等领域的实际应用落地与推广。因此，人们需要找到能够在靠近数据端时提供计算服务的解决方案——边缘计算应运而生。

（3）边缘计算的发展历程

边缘计算作为IT领域的“新生儿”，可以有效弥补云计算的不足。那么，边缘计算的发展历程如何呢，它是如何一步一步走进大众视野的呢？为了方便读者理解，我们将边缘计算的发展划分为三个阶段：原始积累、迅速增长和稳健发展。

原始积累阶段。2015年之前，边缘计算处于原始积累阶段，其先后经历了“蛰伏——提出——定义——推广”几个发展过程。在这一阶段，物联网、大数据、人工智能等相关技术与应用也蓬勃发展，推动了边缘计算的快速起步。此时的边缘计算实际上是一个“小萌新”。

迅速增长阶段。2015—2017年，边缘计算开始被业内认可并熟知，各级别刊物上与之相关的论文发表数量增长了10余倍，这段时间可以说是边缘计算的蓬勃发展时期。在这段时期内，基于边缘计算模式而开启的万物互联时代逐渐到来，引起了国内外学术界和产业界的高度关注。

稳定发展阶段。2018年以后，边缘计算开始进入稳健发展阶段，迈入了边缘计算发展过程中最重要的时刻，产业应用在国内外迅速发展。同期，边缘计算也出现了大量的国际顶级会议，诸如国际计算机通信会议（INFOCOM）、IEEE国际分布式计算系统会议（ICDCS）等会议开始增加边缘计算相关的分会和专题研讨会。

2. 立足边缘计算的今生

边缘计算是一架腾空起飞的火箭，由最初的点火、发射、起飞、加速，到现在的凌空遨游是技术突破、产业支持塑造了全新的边缘计算。

（1）边缘计算的优势

换个角度来看，我们可以将边缘计算视为云计算的衍生物，它继承了云计算的性能特征，并做了改进，以满足万物互联时代的用户体验需求。那么，边缘计算到底又有哪些优势呢？相信各位小伙伴肯定已经迫不及待地想要一窥究竟了，现在就来给大家一一说明。

实时性。边缘计算使得联网设备能够实时处理“边缘侧”数据，而不需要向云端传输数据，使得执行任务能够得到实时处理。

智能性。大量的功能在边缘节点就可以直接处理掉，例如：身份验证、日志过滤、数据整合、图像处理和安全传输层协议会话设置，等等。

数据聚合性。一台物理设备的运行往往产生大量的数据，可以先在边缘进行过滤，然后汇总到中心再做加工，这需要利用边缘的计算能力。

低时延。在靠近数据产生的源头，即用户端进行数据处理，不再是把全部的数据一股脑地传输到远距离的云中心进行处理，这就大大降低了传输时延。

低带宽。引入边缘计算可以将用户的工作任务迁移到更接近用户或者是数据采集终端，从而降低站点带宽限制带来的影响。

隐私保护。只有安全机制有效，才能避免在引入边缘计算的同时，对现阶段正常运作的运营商基本网络和服务产生影响；其次，只有从技术和管控上保障边缘计算本身的安全性，才可以让第三方应用放心融入边缘计算体系架构中来，壮大自己的生态。

想象一下，你作为一个小组中的学生，边缘服务器相当于小组组长，云中心是老师。现在你有问题需要解决，你会先问离你最近的小组长，如果他能帮你解答最好，如果他解答不了，他就会去告诉老师，老师则会把答案告诉他，他再把答案告诉你，这样你的难题就得到了解决。小组长思考得越深刻，问题就越凝练，相应地，老师回答得也就越快，越有针对性。

（2）边缘计算的现状

目前来说，边缘计算正处于快速发展阶段。随着日益剧增的海量设备联网，边缘计算的重要性正得到工业界和学术界的一致认可。

边缘计算产业联盟于2016年11月30日在北京成立，并出版了《边缘计算参考架构》，提出了边缘计算在各行业的解决方案。2018年，该联盟又相继发布了《边缘计算与云计算协同白皮书（2018年）》《边缘计算与云计算协同白皮书2.0》，指出边缘计算主要以云边缘、边缘云和边缘网关三类落地形态为主，要以“云边协同”和“边缘智能”为核心能力发展方向，融合云理念、云架构、云技术搭建软件平台。提供端到端实时、协同式智能、可信赖、可动态重置等，需要考虑对Atlas 800服务器、鲲鹏处理器、ARM处理器、英特尔X86微处理器、GPU、网络处理器、现场可编程逻辑门阵列等硬件的异构设计能力，部分硬件可见图1.9。2020年5月，工业互联网联盟发起了“边缘计算标准件计划”，旨在形成具有从技术开发到商用推广的一体化产业内循环，加速边缘计算突破与落地，带动经济与社会联动发展。

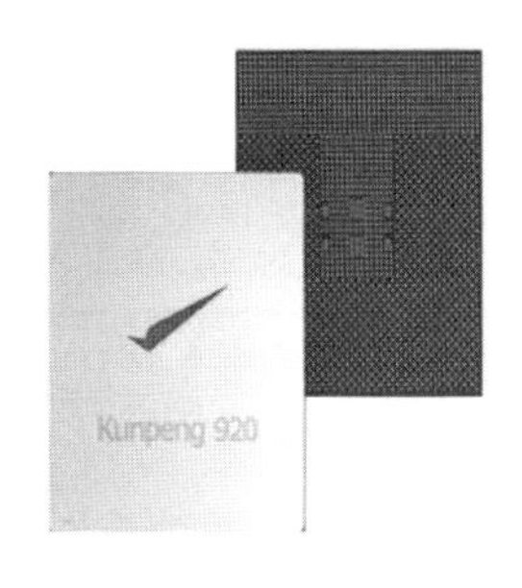

鲲鹏920处理器

华为Atlas 800推理服务器

图1.9　国产边缘计算硬件

3. 展望边缘计算的未来

回顾了边缘计算的前世今生之后，我想大家肯定开始好奇，在美好的未来，边缘计算又会产生哪些“新花样”。它又会与哪些技术相结合，碰撞出什么样的美妙火花呢?

边缘计算正处于飞速发展阶段，在平台建设、标准制定、产品开发等方面取得了显著成绩，并已成功应用于智能制造、智慧城市、智慧安防、智慧交通等领域，具有良好的生态。据推测，未来仅有20%的数据和计算会发生在云中心，而其余的80%都将发生在边缘侧。未来技术的发展推动了边缘计算的进一步拓展，笔者相信边缘计算如果与其他技术相结合，就能发挥出更大的作用[12]。当前边缘计算行业主要由部件供应商、设备供应商和电信运营商三大板块构成，其中涌现出了众多优秀的公司品牌，具体如图1.10所示。

图1.10　边缘计算行业发展价值链

近年来5G、物联网、人工智能等前沿技术快速发展，需要计算的数据、应用程序规模越来越大，相应的算法复杂度也越来越高。通过与这些前沿技术结合，边缘计算技术犹如重获新生，展现出新的光彩。

边缘计算和5G。5G拥有的低时延、高带宽的特性，与边缘计算相辅相成，可以提高智能设备的物联感知能力，促进技术的灵活运用。

边缘计算和人工智能。近年来，深度学习应用逐渐增多，相关模型在上传到云中心服务器时会造成高时延、低速率问题。因此，边缘侧的数据处理和分析显得尤为重要。人工智能芯片使得在边缘部署人工智能算法成为可能。

但是，与云计算相比，边缘计算的碎片化程度非常高，物联网应用中计算架构、操作系统、设备供应商和传感协议的异构、业务场景的碎片化等一系列难题还有待解决。此外，由于工业互联网时代的到来，边缘计算还面临着对计算基础设施的高可靠、高性能的要求，以及海量客户端、海量数据等考验。

笔者总结了边缘计算未来可能面临的挑战[13]：

边缘计算系统建模。现阶段的研究通常将低时延作为边缘计算的建模目标，但是在实际环境下，应用任务往往具有严格的程序控制，而不要求较高的服务体验，一味地追求低时延不会给场景应用带来更好的效果。因此，在考虑系统中所有元素的确定性时延之后，再进行系统建模应是必要的。

异构计算环境的资源管理。边缘端组成包括服务器、嵌入式设备等，它们在资源能力、系统架构、能耗要求等方面都存在较大差异。但是在现实中，不同场景应用有着不同的计算需求。所以，在异构计算资源环境下，如何进行计算资源的动态匹配是非常值得研究的重点问题。

实时容器。对于虚拟化的应用，实时性仍是最大挑战。当前，边缘计算很少考虑实时容器的应用，即使是以时延为目标的系统建模，也缺乏对虚拟化过程的时延考虑。

为了更好地解决现有边缘计算的问题，笔者建议从三个角度出发[14]：一是推进多方合作，鼓励包括硬件、平台、通信等在内的相关标准和协议的制定；二是加快技术突破，实现网关、芯片、操作系统、智能应用等产品的研发与技术前沿抢占，以适应可拓展的边缘部署；三是加强安全保障，维护边缘网络安全，实现终端、边缘节点、边缘服务的访问控制、数据传输保护机制。

第二章 边缘计算的强大武器

科技的发展促使移动智能设备大力普及，GSMA智库发布的《移动经济（2021年）》（*The Mobile Economy 2021*）报告显示，截至2020年年底，全球移动设备用户数量为52亿，占全球总人口的67%，预计到2025年，移动设备用户数量将达到57亿。随着移动设备的快速发展，智能移动设备已经广泛地融入人们的日常生活，同时也催生了大量移动应用程序，例如语音识别、大型在线游戏等资源密集型和时延敏感型应用。由于电池寿命、处理器等物理限制，移动设备日益增长的容量仍然不能满足人们的生活生产需要。因此，如何更好地执行移动设备上资源密集型和时延敏感型任务是一项非常具有挑战性的任务。

这个挑战推动了近几十年来移动云计算（Mobile Cloud Computing，MCC）的发展。然而，由于移动云计算采用的是一种集中式计算模式，移动用户需要与远处的数据中心的云服务器交换数据。这不仅提高了时间和能耗等方面的成本，还大大降低了用户服务质量。目前，工业界主要通过云计算模式来解决移动设备的资源扩展，例如：iCloud（苹果公司提供的云服务）、百度云盘等。

一、计算迁移技术

计算迁移技术是终端设备将一部分或全部计算任务迁移到边缘云

服务器处理的技术，它可以弥补移动设备在资源存储、计算性能及能效等方面的不足。随着边缘计算的出现，其“去中心化”的理念有效地解决了传统的云计算中由于传输距离过大产生的高时延以及网络稳定性的问题。计算迁移作为边缘计算的关键技术之一，为结合移动应用和云资源提供了新的解决方案。

边缘计算目前仍处于起步阶段，但已经获得了极大的关注。新技术特别是5G技术的出现，推动了边缘计算的繁荣发展。5G具有类似光纤的高速和超低时延的特点，这些特点为计算迁移提供了显著优势。边缘计算迁移技术作为搭建移动应用和云计算环境的桥梁，得到了学术界和工业界广泛的关注。目前，计算迁移研究的主要问题是迁移决策、计算资源分配和移动性管理。

1. 计算迁移步骤

肯定会有小伙伴问：我们到底是如何进行计算迁移的呢？为了解答这个问题，我们必须先要了解计算迁移的实施步骤。迁移过程被划分为6步，具体分为：迁移环境感知、任务划分、迁移决策、迁移请求、任务执行和计算结果返回，其中任务划分和迁移决策是最关键的两个步骤。为了加深大家的印象，我们用图2.1展示了迁移的整体过程。

（1）迁移环境感知

计算迁移的第一步是感知迁移环境：当移动设备需要将任务迁移到其他设备或者服务器时，首先需要在边缘网络中感知迁移环境，包括MEC服务器的状态、剩余计算节点数量、网络中的信道条件等信息，为后续迁移过程提供准备。

（2）任务划分

在许多实际场景下，移动设备计算任务可以划分成多个子任务，而每个

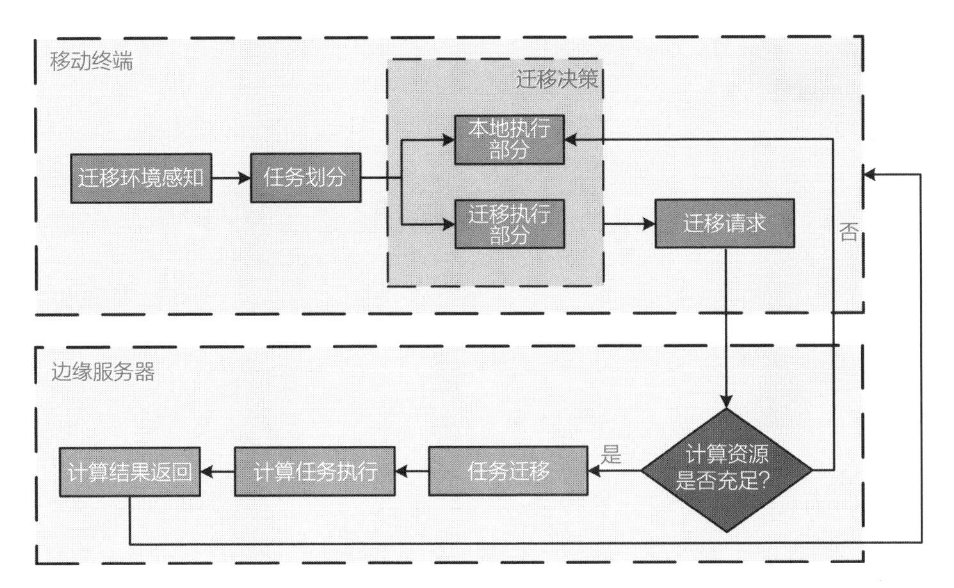

图2.1　计算迁移流程图

子任务又可以选择是在本地执行还是被迁移到服务器执行。当迁移任务结果返回时，该结果会和本地执行结果结合形成该任务的最终计算结果。

（3）迁移决策

迁移决策主要是解决任务是否迁移以及迁移到何处的问题，在迁移环境感知与子任务划分的基础上，通过高效、便捷的迁移算法，对迁移位置、资源需求等进行优化决策。迁移决策影响着整个移动边缘系统的整体能耗，是任务迁移过程中关键的一环。

（4）迁移请求

当迁移决策产生后，系统首先向边缘服务器发出迁移请求，并根据最优决策将任务分配到拥有充足计算资源的服务器上。目前，移动边缘计算快速发展，边缘服务器拥有更强大的计算和存储能力，并且能给移动用户带来低时延的优势。

（5）任务执行

任务执行分为本地执行部分和MEC服务器执行部分，本地执行部分无须迁移，任务将在移动设备本地执行。对于MEC服务器执行部分，当任务被迁移到

MEC服务器上时，MEC服务器会为任务分配一个虚拟机节点来执行该任务。

(6) 计算结果返回

MEC服务器在执行完计算任务后，将计算结果通过通信信道传回移动设备。移动设备将收到的结果和本地计算结果合并处理，得到最终需要的计算结果并使用。

2. 迁移决策

正如上文所述，迁移决策是计算迁移的关键。为了让大家明白，我们将深入探讨什么是迁移决策。要进行迁移决策，首先，我们需要思考的问题就是计算任务“是否需要进行迁移”。由于移动应用任务可以被分割，且可以被部分迁移，因此，迁移决策的结果一般分为三种情况：本地执行、部分迁移和全部迁移。其次，迁移决策还需要解决“迁移到何处”的问题。目前，越来越多的移动设备分布在移动网络边缘，并且通常处于空闲状态，所以我们拥有充足的计算资源。这些空闲的设备可以共享计算资源给附近的设备，目前，已经有许多研究将这种协同计算模式加入边缘计算系统中。在引入协同计算模式下，任务迁移的目标有三种，即迁移到边缘服务器，迁移到云计算中心和迁移到协作设备。

影响迁移决策的因素有很多，主要因素是移动设备所能提供的能耗和任务传输过程、计算过程的时延。目前，工业界和学术界主要针对这两个方面对边缘计算迁移决策进行优化。根据不同的优化目标，计算迁移又可以分为以时延为目标、以能耗为目标、以均衡时延和能耗为联合目标和以最大化收益为目标四种类型。

(1) 以时延为迁移决策优化目标

以最小化MEC系统的时延作为优化目标，目标是使得MEC系统中的任务由产生到用户得到计算结果这个过程所需要的时间达到最小，从而给用户带来更好的服务体验，提高服务质量。一般任务分为本地计算和MEC服务器计算两种模式。在本地计算模式下，时延指的是在移动终端处执行本地任务所消耗的时间；在MEC服务器计算模式下，时延由以下几部分组成：移动设备将计算任务数据发送到边缘服务器的传输时间、任务在边缘服务器计算节点的处理时间、任务在边缘服务器等待处理的时间和边缘服务器返回已计算好的任务数据结果的传输时间。

（2）以能耗为迁移决策优化目标

在边缘计算场景中，能量消耗指的是所有移动设备进行任务计算或者迁移消耗的所有能量。在本地计算模式下，能量消耗指的是在移动设备本身执行本地任务所消耗的能量；在MEC服务器计算模式下，能量消耗指的是数据迁移至边缘服务器计算节点上所消耗的能量与移动设备接收来自边缘服务器计算节点返回的任务计算数据结果的传输能耗之和。在许多研究中，研究者会将协同计算引入边缘计算，使得空闲的移动设备可以执行周围其他移动设备的计算任务，提高资源利用率。

（3）以均衡时延和能耗为迁移决策联合优化目标

在执行如图像处理系统、车联网和实时全息投影技术等复杂的迁移任务时，卸载任务的时延和能耗都会直接影响用户的体验质量，故在执行任务过程中，综合考虑时延和能耗是确定迁移策略的重要参考因素。例如，在一个多用户MEC系统中，多个用户设备可以通过无线信道将计算任务卸载到MEC服务器上，这个系统是以所有用户设备的时延成本和能耗之和作为优化目标的。

（4）以最大化收益为迁移决策优化目标

由于无线网络中的基站大多数采用的是多信道设置，所以无线访问效率也是影响计算迁移性能和用户总效益的一个关键因素。这意味着我们要在多个移动设备之间协调无线接入以实现计算迁移。

针对以上介绍的优化目标，我们可以采取哪些建模措施呢？我们又应该如何简明扼要地对这些任务进行描述呢？实际上，迁移过程可以分为独立任务迁移调度、带约束任务迁移调度和随机任务调度三类。

独立任务迁移调度。基于二进制卸载操作模型进行建模：高度集成或相对简单的任务无法切分，必须完全在本地执行或卸载到MEC服务器。通常，是否迁移单个独立作业可以由0/1决策问题表示，通俗的解释就是0代表不迁移，1代表迁移，而算法要做的就是在目标条件下，做出决策，确定该作业是否分配给节点。多个独立任务的计划或分配也是一个0/1决策问题，即任务和节点之间的匹配问题，其最终目标是实现负载平衡。如果一个计算节点在给定时间最多只能处理一个作业，也可以将其视为0/1决策问题，即任务-节点匹配和节点任务序列问题。

带约束任务迁移调度。在实践中，许多移动应用程序都是由多个过程和组件组成的，这使得实现细粒度计算卸载成为可能。具体来说，程序可以分为两个部分，一部分在移动设备上执行，另一部分卸载到边缘执行。其中最简单的任务模型是数据分区模型，其中任务输入位是独立的，可以任意划分为不同的组，并由MEC系统中的不同实体执行。然而，在许多应用程序中，不同过程和组件之间过分依赖。主要原因有：第一，函数或例程的执行顺序不能任意选择，因为某些组件的输出是其他组件的输入；第二，由于软件或硬件的限制，一些函数或例程可以卸载到服务器上被远程执行，而一些函数或例程只能在本地执行，比如图像显示函数。这就需要比上述数据分区模型更复杂的任务模型，后者可以捕获应用程序中不同计算函数和例程之间的相互依赖关系。

随机任务调度。在某些场景下，例如车联网，任务到达是随机的、动态的。对于具有随机到达特性的随机任务模型的MEC系统，建模和分析是十分有难度的。针对该问题，国内外许多学者已经制定了相应的资源管理策略，其思路是设置缓冲区，将已经到达这里但尚未执行的任务添加到工作缓冲区的队列中。对于这些动态的、不稳定的系统，长期性能（如平均长期能耗和执行延迟）往往更具相关性，而最优系统正常运行时间相关性使设计更具挑战性。

那么，在已经知道现有调度模型的前提下，我们又应该如何去求解它们呢？这就要发挥算法的“能动性”了！在这里，笔者将介绍三种主流的任务调度求解算法，它们分别为启发式策略、智能算法和强化学习。

启发式策略。对于某些计算迁移问题，我们可以接受在一定时间或空间内提供其可能的解决方案，而不需要最优解。启发式策略可以在问题的最优解不可能或难以实现时，找到可行的解决方案。在边缘计算中优化资源分配和任务调度通常是一个NP难[①]问题。考虑到边缘计算环境的动态性和不确定性，分布式在线决策算法也是目前使用的一种方法，它使用启发式策略根据环境及其自身状态检查边缘节点。特别是在有向无环图规划优化模型中，启发式策略是一种常见的方法，它主要分为三类：列表规划、聚类和任务复制。列表规划方法先对任务进行优先级排序，然后从要分配给相应处理器的任务中选择优先级最高的任务；聚类方法对任务进行聚类，直到类别数量与处理器数量对应；任务复制将传输大量数据的任务复制到多个处理器进行处理，从而减少延迟。

智能算法。在自然界中，各种各样的有机体需要在避免捕食者和其他生存风险的前提下合作觅食，这种“群体行为”比单一有机体觅食为生物提供了更多的生存机会，群体通过相互合作实现其目标。从1960年起，科学家就开始根据自然界的规律和原理，提出一系列的智能计算方法，来解决现实中复杂的问题。目前主流的智能计算方法有粒子优化群算法（Particle Swarm Optimization，PSO）、遗传算法（Genetic Algorithm，GA）、差分进化算法（Differential Evolution Algorithm，DEA）、人工蜂群算法（Artificial Bee Colony Algorithm，ABCA）等。鉴于它们在诸多复杂问题上的优越性能，智能算法也在本领域得到了推广应用。

强化学习。移动边缘计算中有多个设备和边缘服务器，由于其分布式特

---

① 全称为多项式复杂程度的非确定性问题，是理论信息学中计算复杂度理论领域至今没有解决的问题。——编者注

性，设备只了解通信半径内的部分边缘服务器通过无线信道发布的信息。因此，如何根据有限的信息选择合适的边缘服务器来计算自己的任务，从而优化能耗和延迟，是一个有待解决的问题。此外，任务到达时间和任务大小的不确定性以及无线通信信道状态的动态性也给任务迁移带来了重大挑战。鉴于这一多目标优化问题，传统的优化技术（如凸优化等）很难取得更好的结果。而强化学习是一种人工智能算法，被广泛应用于组合优化和多方博弈等各种复杂决策领域，具有重要的研究价值。实际上，深度强化学习有两个优点：第一，可以在环境变化时调整策略；第二，无须知道学习过程中网络状态随时间变化的先验知识。

因此，目前已有一些研究提出利用深度强化学习方法来解决移动边缘计算中的任务缺载问题，并取得了一定的进展，而且获得了比使用深度学习更优的时延与能耗结果。

在现实中，当越来越多的任务被卸载到MEC服务器中时，设备间的通信会形成严重的干扰，增加时延。而由于时延的限制，设备又需要被分配更多的计算资源与通信资源，以按时完成任务，由此，随着设备数不断增加，很可能导致MEC服务器过载。因此，协同计算技术应运而生，它开始与MEC系统相结合，充分利用边缘网络中其他闲置的带有计算能力的设备。那么，我们又该如何将这两种技术相结合以打破MEC性能瓶颈？如何激励用户之间共享资源从而达到协同计算的目的？这都值得研究者深入研究。

3. 资源分配

移动边缘计算的目的是将计算、存储、通信和网络资源交付到移动网络的边缘，以满足用户对高带宽、高质量网络服务日益增长的需求。计算迁移可以扩展移动设备上的计算能力并改善用户体验，而资源分配则可以进一步提高计算迁移系统的性能。目前，边缘计算系统中的资源分配研究通常考虑计算机资源的分配、通信资源的分配以及计算和通信资源的联合分配。

随着科学技术的快速发展，出现了大量计算密集型的新型移动终端应用，由于移动终端设备在计算能力方面存在局限性，亟须网络边缘的计算节点为其提供计算能力，而任何设备服务器的计算能力都不是无穷无尽的，所以对计算资源进行合理分配尤为重要。随着大数据时代的来临，各类应用产生的数据量不断攀升，然而在通信成本高且通信能力有限的情况下，对通信资源进行分配可降低传输大量数据时对带宽带来的压力和传输成本。

在整个计算卸载过程中，数据通信和任务计算是核心步骤，所以计算和通信资源的联合分配是大势所趋，它可以对计算卸载的不同阶段的策略和方案进行优化。通过合理的资源分配提高边缘计算系统的整体性能，减少能耗和总体运行时间，从而提高服务质量。

一般在边缘计算系统中，计算迁移和资源分配是两个紧密耦合的问题，所以许多研究将计算迁移优化问题描述为迁移决策和计算资源分配的联合优化问题。其中，资源分配是将需要执行的任务分配到最合适的可用资源上。

资源分配主要分为两个步骤：将任务分配到带有计算资源的设备上；按照资源分配策略确定任务的优先级。MEC服务器在此就相当于部署在网络边缘的小型云数据中心，其通信资源与计算资源虽然相较于移动终端来说更为丰富，但随着接入设备的增加，资源依旧会十分紧张。因此，如何制定有效的资源分配策略对于设计一个高效的MEC卸载系统有着举足轻重的作用。目前，国内外学者已经在这方面做出了不少的研究。

资源分配可以细分为：计算资源分配和通信资源分配两种。

（1）计算资源分配

计算资源分配可以进一步细分为单一节点计算资源分配和多计算节点的计算资源分配。

单一计算节点，是指MEC服务器在一段时间间隔内只能执行一个计算任务，它的计算资源分配主要有两种方式：第一种方式是借助云服务器进行计算资源分配，当任务迁移到MEC服务器时，MEC服务器先检查自己是否有足够的计算资源，如果有足够的计算资源，则由MEC服务器来执行该计算任务；如果没有，则将该任务迁移到云计算中心服务器，由云服务器来执行该任务。这样就能大大优化该任务的传输时延。第二种方式是借助服务器之间的迁移来进行资源分配。这种场景需要多个边缘基站，假设距离用户最近的基站中的MEC服务器正在执行其他任务，那再比较与其他基站之间的距离，将任务迁移到传输时延较低的次优MEC服务器上执行。

多计算节点是指MEC服务器在一段时间间隔内可以执行多个移动用户的计算任务。为了保证MEC网络中有限的计算资源得到合理利用，从而提高资源利用率和用户服务体验，有学者结合博弈论的相关知识，提出了一个基于潜在博弈游戏的计算资源分配方案，以达到降低MEC网络的能耗以及提高计算资源效率的目的。他将计算资源分配问题划分为以下两个子问题，第一个问题为基于潜在博弈论的功率控制问题：找出一组最大化MEC 网络潜在功能的基站的传输功率；第二个问题为基于线性规划的计算资源分配问题：根据功率控制方案得到的结果，使得MEC网络的平均计算资源分配系数最大。相比于传统方案，该学者提出的方案在计算资源利用率和能源效率方面均有显著提高。

在过去的几年中，智能优化算法是解决 MEC计算卸载中资源分配问题的主流方法。但是，由于操作和迭代的复杂性，迭代优化算法并不适用于高实时性的 MEC系统。因此，随着近两年机器学习算法的快速发展，边缘智能也逐渐成为研究热点。人工智能训练模型可以弥补传统的基于搜索的优化算法的高时间复杂度的缺陷。这两年，深度学习算法也逐渐被应用到边缘计算领域中来了，有学者设计了一个基于深度神经网络的框架来优化实时变化的MEC系统下的计算资源分配的方案。此外，机器学习中的强化学习算法也是解决计算资源分配的好方法，利用强化学习算法可以解决车辆边缘计算系统中计算资源分配决策问题。

相较于云服务器，MEC服务器的计算能力具有一定的限制，所以在计算密集型和延迟敏感型的边缘计算场景下，边缘服务器有限的计算资源可能会导致任务等待时延增加，因此，一个合理的计算资源分配方案是十分必要的。以上对计算卸载中的计算资源分配的研究表明，只要合理地分配计算资源，就可以提高计算效率，大大降低计算时延，给用户和资源提供者带来利益。

（2）通信资源分配

随着信息时代的发展，信息量的爆炸性增长导致数据上传堵塞的情况频发，这无疑给通信网络施加了巨大的压力。因此，我们需要对通信资源进行合理的分配，以缓解网络带宽压力。

许多研究通过最大化整个通信网络的频谱效率和系统容量，研究以信息为中心的无线网络中资源分配的最佳策略。由于无线信道环境的未知性与随机性为通信资源分配问题带来了巨大的困难，目前学术界有越来越多的学者针对通信资源分配做了大量的研究。

有学者将MEC中多用户计算卸载的带宽分配问题定义为混合整数非线性规划问题，并受到深度学习思想的启发，提出了一个寻求该问题最优解的有效算法，该算法具有稳定的收敛性能，且结果准确性高。

4. 问题与挑战

边缘计算的出现不仅构建起了移动用户和云计算中心间的桥梁，降低传输时延，还减少了移动用户端的计算压力和能耗。尽管目前学术界和工业界在边缘计算的计算迁移和计算资源分配优化问题上取得了突破性的进展，并且在5G技术下，边缘计算的应用也已成为现实，但是计算迁移在多用户环境下的干扰及安全等方面仍然面临着许多问题。

（1）安全问题

不同于本地计算，在边缘计算迁移场景下，用户将任务所需要的数据从本地设备中迁移到边缘服务器或者云服务器上，由此带来了隐私性与安全性的问题。如何保证用户数据在传输的过程中应对外界的干扰和攻击，从而保证用户的隐私不被泄露是一个关键的问题。同时，边缘计算的分布式架构也使得攻击者的攻击维度增加，不仅如此，移动设备越智能，安全漏洞越多，越容易被攻击者的病毒软件所攻击。

安全问题在计算迁移的过程中是需要特别关注的问题。特别是MEC场景中，由于MEC采用了分布式的结构，单点的防护能力较弱，单个MEC节点的安全漏洞可能导致全局的安全问题。并且，由于各个平台的开源性质，如果对代码进行深入研究就会很容易找到脆弱点，更便于模拟攻击。移动设备迁移到云端的数据也很容易被攻击或者篡改，因此，设计合理的安全措施十分重要。毕竟，计算任务被迁移到边缘网络之后，将面临更加复杂的网络环境，并且原本用于云计算的许多安全解决方案也不再适用于边缘计算的计算迁移问题。MEC中计算迁移面临的安全问题分布在各个层级，主要包括边缘节点安全、网络安全、数据安全、应用安全、安全感知和管理、身份认证信任管理等。

因此，未来人们仍然需要对边缘计算平台系统安全、用户数据安全数据存储与隔离、用户接入认证、信息传输安全、网络攻击防护等方向做进一步的研究。

（2）多用户干扰问题

在移动边缘计算场景中，有成千上万的移动设备，这会产生严重的信道干扰问题。如何解决计算迁移过程中的多用户之间的信道干扰问题也是目前MEC计算迁移面临的关键挑战之一。干扰的本质是资源的冲突使用，因此，网络资源分配的不合理是产生干扰的根本原因。由于边缘计算网络采用分布式部署，海量终端的任务卸载请求和复杂的网络环境降低了资源使用率，所以，我们可以将资源分配作为干扰管理的重要手段：一方面通过合理利用网络资源，增加网络容量；另一方面通过干扰管理修正资源分配策略，提升网络容量。干扰管理主要面临的挑战包括两个方面。

MEC的部署方式导致干扰调度不均匀。在MEC网络中，MEC服务器的部署具有随机性，其分布与覆盖情况无法预期，这就可能导致MEC服务器分配不均匀，进一步导致网络中不同区域的干扰分布不均。结合位置信息和迁移请求预测来处理干扰问题是未来MEC计算迁移干扰管理的重要技术之一。

移动性管理。在传统的蜂窝网络中，用户在eNodeB（长期演进技术中的基站名称）或SCeNB之间移动时，为保证服务的连续性，它们之间有严格的切换流程。类似地，如果将用户终端的计算任务卸载到MEC，应该如何保证服务的连续性?

在应用计算卸载技术的前提下，用户终端的切换可以通过虚拟机迁移来保证服务的连续性。虚拟机迁移，即在当前计算节点处运行的虚拟机被迁移到另一个更合适的计算节点，虚拟机迁移的工作大部分都只考虑单个计算节点对每个UE进行计算的场景。当应用程序被迁移到多个计算节点时，如何有效处理虚拟机迁移过程成为保证服务质量的一大挑战。同时，虚拟机迁移会给回程链路造成很大的负担，并导致很高的时延。因此，攻克支持以毫秒为单位的虚拟机快速迁移技术十分必要。此外，由于计算节点之间的通信限制，更现实的挑战是如何实现基于某些预测技术预先迁移计算任务，使用户觉察不到服务的中断，从而提升用户体验。

对话课堂

老师：第一小节我们讲解了边缘计算中应用到的“计算迁移”这项技术。下面我来考考大家掌握得怎么样，计算迁移具体有什么作用?

学生：计算迁移就是物联网中的终端设备将自己需要执行的计算任务迁移到边缘服务器，让边缘服务器来执行任务，在计算任务完成后，它会将结果返回到终端设备。

老师：说得很正确，这种方式能够解决移动设备在资源存储、计算性能和能效等方面的不足。计算迁移作为边缘计算的关键技术之一，为结合移动应用和云计算资源提供了新的思路。

学生：听老师这么讲解有了更加深入的了解！

老师：既然大家都掌握了计算迁移这个概念，那我再来考考大家：计算迁移分为几个步骤？

学生：老师，计算迁移一般有六步，分别为迁移环境感知、任务划分、迁移决策、迁移请求、任务执行、计算结果返回。

老师：这位同学回答得很完整，计算迁移整个过程可以分为六步，其中任务划分和迁移决策是最为关键的步骤，许多研究就是围绕着迁移决策来进行的。

学生：老师，关于迁移决策，我有一个点不是很明白，迁移决策就是决定将任务往哪里迁移，那么您介绍的那些影响因素和优化目标具体又是什么意思呢？

老师：边缘计算是一个复杂的现实场景。在同一个复杂的场景下，我们做出一个或者很多个的迁移决策是需要考虑很多因素的。而在不同的场景下，我们追求的目标是不一样的，可能需要考虑时延、成本、能耗等不同因素。根据追求的目标不同，学者们会通过研究不同的优化算法，以在需求的场景下，实现迁移决策的同时也能满足所追求的目标。

学生：谢谢老师的讲解，现在我明白了优化的意义！

老师：看来大家对计算迁移都有了深度的了解，在边缘计算系统中，计算迁移和资源分配一般是紧密耦合的两个问题。下面我想考考大家对资源分配的理解，什么是资源分配呢？

学生：资源分配就是将需要执行的任务分配到最合适的可用资源上。

老师：不错，看来这位同学看得十分认真，边缘计算相较于云计算而言最大的特点就是靠近用户端，传输距离更近。由于边缘计算系统中的资源受限，所以合理地分配资源就显得十分必要。

今天的小课堂到这里就结束啦！

头脑风暴：

1）边缘计算和云计算的区别是什么？

2）计算迁移可以分为几个步骤？分别是什么？

3）影响迁移决策的因素有哪些？

4）为什么要研究资源分配？

二、移动性管理技术

常见的服务载体有虚拟机和容器，但相较于容器技术，虚拟机迁移技术更为成熟。借助于虚拟机迁移这项技术，我们可以实现对服务的迁移，具体是，通过使用虚拟机迁移，可以将运行中的服务从原来的MEC服务器，迁移到更靠近移动用户的MEC服务器上。也就是说，我们可以通过缩短通信距离，将服务时延控制在一个比较小的范围内，从而提升服务质量。

虽然边缘计算使得移动用户可以将计算量大的任务迁移到MEC服务器执行，降低通信时延，提升了用户服务质量，但是在某一些现实场景中，例如在车联网场景中，车辆是不断移动的，车辆用户将计算任务发送到基站（BS），但是在MEC服务器计算的时间内，车辆用户有可能已经离开了上一个基站所在的覆盖范围，导致计算结果无法返回。因此，为保证MEC处理迁移的任务时保持计算服务的连续性，解决移动性管理问题成为边缘计算中计算迁移技术的重要挑战之一。

如图2.2所示，车辆用户在发送任务时，接入的是区域1的某个基站，此基站处的MEC服务器可以为该用户提供稳定的服务。如果移动用户的位置发生改变，由原来的区域1移动向区域2，那么原本稳定的连接质量就会随之变差，并且可能失去通信连接。此时就需要在区域2中为该用户重新选择可以接入的基站，以继续为移动用户提供可靠的通信服务。

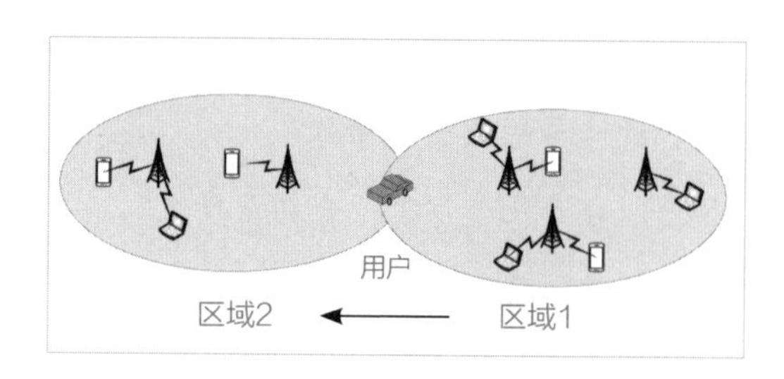

图2.2　移动场景示意图

以上描述的过程称为移动性管理，具体的功能是跟踪移动用户设备并将其与适当的基站相关联，使得移动系统能够交付数据和服务。这一技术已经被广泛应用于传统的异构蜂窝网络，能够实现动态移动性管理并保证数据传输过程中的高数据速率和低误码率。但是现有的移动性管理技术并不能直接应用到5G网络中，因为它忽略了MEC服务器上的计算资源对切换策略的影响。

当移动设备在MEC服务器卸载任务时，保证业务的连续性非常重要。例如，在车联网中，车辆需要实时上传位置信息，MEC则会对周围车辆信息进行汇总和计算，并给出相应的指导或警告。当移动用户从一个区域移动到另一个区域时，不仅可以继续在原区域的MEC上运行业务，通过回程网络向用户传输数据，还可以将承载应用程序的虚拟机或数据迁移到新区域的MEC服务器上。业务迁移将产生成本，包括数据传输成本和迁移成本。另外，两种情况下用户获取服务的延迟时间也不同。我们可以针对不同的场景，采用不同的策略应对用户移动带来的问题，首先，针对用户移动较少的场景，许多研究采用控制功率的方法进行移动性管理，以自适应动态调整功率，从而保证服务的连续性。其次，针对移动较多、移动距离较长的场景，可以通过回程网络和节点间的虚拟机迁移两种方法进行移动性管理，从而保障服务的连续性。虚拟机迁移决策既要考虑到系统的成本，也要保证服务质量。

1. 功率控制的移动性管理

增加基站的传输功率可以扩大基站覆盖的服务范围。在现有的研究中，功率控制模式可以分为粗调整模式和细调整模式，粗调整模式是将公路调整到一个设定的阈值，而细调整模式则是根据实际的情况将功率调整到一个合适的值。但是这种方式具有很大的局限性，仅仅适用于小型网络，用户的移动速度慢并且移动距离近的情况。功率控制的移动性管理可见图2.3。

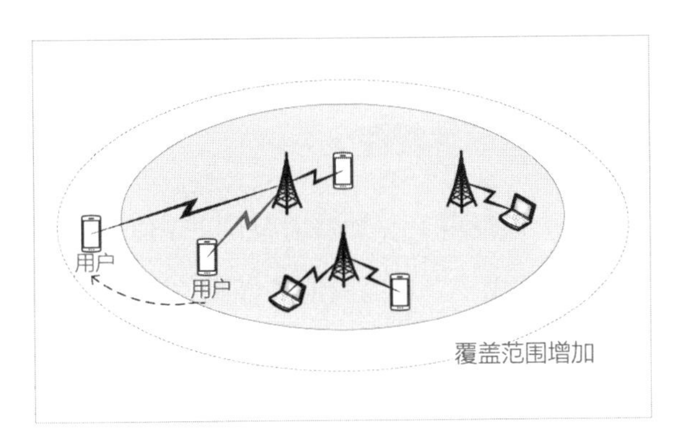

图2.3　功率控制的移动性管理

2. 回程网络的移动性管理

回程网络的方式是指用户不切换新的MEC服务器，承载服务的MEC服务器通过回程网络与用户继续保持通信。这种方式无须进行服务迁移，节省了成本。但是这种方式也具有一定的局限性，它仅仅适用于用户与MEC服务器距离不太远的情况，否则，通信跳数过多会导致传输时延增加，这将导致用户获得服务的时延过高，服务质量降低。如图2.4所示，我们假设居住在区域1的用户小明想与居住在区域2的小美约会，而两地相隔较远，他只能利用“移动设备”发送一长串的语音、视频信息与小美沟通。但经过回程网络的传输，这些信息的传输时延就会大大增加，导致小美无法及时地接收到消息。

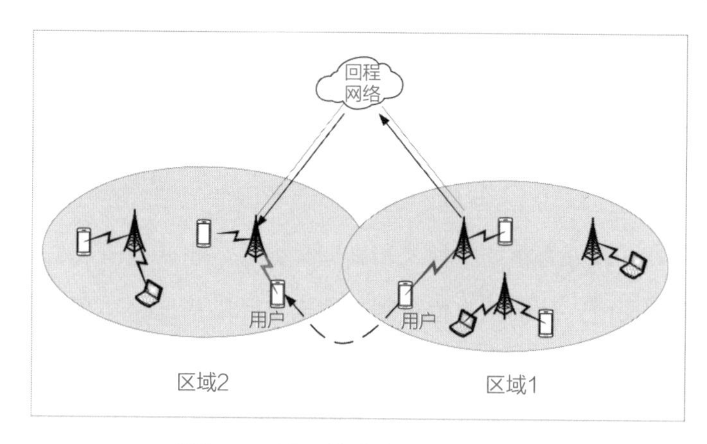

图2.4 回程网络方式的移动性管理

3. 虚拟机迁移的移动性管理

当用户移动速度快且距离上一个覆盖范围的MEC服务器距离过远的时候，以上两种方法就不适用了。此时只能进行服务迁移，即原MEC服务器将用户数据发送到新的MEC服务器上。

虚拟机迁移是指在当前计算节点处运行的虚拟机被迁移到一个新的计算节点，目前虚拟机迁移技术主要用于任务不可划分的场景，任务只由一个计算节点进行计算，当用户移动后，将整个任务直接迁移到新的计算节点，图解见图2.5。然而，当计算任务可以被划分为多个并行的子任务并由多个计算节点同时进行计算的时候，如何有效处理虚拟机迁移过程就成为保证服务质量的一大挑战。同时，虚拟机迁移会给回程链路造成很大的负担，并导致很高的时延。因此，攻克支持以毫秒为单位的虚拟机迁移技术十分必要。

移动性管理的关键是进行虚拟机和数据的迁移，传统的MEC迁移方案只在移交时才将计算任务交给另一台服务器，这种机制需要突发地传输大量的数据，会造成较高时延，并为MEC网络带来较重的负担。

处理该问题的一个解决方案是在MEC为用户提供服务期间，利用用户

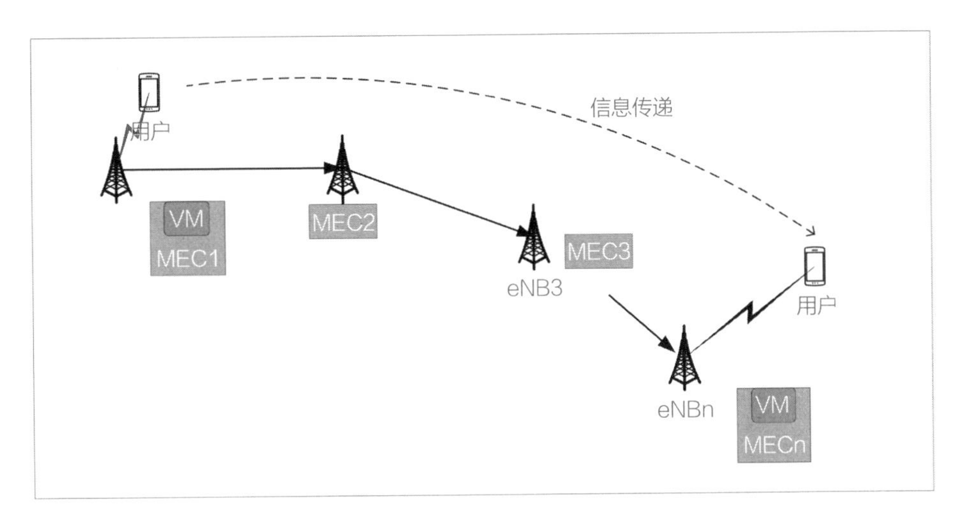

图2.5 虚拟机迁移的移动性管理

轨迹的统计信息预测用户将要到达的下一个MEC覆盖区域，从而提前将数据传输至新的MEC服务器。这一技术主要存在两个挑战：第一个挑战在于轨迹预测，准确的预测可以实现MEC服务器之间的无缝切换，并减少预取冗余，要实现准确预测就需要精确的建模和高复杂度的机器学习技术；第二个挑战在于如何选择预先传输的计算数据，因为预测的MEC服务器地址并不一定准确，所以将全部数据传输到预测的MEC可能会造成浪费，如何在传输的数据量和预测的准确性之间进行决策也是必须考虑的问题。

（1）节点移动位置预测技术

一个好的预测算法可以使移动性管理更加有效，为下一步的切换管理提供准备信息，从而减少切换延迟。在正常情况下，用户的移动具有一定的规律，移动前后两个位置之间的相关性为预测技术提供了可行的依据。预测时首先建立用户移动性模型，以描述用户的移动性和分布，该模型由大量的用户历史移动数据总结而来。常用的用户移动模型主要分为：随机移动模型和时间相关模型。

随机移动模型描述的是不可预知的移动，它假定移动的方向是不可预测的。该类模型中每一次移动的目标位置是随机的。

时间依赖模型更关注个体的运动规律，所使用的数据在一定程度上包含了流动个体的行为特征。具体随时间变化的模型有：高斯马尔可夫运动模型、平稳随机运动模型和半马尔可夫平稳运动模型。

预测算法用于预测移动用户的下一个位置，更具体地说，预测用户将连接到的下一个基站。这样就可以提前为目标接入点预留网络资源，提前决定切换路径，从而保证当用户到达时，可以实现平滑切换，以满足业务需求并提高网络服务质量。由于用户的运动不是随机的，其历史轨迹中隐藏着一定的运动规律，因此移动预测技术有了立足点。它可以研究用户的历史轨迹，然后建立合适的预测模型，最后实现对用户下一个位置区域的预测。预测算法一般又可以分为确定型模型算法和统计型模型算法两种。

确定型模型最显著的缺点是，如果一个移动的数据不服从既定确定型模型，其预测准确度就将明显下降，即预测性能会随着随机性的增加而线性下降。相较之下，统计型模型能够比较准确地模拟移动用户的行为特征，但是马尔可夫模型应用于移动性预测也有一些缺点，比如当状态数很多时，计算量将会增大。一阶马尔可夫模型认为用户的下一状态仅和当前状态有关，而高阶马尔可夫模型认为未来状态不仅和前一状态有关，还和更早的状态有关，如二阶马尔可夫过程认为未来状态和前两个状态有关。直观上看，阶数越高，应该伴随更准确的预测精度，但阶数越高，需要考虑的状态数就越多，即运动模式就越固定。实际情况是，由于实际环境中位置变化的随机性，实际位置可能偏离预测模型，导致预测失败。同时，高阶会引入更多的计算，提高算法的复杂度。因此马尔可夫模型并不是阶数越高越好，而应该在多个因素之间进行权衡。根据参与预测的用户数，预测方法又可以分为单用户预测和多用户预测。单用户预测指的是所有历史数据来源于一个移动用户，然后从中提取有用信息进行预测。而多用户预测相对较复杂，由于个体间移动行为可能存在密切联系，我们可以将多个用户划分为一个用户组，例如一个宿舍的同学，从他们的数据中找出一般行为规律，进而预测该宿舍中的某个同学的未来位置。但是有研究表明，在不同的采样时间间隔下，用户移动行为的相似性可能会有不同，因此选用适合的时间间隔是多用户预测的关键。

现有的预测方案依赖于马尔可夫模型、机器学习、序列模式挖掘等技术。

有学者提出基于速度和服务感知的切换方案，并使用马尔可夫模型来预测未来路径，利用马尔可夫模型对突发事件形成热点地区的预测分析。对多个独立域建立位置预测模型，然后对比，低阶马尔可夫模型的性能优于复杂度高、空间消耗大的高阶模型。标准的马尔可夫预测模型只是基于空间进行预测，但是无法得到用户从当前位置切换到下一位置的时间点，有的学者基于半马尔可夫模型建立移动预测模型，从空间和时间两个维度进行预测，实现了非常高的预测精度。还有的学者结合用户标签，使用隐马尔可夫模型预测用户的下一位置，该算法主要基于维特比算法，也实现了较高的预测准确率。

贝叶斯网络是马尔可夫链的推广，它作为概率论和图论结合的产物，用来更准确地描述状态之间的相关性。因此，我们可以使用贝叶斯框架来建立移动模型，模拟室内节点的移动，基于贝叶斯网络进行位置预测，通过综合拓扑信息、道路情况、节点信息等多个因素来提高预测精度。

基于机器学习的预测模型可以利用用户的历史数据预测其未来行为，如递归神经网络、贝叶斯网络、支持向量机等，主要用历史数据对模型进行训练。利用递归神经网络对用户的下一位置进行预测，使用的训练数据是基站的信号强度。我们可使用这类数据对神经图灵机（一种递归神经网络模型）进行训练，使其学习人类行为习惯，进而预测用户下一可能出现的位置。

基于序列模式挖掘的预测模型被应用于离散序列，其最大的优点是能忽略过时的历史信息，主要方法是通过从用户的历史轨迹挖掘移动模型，然后拟合其运动规律。

（2）路径切换技术

移动性管理中的切换管理是指移动终端在移动过程中，和对端的通信连接可以从网络中的一个连接点转移到另一个连接点。

在接入点切换中，根据断开和连接的先后顺序，路径切换可以分为硬切换和软切换。硬切换指的是用户先断开和前一接入点的连接，然后再和下一接入点相连接；软切换则相反，这种切换方式是先和下一接入点相连接，然后再和前一接入点断开连接。

根据网络类型，路径切换可以分为垂直切换和水平切换。垂直切换指的是用户在不同的网络类型之间的切换（比如蜂窝网与无线局域网之间切换），传统的垂直切换大多以接收到的信号的强度作为切换执行的标准，这样的单一标准非常容易造成乒乓效应，很难适应未来的复杂网络环境。水平切换是指在相同类型的网络之间进行的切换（比如在不同无线局域网之间切换）。

三、边缘数据存储技术

大数据时代来临，5G技术催生边缘计算的发展，网络边缘移动设备也急剧增加。根据IDC（国际数据公司）发布的《数据时代2025》报告，2021年全球产生的数据为33ZB（泽字节，1ZB=2^{70}B），预计到2025年，全球每年的数据增长至175ZB。边缘设备产生的数据呈爆发式增长，这对边缘存储系统的容量及性能是一个挑战。

为了提高边缘存储系统的性能，一种分布式存储架构被应用于边缘计算中。边缘存储是一种“去中心化”的存储形式，它将收集到的数据分散存储在边缘存储设备或边缘数据中心，而不需要把数据通过网络实时传输到云服务器存储中心。这在很大程度上缩短了任务计算和数据存储之间的物理距离，提供了实时可靠的数据存储和访问。

1. 边缘存储

边缘计算和云计算可以并行工作，但有时它们的实现路径会有所不同。

例如在存储方面，将在边缘设备产生的数据全部传输到云平台中保存是不切实际的。

不同于云计算的集中式云存储结构，边缘存储将数据存储下沉到边缘设备附近，分散在靠近移动设备端的边缘存储设备或边缘数据中心。这种方式具有更低的网络通信开销、交互时延和带宽成本，更高的自适应能力与可扩展性。

（1）边缘存储层次结构

边缘存储主要由边缘设备、边缘数据中心或存储设备、分布式数据中心三个部分组成，具体如图2.6所示。分布式数据中心被部署在较远但互联网用户数量多的城市或地区的云端，为用户提供城域EB（艾字节，1EB=2^{60}B）级数据存储服务，分布式数据中心也称作分布式云，通常与大型云数据中心协同执行存储任务；中间层为边缘数据中心，也称作边缘云，通常被部署在蜂窝基站和人群密集处，为区域内提供TB级实时存储服务，多个小型物理数据中心在此组合成一个逻辑数据中心；底层由数量庞大的边缘设备组成，涵盖台式电脑、智能手机、传感器、物联网网关、传感网执行器以及路侧单元等多种设备，设备之间通过无线接入技术相互连接组成边缘存储网络。

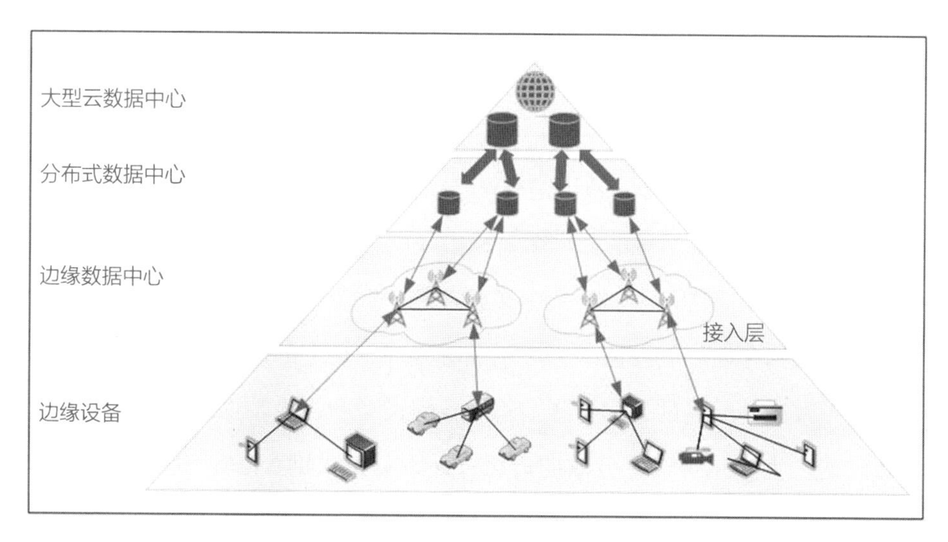

图2.6 边缘存储结构

（2）边缘存储特点

集中式云存储主要是将资源储存在云计算中心的磁盘阵列上，使用者可以在任何时间、任何地方，通过设备连接到云端，方便地存取数据。但是，在这种集中式存储服务方式下，存在服务稳定性不足、网络带宽成本高、数据传输能力有限等问题。

在大型边缘计算网络中，很多业务可能在短时间内产生大量数据，如果采用集中式云存储，保证数据上传的速度大于数据产生的速度是必要的，因为这样才可以避免本地数据积压。但是这对传输带宽的要求很高，成本也会相应地增加。此外，在延时敏感型场景下，采用集中式云存储显然是不合适的。

与集中式云存储相比，边缘存储具有的特点和优势如表2.1所列。

表2.1　边缘存储与集中式云存储

边缘存储	集中式云存储
带宽要求低，成本低	带宽要求高，成本高昂
分布式，就近存储	集中式
可部署在私有机房，无须共享	由云服务商保存
网络链路端，响应时延低	响应时延高

带宽成本低且时延低。不同于云计算对带宽的高要求，边缘存储可以使用内网带宽或者边缘节点的公网带宽，以降低带宽成本并降低响应时延。

地理分布式特性。不同于集中式云存储，远距离的传输时延使得大量边缘设备的数据存储和处理需求无法被及时处理；拥塞的网络、高时延的服务等都将导致服务质量的急剧下降。边缘存储设备和边缘数据中心在地理上是分布式的。大量地理位置分散的边缘存储设备可借助Wi-Fi、蓝牙、Zigbee（紫蜂协议，一种低速短距离传输的无线上网协议）等无线接入技术，与相邻的存储设备或边缘数据中心构成分布式存储网络。这种地理分布式结构使数据能够及时地就近存储，为边缘计算关键任务的实时性数据存储和访问提供了保障。

数据安全性。边缘存储架构支持在边缘端设备内部部署存储系统，与外部网进行隔离。将数据独立存储在内部部署的边缘存储系统中的做法具有以下优势：能够为边缘计算任务提供高速的本地数据资源访问，满足边缘应用的实时性需求；能够在本地最大限度地控制访问内部存储设备，监测控制数据存储的位置，实时调整机密数据的冗余策略；能面向数据源对数据进行加密或其他预处理，增强数据安全性。

位置感知特性。边缘存储就近存储数据，数据分布与地理位置紧密相关，具备地理位置的强感知特性。依托该特性，边缘计算任务在处理数据时，无须查询整个存储网络定位数据，极大地减少了主干网络的流量负载。同时，边缘计算任务可以和所需数据在地理位置上近距离绑定，减少数据在网络上的传输时延，加快数据的处理速度，为大数据分析平台提供更好的底层支持。此外，通过对边缘存储数据的地理分布情况进行统计和分析，应用服务提供商可以为移动用户推送有针对性的广告和新闻事件，以提升用户服务质量。

综上所述，云存储的高成本、高时延、不稳定等特点决定了云存储并不适合移动边缘计算，因此边缘存储架构应运而生。越来越多的研究聚焦于边缘存储，为边缘计算提供了支撑。边缘存储的高效主要体现在三个方面：第一，边缘存储可提供数据预取和缓存服务，以克服云存储远距离数据传输造成的高时延、网络依赖等问题；第二，边缘存储可提供邻近边缘终端的分布式数据存储服务，借助数据去重和近似存储技术，缓解云数据中心的存储和带宽压力，降低数据遭受网络攻击的风险；第三，边缘存储能够与云存储协同提供存储服务，支持边缘计算任务在边缘终端和云端的协同处理，促进边缘计算与云计算的融合。接下来我们介绍与边缘存储相关的技术。

2. 边缘缓存技术

在现有移动网络中，随着移动用户的密度越来越高以及终端设备的大规模接入，大量应用数据在终端设备与云服务器间的传输加剧了回传链路的负载，因而加剧了回传链路拥塞的风险。随着近年来对移动互联网的研究越来越深入，研究者们发现用户所访问的数据流量中绝大多数都是相同的内容，不仅如此，大部分人访问的内容还有重叠。网络中这些重复内容的传输进一步增加了网络的流量负载，并给中心服务器造成了极大的压力。如果将这些多次重复的“热点内容”缓存到距离用户较近的存储服务节点上，就可以大大提高边缘计算的效率。

（1）缓存策略

虽然缓存有助于提高蜂窝网络的有效带宽和降低端到端时延，但是由于存储硬件的物理限制，缓存容量并不能满足用户日益增长的请求量。因此，一个有效的缓存策略十分必要。

缓存最早提出是为了解决操作系统中中央处理器和内存速度不匹配的问题，缓存策略决定缓存什么样的内容以及使用哪一部分缓存空间。一个高效的缓存策略能够大大提高缓存系统的性能。缓存策略中的核心部分就是缓存内容替换，由于存储空间的有限性，依据缓存策略替换旧内容能够提高缓存效率。常见的缓存策略有最近最少使用（Least Recently Used，LRU）算法、最不经常使用（Least Frequently Used，LFU）算法。

最近最少使用算法的基本思想是，当缓存空间已满，有新的内容需要缓存时，优先替换掉最久未使用过的缓存内容，直到有足够的空间缓存新的内容。不同于最近最少使用算法，最近最少使用算法的基本思想是，当缓存空间已满，有新的内容需要缓存时，优先替换一段时间间隔内请求次数最少的内容，直到有足够的空间缓存新的内容。

按照缓存策略的异同，边缘缓存技术又被进一步分为：被动缓存和主动缓存。

被动缓存：只在用户发出请求后才进行有条件的内容缓存。最近最少使用算法和最不经常使用算法就是典型的被动缓存算法，它只在任务发送缓存请求时，对任务进行缓存。

主动缓存：蜂窝基站先预测内容的流行度，然后提前将热门的内容进行本地缓存并且推送到用户端。这种蜂窝基站主动式缓存并提前推送的方式可以降低平均时延，还可以提高无线网络的吞吐量。

在移动边缘缓存场景中，为了尽可能地在服务节点中存储更多的热点内容，拉近用户和热点内容之间的距离，必须要设计一个有效的缓存放置策略。从目前的研究结果来看，存在两种缓存放置策略：确定性缓存策略和随机缓存策略。

确定性缓存：这种策略要求所有服务节点只存储流行度最高的内容，因此也被称为最大流行度缓存策略。值得注意的是，在实际的网络中，服务节点的存储空间总是有限的，因此最大流行度缓存策略会导致很多热点内容无法被存储到网络边缘中。另外，所有服务节点都存储相同的内容，会造成网络边缘存在大量冗余的数据，浪费网络的存储资源。总的来说，最大流行度缓存并不是最佳的缓存放置策略。

随机缓存：每个服务节点存储的内容不一定相同，热点内容以某种概率分布存储在每个服务节点中。相较于最大流行度缓存，随机缓存可以让更多的内容存储在服务节点中，更大程度减轻回传链路的负载，显著提高了用户的服务质量。

（2）CDN缓存

内容分发网络（Content Delivery Network，CDN）的核心理念是将内容缓存在终端用户附近。将CDN边缘节点部署在用户访问相对集中的网络中可形成分布式的存储结构。将云服务器内容存储在边缘节点的副本服务器中将使得终端用户获取内容的时延大大降低。

CDN支持多种类型的内容的下载，除了动态内容（音频、视频、软件等），还可以缓存静态内容（图片、网站静态资源等）。

举例来说，如果某个用户想要访问某视频应用程序的内容，CDN的具体工作流程如图2.7所示。

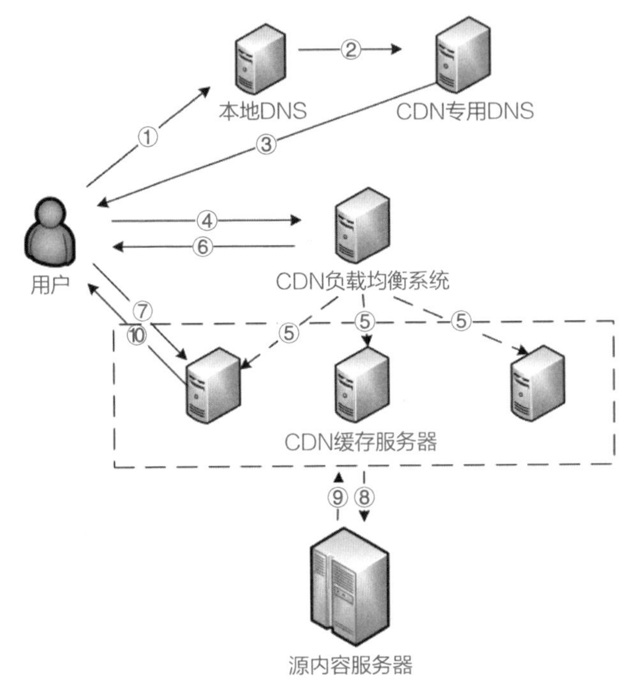

图2.7 CDN工作流程图

当用户点击APP上的内容，APP会根据URL（统一资源定位系统）路径去本地DNS（域名解析系统）解析IP（国际互联网协议）地址。本地DNS会将域名的解析权交给CDN专用DNS服务器。用户得到返回的IP地址后，向CDN的负载均衡设备发起内容URL访问请求。CDN负载均衡设备根据用户IP地址，以及用户请求的内容URL，选择一台用户所属区域的缓存服务器。负载均衡设备告诉用户这台缓存服务器的IP地址，让用户向所选择的缓存服务器发起请求。用户向缓存服务器发起请求，缓存服务器响应用户请求，将用户所需内容传送到用户终端。如果这台缓存服务器上并没有用户想要的内容，那么这台缓存服务器就要向网站的源服务器请求内容。源服务器返回内容给缓存服务器后，缓存服务器再将其发给用户，并根据缓存策略，判断要不要缓存该内容。

CDN缓存最大的优点就是加速了内容的访问，缩短了用户与内容之间的物理距离，以及用户的等待时间，提高了用户服务质量。影响 CDN 缓存效率的关键问题是副本服务器的位置和内容布局。这种方式与基站或终端设备缓存相比，缓存内容可以服务更多的用户，但是需要基站向副本服务器请求内容，所以获取内容的时延较大，并且部署很多副本服务器的成本很高。

（3）基站缓存

基站缓存是将流行内容缓存在靠近用户的基站上，若用户请求命中基站的缓存内容时，用户可直接从基站获取内容，不必通过回程链路从远端服务器获取，这降低了用户获取内容的时延，同时减少回程链路的使用，并避免相同内容在网络中的重复传输。

目前对基站端缓存技术的研究根据不同的优化目标分为不同的研究方向，如：降低网络负载，降低回程链路的带宽需求；降低文件的下载时延；提高缓存命中概率；降低系统能量消耗等。同时根据文件的缓存位置不同，缓存技术又划分为宏基站缓存和微基站缓存。

宏基站缓存：由于基站（BS）的覆盖范围远小于4G核心网络或服务器，并且基站与用户之间的连接具有高度不确定性，因此基站上的缓存策略设计更具挑战性。每个基站的缓存大小和请求数远小于核心网，导致为互联网设计的被动缓存策略对于基站缓存没有什么效果，而独立地为每个基站设计主动缓存策略，例如在每个基站中缓存最流行的内容，则可能导致缓存空间的利用不足。

解决此问题的一种方法是使基站能够通过回程链接共享缓存的内容，即协作缓存。如果所请求的内容不在本地基站的缓存中，则可以通过从相邻基站的缓存而不是从服务器中检索所请求的内容，这不仅可以降低传输成本和等待时间，还可以提高整体缓存命中概率，而无须通过回程链路进行数据共享，这种方式被称为分布式缓存。对于具有高容量光纤连接以共享数据的移动通信基站，这种方法是可行的。

微基站缓存：传统的无线通信系统通常采用小区分裂的方式减小小区半径以提升空间复用度，然而当小区覆盖范围进一步缩小时，小区分裂变得很难进行。这时需要在室内外热点区域密集部署低功率微基站，形成超密集组网。在未来 5G 网络数据流量爆炸式增长的背景下，超密集组网将是有效的解决方案。超密集微基站网络能提供更短的通信距离，降低发射功率。然而，微基站的部署需要高速回程链路作为支撑，否则将有可能造成回程链路的拥堵和阻塞。为此，我们可以将缓存技术与基站结合，利用微基站的缓存容量来降低对回程链路的依赖，也就是在非高峰时期将热点内容提前缓存到微基站中，当用户请求该文件时，直接从微基站的本地缓存中获取该文件，以降低用户获取文件的时延，同时也能释放回程链路的带宽资源，提升系统性能。微基站缓存技术根据缓存文件时是否经过网络编码被划分为编码缓存技术和非编码缓存技术。

由于微基站的存储空间有限，若存储完整的热点内容，则微基站总体缓存的文件数不多，对系统性能的改善并不明显。因此，研究者提出了编码缓存技术，即对文件进行分片处理，将一个文件分成几个子文件，并通过编码将子文件缓存在不同的小基站中，这样可以提升系统中缓存的文件总数。

为满足高数据传输速率和低时延的通信需求，将内容缓存在更靠近用户的基站上，比起CDN缓存降低了用户时延，同时，在宏基站或微基站上部署缓存可以避免基站向服务器重复请求相同内容。由于基站的缓存容量有限和用户关联基站可能变化的特点，在优化基站缓存方案时研究者们主要解决三个问题，即缓存位置的选取、缓存内容的选取和缓存内容的释放。虽然与CDN缓存相比，基站的缓存空间很小，缓存内容不多，但是其低部署成本可以保证密集化部署，并且由于基站覆盖范围关联的用户不多，所以研究者们主要考虑的是如何优化基站缓存内容。

（4）终端设备缓存

终端设备缓存是指将内容缓存在本地设备上（如智能手机或笔记本电脑），若用户的请求内容缓存在终端设备上，用户能以零时延直接获取该内容。一般有两种方式为终端设备缓存内容，一种是基站采用广播的方式为服务的全部用户推送内容；另一种是利用已知的用户访问特征信息通过单播发送给用户，前者可能推送用户不感兴趣且不会请求的内容，后者则依赖用户历史访问数据，可能产生额外的通信资源开销。

近年来，终端缓存技术逐渐引起了越来越多的关注并成为可行的研究方向，智能终端设备的功能越来越强大，中央处理器的处理速度越来越快，智能手机及平板电脑的存储容量也在不断增大，这为终端缓存提供了足够的缓存空间。现实中用户很可能并不情愿贡献大部分的存储空间来缓存文件，因此，根据文件流行度进行推送内容并不明智。我们需要深入研究如何激励用户缓存更多的内容。用户终端可以通过D2D（设备对设备）通信共享缓存内容，从而提高临近用户的服务体验，同时卸载网络业务。

D2D通信技术的迅速发展使得终端缓存的意义越来越大。D2D通信是一种近距离的、设备到设备的直接通信，即在系统的控制下，允许终端之间通过复用小区资源直接进行通信的新型通信技术，它能有效解决无线通信系统频谱资源匮乏的问题。D2D 通信技术带来了很多好处，相比于与最近的基站进行通信，相邻设备之间的直接通信的吞吐量更高、时延更低。这也将有助于减轻回程网络的负载。通过将无线电传输缩小到设备之间的点对点连接，D2D通信可以更好地利用可用频谱。此外，它还可以降低传输功率，从而节约能耗。这些优势使得D2D通信技术已经成为5G通信系统的一项关键技术。

在实际应用中，用户之间的D2D通信既可以卸载基站承担的流量，又可以作为中继将数据流量卸载到空闲基站。与传统的D2D通信网络相比，若考虑将一些流行文件缓存在用户端，同时让用户之间通过D2D通信链路相互分享本地缓存文件，可以有效地减少系统成本和用户获取文件的时延，提升系统整体性能并降低开销。目前，越来越多的研究学者开始将D2D技术与终端缓存结合，即将流行度高的文件提前缓存到用户手机中，这样，当用户请求某一文件时，会首先在本地的缓存中搜索，如果有则可以直接获取该文件，如果没有，用户还可以在邻近用户的本地缓存中搜索该文件，若有，则建立D2D通信链路来传输该文件。将D2D技术与终端缓存结合是无线通信系统的一个新的发展方向。

3.云–边协同存储技术

在现有的云存储和边缘存储架构上，为了更好地满足边缘应用计算和大数据处理的需求，需要云端和边缘端协同执行存储任务，以提高数据处理的实时性、可靠性和安全性。

如果仅对云端或边缘终端存储体系结构进行优化，却忽略其协同与融合，便无法充分发挥两者各自的优势。对于大规模数据，边缘存储与云存储相互协作才能最大限度发挥云存储地理集中式和边缘终端地理分布式的优势，并让二者优势互补，以提供更高效的存储服务。

在此过程中，边缘节点负责终端设备数据的收集，并对数据进行初步处理与分析，然后将处理后的数据发送至云端；云端对海量的数据进行存储、分析与价值挖掘。

（1）数据收集和预处理

数据收集由边缘节点完成，主要的数据收集方法是多跳收集方法和设备辅助数据收集方法。然而，前者会导致能耗不平衡，如果中继节点距离接收节点较近，则会消耗更多的能量；后者则会导致严重的数据收集时延。最近，研究者开始采用两者结合的方式进行数据采集。

数据处理大多选择直接在边缘端进行。边缘端将收集到的数据进行加工、整理，形成适合数据分析的样式。它主要使用数据清洗、数据转化、数据抽取、数据合并、数据计算等处理方法。

（2）数据存储和分析

边缘服务器收集与处理完数据之后，通常还需要将数据发送至云端，由云端存储与分析。这样既能快速响应设备的请求，又能为数据提供大量的存储空间。

（3）边缘数据预取和缓存

由于边缘存储设备离云存储数据中心较远，边缘数据的高效预取和缓存成为提高数据访存性能的关键。边缘存储设备在访问数据内容之前，通常需要将数据从云服务器下载到边缘服务器中，以降低边缘设备访问数据的时延，这就是边缘数据预取技术。该技术的关键在于如何选择预先存储的数据。常用的数据预取算法主要基于访问时间、频率、数据大小、优先级和关联度来建立预取模型：基于访问时间的预取模型假设上次被访问的数据具有较大可能被再次访问；基于频率的预取模型根据用户访问数据的频率来预测未来的访问情况；基于关联度的预取模型采用机器学习算法挖掘用户兴趣关联规则作为预测依据。以上常用的数据预取算法适用于边缘数据的预取。

边缘数据缓存技术通过缓存历史文件加快用户的访问速度。当用户请求的静态内容没有被存储在本地缓存中时，设备会向CDN发送请求；CDN在边缘设备缓存中搜索请求内容，然后将命中的内容传递给用户。此技术能减少回程网络的数据传输开销。

（4）云–边协同调度

如果单独对云端或边缘终端存储体系结构进行优化，而忽略其协同与融合，便无法充分发挥两者各自的优势。诸多研究表明，对边缘存储资源的有效使用和管理能够缓解云服务器存储资源紧张，节省能源，从而提升边缘计算应用性能。学者杰拉里（F. JALALI）通过分析云存储应用的能耗情况，发现将部分应用迁移到边缘端能够显著减少能源消耗。悉尼大学的研究者提出了边缘网络和云平台的资源整合框架，该方案设计了一个用于众包传感器云服务的两级组合模型，基于云上传传感器数据的时间、空间特性，使用一种基于三维R-树的时空索引技术，可快速识别合适的传感器云服务，并可面向服务质量指标为边缘节点选择最优的云服务组合方案。哥廷根大学与南京大学的研究者研究了多信道无线干扰环境下移动边缘云计算的多用户计算迁移问题，采用博弈论的方法分布式实现高效的计算迁移，使云平台和边缘终端的整体性能达到纳什均衡，从而最大化地利用边缘数据中心的计算资源。上述工作从资源调配的角度研究了云-边协同的存储架构和优化技术。

边缘数据缓存策略是边缘数据中心设计过程中首要考虑的问题。边缘计算需要适当的边缘预取与缓存技术来加速数据访问速度，并且需要与云服务器协同以完成部分数据同步任务。针对时效性要求较高的应用，边缘数据中心需要动态调整任务的优先级，优先满足时延敏感应用的存储需求。基于CDN采取的缓存策略仅将数据缓存在专用服务器上，通过反向代理的方式提供加速服务，该缓存策略无法结合数据的地理分布信息和区域热度进行调整，不适用于边缘数据缓存的情况，所以，重新设计一种适用于边缘存储环境下的数据缓存策略具有重大意义。

四、边缘计算安全技术

物联网和智能移动设备的快速发展极大地推动了边缘计算的发展。一方面，边缘计算为轻量级设备高效完成复杂任务提供了很大的帮助；但在另一方面，它的仓促发展在很大程度上忽视了边缘计算平台及其使能应用中的安全威胁。

当前产业界以及学术界已经开始认识到边缘安全的重要性和价值，并开展了积极有益的探索，但是目前关于边缘安全的探索仍处于产业发展的初期，缺乏系统性的研究。

1. 边缘安全威胁

边缘计算的蓬勃发展为物联网在各个领域的应用提供了更可行的计算技术，但是，它也引入了更多的安全威胁。边缘计算安全白皮书中分析了边缘计算环境中潜在的攻击窗口，包括边缘接入、边缘计算服务器、边缘管理等层面的攻击，汇总了边缘计算面临的十二个最重要的安全挑战。以下四个方面增加了边缘计算网络的攻击面：

（1）边缘数据安全

边缘数据安全即保证数据在边缘节点的存储和在复杂的异构边缘网络环境下传输的安全。由于边缘计算服务模式的复杂性和实时性、数据的多源异构性、感知能力以及终端资源的有限性，传统环境中的数据安全和隐私保护机制已不再适用于对边缘设备产生的海量数据的保护。我们迫切需要新的边缘数据安全治理理念来提供轻量级数据加密、数据安全存储、敏感数据处理、敏感数据监控等关键技术能力，确保数据生成、采集、流通、存储、处理、使用、共享、销毁等环节的全生命周期安全。该理念还需要包括对数据完整性、保密性和可用性的考虑。首先，由于边缘计算的基础设施位于网络的边缘，缺乏有效的数据备份、恢复和审计措施，攻击者可能会修改或删除边缘节点上的用户数据，以销毁一些证据。

其次，边缘计算将计算任务从云转移到靠近用户的终端，并直接在本地处理和决策，这在一定程度上避免了数据在网络中的远距离传输，降低了隐私泄露的风险。但由于边缘设备获取的是用户的一手数据，其中不乏敏感的私人数据，与传统的云中心相比，边缘节点缺乏有效的加密或脱敏措施。这意味着一旦被黑客攻击、嗅探和腐蚀，其中储存的家庭消费、电子医疗系统中的人员健康信息、道路事故车辆信息等都会被泄露。综上所述，边缘节点数据脆弱性以及隐私数据保护问题导致了边缘数据安全隐患。

（2）边缘网络安全

边缘网络安全是实现边缘计算与现有各种工业总线互联、满足所连接物理对象和应用场景的多样性的首要条件。由于边缘计算节点数量庞大，网络拓扑结构复杂，攻击路径增加，容易使攻击者向边缘计算节点发送恶意数据包，发动拒绝服务攻击，影响边缘网络的可靠性和可信度。边缘网络的安全防护应从安全协议、网络域隔离、网络监控等方面建立一个纵深防御体系，以从内到外保障边缘网络的安全。由于边缘节点与海量、异构、资源受限的移动设备之间大多采用短距离的无线通信技术，边缘节点与云服务器采用的多是消息中间件或网络虚拟化技术。然而，现有的通信协议大多安全性考虑不足，不适用于边缘计算的通信过程。

在边缘计算场景下，用户的现场设备往往与固定的边缘节点直接相连，设备的账户通常采用的是弱密码和易猜测密码，这导致账号信息容易被攻击者窃取，造成了安全隐患。并且，由于设备计算资源和存储容量的限制，边缘设备无法支持复杂的安全防御系统，导致攻击者可以入侵边缘设备，发起DDoS（分布式拒绝服务攻击）攻击。

综上所述，易受到分布式拒绝服务攻击、账号信息安全问题以及不安全的通信协议给边缘网络安全造成了新的隐患。

（3）边缘应用程度安全

边缘应用程序安全就是满足第三方边缘应用程序开发和运行过程中的基本安全要求，防止恶意应用程序影响边缘计算平台和其他应用程序的安全。由于边缘计算在不同的行业和领域中的应用，为了满足未来不同行业的差异化需求，我们必须采取开放的态度，引进大量第三方应用开发者，开发大量差异化的应用，同时通过一系列措施确保其基本安全。为了实现这一目标，边缘应用程序安全应该在应用程序开发、上线和运维的整个生命周期中提供诸如应用程序强化、权限和访问控制、应用程序监控和应用程序审计等安全措施。在云环境下，为了方便用户与云服务交互，要开放一系列用户接口或编程接口，这些接口需防止意外或恶意接入。此外，第三方应用通常会基于这些接口来开发更多有附加价值的服务，这就会引入新一层更复杂的接口，同时风险也会相应地增加。在边缘计算场景下，边缘节点既要向海量的现场设备提供接口，又要与云中心进行交互，这种复杂的边缘计算环境、分布式的架构，需要引入大量的接口管理，但目前的相关设计并没有都考虑安全特性。并且，许多现场设备也没有足够的存储和计算资源来执行认证协议所需的加密操作，因而加密操作需要外包给边缘节点，但这将带来许多安全管理问题。

在边缘计算等场景下，信任情况更加复杂，而且管理如此大量的移动设备，对管理员来说都是一个巨大的挑战，并且管理员使用的管理系统也容易受到攻击者的入侵。

综上所述，边缘应用的访问和管理问题以及不安全的接口给边缘应用安全造成了威胁。

（4）边缘基础设施安全

边缘基础设施为计算节点提供硬件和软件基础，所以需要确保边缘基础设施在启动、运行和操作过程中的安全可信，也需要构建边缘基础设施信任链，信任链连接到哪儿，哪儿的安全就可以得到保障。边缘基础设施安全涵盖从启动到运行期间的设备安全、硬件安全、虚拟化安全和操作系统安全。

边缘节点可以以分布式的方式承担云计算任务。然而，边缘节点计算结果是否正确，对用户和云都存在信任问题。毕竟，边缘节点可能正在从云中卸载不安全的自定义操作系统，或者这些系统可能正在调用供应链中已被攻击者修改的第三方软件或硬件组件。攻击者很可能利用边缘节点上的不安全系统漏洞攻击系统，或通过权限升级或恶意软件侵入边缘数据。在边缘计算场景中，定向威胁攻击者首先查找易受攻击的边缘节点，然后尝试攻击它们并隐藏起来。更糟糕的是，边缘节点通常具有许多已知和未知的漏洞，并且没有及时与中心云的安全措施更新同步。一旦被破坏，当前的边缘计算环境因为缺乏检测定向威胁攻击的能力，就会导致连接到边缘节点的用户数据和程序根本没有安全保证。综上所述，恶意的边缘节点、不安全的系统和硬件安全支持不足等问题威胁着边缘基础设施的安全。笔者总结的攻击面及安全威胁分析见表2.2。

表2.2　攻击面及安全威胁分析

攻击面	安全威胁
边缘数据安全	边缘节点数据脆弱性、隐私数据保护问题
边缘网络安全	不安全的通信协议、账号信息安全问题、分布式拒绝服务攻击
边缘应用程度安全	身份凭证和访问管理问题、不安全的接口、恶意管理员攻击
边缘基础设施安全	不安全的系统与组件、恶意的边缘节点、定向威胁攻击、硬件安全问题

2. 关键技术

边缘基础设施、网络、数据、应用、全生命周期管理、云–边协同等安全功能需求与能力，需要相应的安全技术的支持。

（1）安全通信协议规范化

目前，边缘计算安全通信协议具有种类多样、脆弱、漏洞容易被利用、通信链路易伪造等特点，研究者们正试图突破边缘计算协议安全测试、协议安全开发、协议形式化建模与证明等技术难点，实现边缘计算协议的安全通信。

（2）边缘计算数据隐私保护技术

边缘计算具有数据脱敏防护薄弱、获取数据敏感程度高、应用场景具有强隐私性等特点，且面临边缘计算隐私数据泄露、篡改等安全风险。为降低这类风险，我们需要突破边缘计算轻量级加密、隐私保护数据聚合、基于差分隐私的数据保护等技术难点，实现边缘计算设备共享数据、采集数据、保护隐私数据。

（3）边缘计算身份识别技术

边缘计算身份识别技术针对边缘计算节点海量、跨域接入、计算资源有限等特点，面向设备伪造、设备劫持等安全问题，突破边缘节点接入身份信任机制、多信任域间交叉认证、设备多物性特征提取等技术难点，实现边缘节点的基于云边、边边交互的接入与跨域认证。

MEC是一个由包括终端用户、服务提供商、设备提供商在内的多种参与者，包括虚拟机、容器在内的多种服务，以及包括用户终端、边缘数据中心、核心架构在内的多种模块组成的交互式系统。这种异构特征带来了许多挑战——不仅需要对每一个实体进行身份认证，还需要实现不同实体之间的身份互相认证。如果没有这种身份鉴权技术，来自外部的攻击就能够轻易定位到可以攻击的资源或实体，并伪装成内部节点进行攻击，而来自内部的攻击能够不留任何痕迹。

因此，开发一种联合的身份认证机制和鉴权系统十分必要。基于在时延、中心服务器可用性上多种多样的要求，我们需要设计一种无须中心服务器验证的、去中心化的身份验证方法。另外，由于在某些情况下系统的一部分是由用户控制的，所以在身份验证与鉴权技术中也需要引入分布式相关的机制。

（4）边缘计算虚拟化与操作系统安全防护

这种防护针对云-边协同、虚拟化与操作系统之间代码量大、攻击范围广等特点，面向虚拟机逃逸、跨虚拟机逃逸、篡改映像等安全风险，突破了虚拟机监视器加固、操作系统隔离、操作系统安全增强、虚拟机监控，获得了边缘计算虚拟化、操作系统强大的隔离和完整性检测等能力，以实现边缘计算虚拟化和对操作系统全方位的安全防护。

（5）恶意代码检测与防范技术

该技术针对边缘计算节点安全防护机制弱、计算资源有限等特点，面向边缘节点上可能运行不安全的定制操作系统、调用不安全的第三方软件或组件等安全风险，突破了云-边协同的自动化操作系统安全策略配置、自动化的远程代码升级和更新、自动化的入侵检测等技术难点，形成云-边协同的操作系统代码完整性验证以及操作系统代码卸载、启动和运行时恶意代码检测与防范等能力，从而实现对边缘计算全生命周期的恶意代码检测与防范。

（6）信任管理技术

安全与隐私防护机制中的另一个关键点是对信任的管理。在MEC中，信任管理不仅仅包括对实体身份的验证，还包括对交互实体数量和具体行为的管理。这是因为每个实体都需要和多个实体进行通信或交互操作——用户的附近可能有多个服务提供商，服务提供商又可以选择不同的网络设备提供商。但在实际中，实体与实体之间的交互或许不符合它们的预期——可能会出现过高的时延、过高的错误检测率、传输的数据不正确，甚至存在自私或恶意的实体等。

因此，在MEC中部署信任管理机制必不可少。其优点是可以提高实体之间交互的成功率和准确率，提高对个人数据的管理效率（如减小信息传输的粒度）等。然而，信任管理技术仍然存在很多挑战，这是因为所有的信任管理设施都需要在彼此之间交换信息，即使在不同的信任域中也需要这么做。另外，由于被信任的信息需要在任何时刻、任何地方都是可访问的，所以在这类信息的存储和传播上也有一些问题需要解决。

（7）入侵检测技术

来自外部和内部的攻击可能会在任何时间攻击MEC中的任何实体。因此，如果没有有效的入侵检测和预防技术，任何成功的攻击都将是不可探查的，并会慢慢侵蚀整个系统的功能。幸运的是，由于MEC节点主要为本地提供服务，绝大多数攻击的危害都被限制在了节点附近的区域中。因此，MEC节点能够监控其中的网络连接、虚拟机状态等信息。此外，本地设施也能够互相协作或同更高层次的核心网设施进行协作，从而在较大的范围内对入侵进行有效的检测。

在MEC这种异构、去中心化和分布式的系统中运行互联的入侵检测和预防机制仍然面临许多挑战。为了应对这些挑战，我们首先需要对特定的攻击方式有充分了解，如果采用数据库记录所有已知类型的攻击，那么这个数据库需要随时保持更新并得到有效保护。其次，我们需要在本地防御机制和全局防御机制之间找到一个平衡点，同时还需要建立一个全局监控机制。更进一步，上述所有的防护机制，无论位置在哪，都需要互相交换信息，这些信息需要永远都是可访问的并能够用于检测更多潜在的威胁。最后，这些检测机制需要尽可能地以自治的方式运行，并减少对各种资源的占用。

3. 问题与挑战

边缘计算安全的研究远远不能令人满意：一方面，我们需要更强的防御解决方案，尤其是预防机制，以减轻个人攻击；另一方面，我们还需要探索能够整合安全机制的新架构。

目前的研究都是根据它们被设计的原始范式来分类的。与大量关注移动云计算的研究相比，很少有专门针对雾计算和移动边缘计算的研究。因为这些范例是最近创建的，所以它们的基础设施尚未完全定义。此外，移动云计算范式的研究时间更长。然而，读者应该注意到，移动云计算领域的许多研究不是解决边缘数据中心的安全问题，而是解决移动设备的分布式集群问题。虽然边缘范式的研究数量相当有限，但这并不意味着研究人员在开发新的安全机制时必须从头开始。正如读者在上一节中看到的，我们大可以使用为其他相关范例设计的安全机制和组件作为开发新型边缘安全机制的基础。

五、边缘计算设备部署

边缘计算旨在将云迁移到网络边缘，将计算能力“下沉”到离用户较近的地方，以减少网络时延。目前，边缘云的网络架构还没有准确的定义，并且边缘服务器的数量和位置部署也没有准确的规定。

如今，大部分的研究集中于边缘计算迁移和资源分配等问题的优化，但是，边缘设备部署位置的选择也应成为边缘计算研究领域的重要方向。

随着物联网技术的快速发展，边缘设备产生的数据越来越多。由于网络的限制和严格的时延要求，越来越多的数据在接近数据产生的地方被处理。边缘计算的部署以应用为导向，受时延、带宽、数据安全及边缘基础设施等因素影响，需要均衡考虑业务指标、兼顾投资效益和运维需求。

边缘设备部署研究对于边缘云服务商尤为重要。不同的边缘设备部署策略会给网络云服务带来不一样的影响，因此边缘设备部署存在着许多挑战：

（1）网络时延受边缘设备部署影响

当用户与边缘服务器的距离较远时，将任务迁移到边缘服务器的时延就很大，并且，用户可能需要经过多跳才能将计算任务迁移到最近的边缘服务器。并且，随着移动设备的发展，数据流量越来越大，这也影响了网络时延。边缘设备的部署策略直接影响网络时延，从而进一步影响到用户的服务体验。

（2）资源利用率受边缘设备部署影响

在移动边缘计算网络中，每一个边缘服务器的资源是固定的，不合理的边缘设备部署策略可能会导致一些边缘服务器出现空载或者过载的情况，这影响了整个网络的负载均衡。对于空载或者负载过少的服务器，尽管其资源利用率较低，但仍然处于工作状态，这进一步导致了对电力资源的浪费；对于过载的服务器，服务器上任务数量过多会导致资源分配不足，许多任务处于等待状态，任务执行时间过长，这会导致低时延的任务不能得到及时处理，降低服务质量。

综上所述，一个合理的边缘设备部署策略需要合理规划边缘服务器资源。接下来，笔者为大家介绍不同场景下的边缘设备部署结构。

1. MEC 部署方案

我们来了解几种主流的MEC部署方案。

（1）Mobile Micro Clouds（MMC）部署方案

MMC通常将云服务器或者数据中心部署在靠近用户一端，如无线基站。因此，用户和云服务器之间的通信距离缩短，用户可以很方便地访问云服务。MMC部署未将任何控制实体引入网络中，并且控制功能以分层方式进行部署。各个MMC既可以直接互联也可以回程互联，以实现用户在网络移动中虚拟机的迁移工作并保证了服务的连续性，见图2.8。

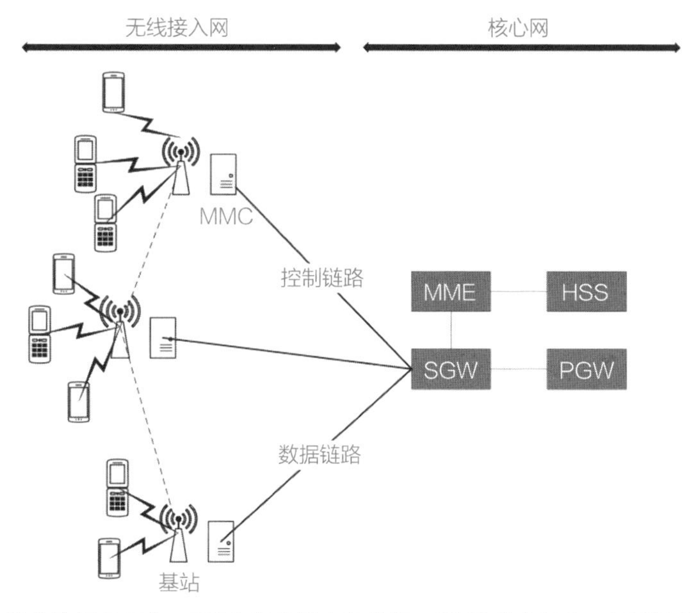

注：MME为移动性管理实体，HSS为归属用户服务器，SGW为服务网关，PGW为PDN网关。

图2.8　MMC部署方案

MMC特点包括：与云计算的集中式相比，地理位置上为分布式，计算更加靠近用户端；从核心集中式云到网络边缘的移动微云有一个层次结构，当允许多层MMC时，那些更靠近网络边缘的MMC将服务于更小的区域；与传统云计算相比，由于网络和云中的用户的移动性和其他不可控因素，MMC在资源可用性方面表现出更多的动态性。但是，由于MMC没有控制实体，信令开销大大增加，并且由于MMG被部署在边缘端，身份认证等安全问题也是需要考虑的因素。

（2）Small Cell Cloud（SCC）部署方案

SCC主要通过附加的计算和存储能力来增强小型基站节点（SCeNB）的功能。云增强的SCeNB可以使用网络功能虚拟化集成其计算能力。通过在SCC中引入小基站管理器（SCM）的新实体，我们可以更好地控制SCC。其中SCM主要负责管理SCeNB提供的计算和存储资源，并动态管理SCC中计算资源。根据SCC的部署方式，SCM可以集中部署，也可以分布式部署。

如图2.9所示，SCM集中部署在无线接入网（RAN）中，位于靠近SCeNB的集群中，也可以作为对MME（移动性管理实体）的扩展部署在核心网中。当SCM采用分布式部署方案时如图2.9所示，附近的SCeNB集群的计算和存储资源由本地小基站管理器（Local Small Cell Manager，L-SCM）和虚拟本地小基站管理器（Virtual Local Small Cell Manager，VL-SCM）进行管理，而位于核心网的远程SCM（Remote Small Cell Manager，R-SCM）被集成至MME功能中，管理连接到核心网的所有SCeNB的资源。

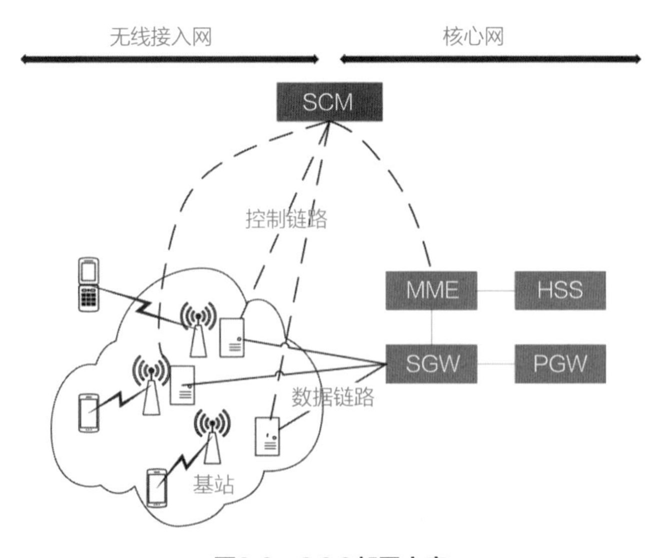

图2.9　SCC部署方案

SCC有助于降低时延，提高服务质量。但是，SCC的部署成本很高，跟MCC一样，会存在边缘计算安全问题。

（3）Fast Moving Personal Cloud（FMPC）部署方案

FMPC架构通过软件定义网络（Software Defined Network，SDN）和网络功能虚拟化技术以向后兼容的方式将云服务集成到移动网络中。如图2.10所示，FMPC 中的云服务资源部署在无线接入网内或无线接入网附近的运营商云平台上，并且引入了一种新的控制实体MC，能够与移动网络、软件定义网络交换机和运营商的云平台进行交互。MC通过监控移动网络元素间的控制平面信令交换和软件定义网络中的编排情况，掌握用户的动态信息，保证用户在网络移动过程中，可以方便地进行应用程序的迁移。

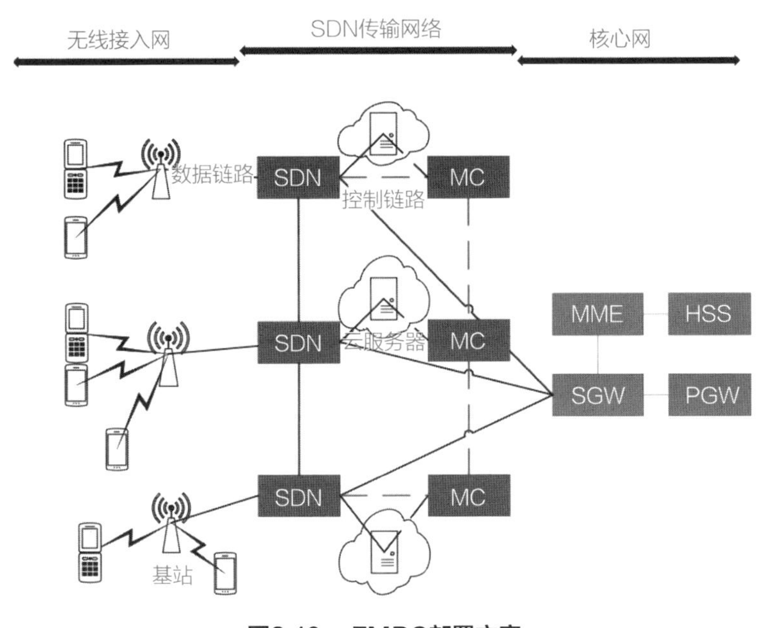

图2.10　FMPC部署方案

（4）Follow Me Cloud（FMC）部署方案

FMC的关键思想是在分布式数据中心上部署云服务器以提供边缘服务。FMC的计算存储资源部署在中心网络上，其计算和存储能力距离用户更远。

FMC在网络体系结构中引入了新的实体，数据中心/网关映射实体和FMC控制（FMC Control，FMCC）实体。FMCC主要管理数据中心的计算和存储资源、运行在这些资源上的云服务，并且决定哪个数据中心应该使用云服务与用户进行关联。FMC部署方案如图2.11所示。

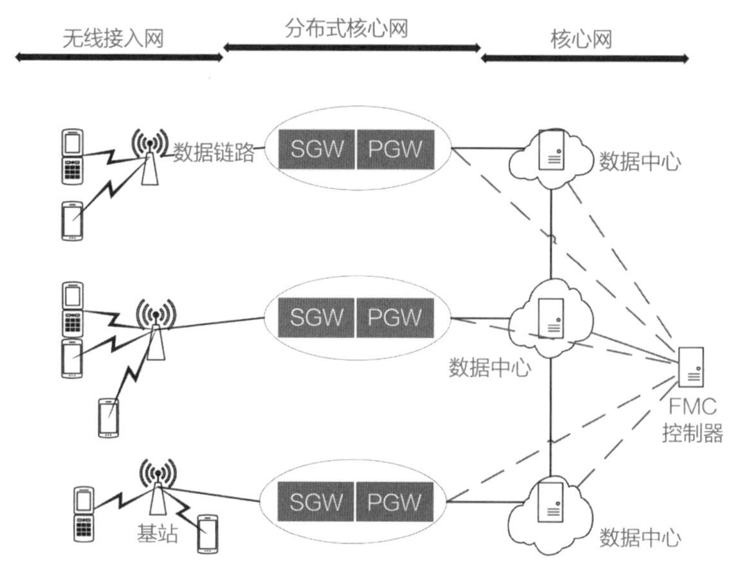

图2.11　FMC部署方案

（5）CONCERT部署方案

在CONCERT 部署方案中，控制平面是由Conductor组成的控制实体，它主要被用来管理协调体系结构的计算、通信和存储资源，见图2.12。Conductor可以集中式部署或分层部署。数据平面主要是由eNodeB、区域服务器、中央服务器、SDN交换机组成。CONCERT通过将网络中的资源以分层的方式进行分配，灵活管理网络和云服务。

MEC部署方案取决于多种因素，其中包括云服务的可扩展性、性能指标和部署位置的约束等。当前MEC部署方案中的SCC、MCC和FMPC的部署位置靠近网络的边缘，可有效减小移动终端时延，但这些部署方案会引入认证安全等问题。此外，FMC方案以集中式的方式部署在分布式核心网后，解决了

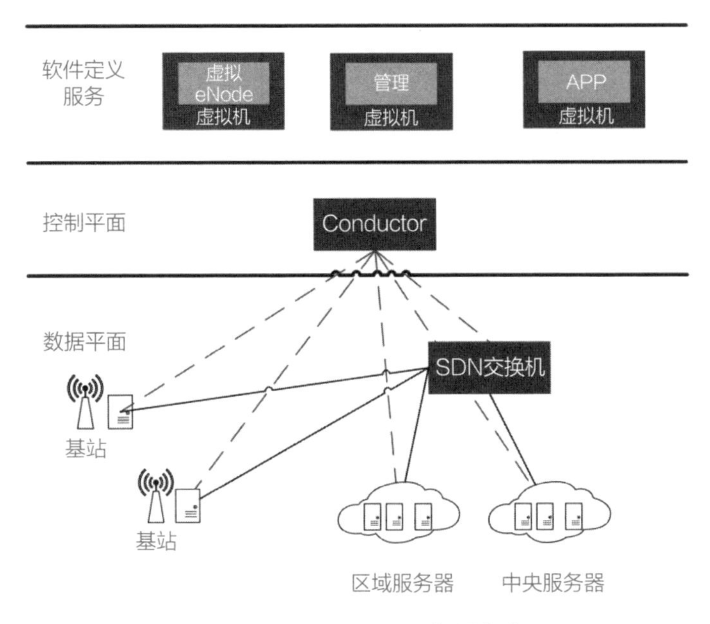

图2.12　CONCERT部署方案

网络接入的认证安全问题。而CONCERT中的控制实体Conductor既可集中式部署也可以分层式部署，因此能够有效实现负载均衡。

2. 在 5G 网络下的边缘计算部署

在5G网络架构设计中，总体思路是使接入网设备集中化、协作化，同时大规模部署集中式无线接入网。这样在控制面信令处理方面可以极大减少信令交互时延，满足未来移动通信对低时延、高可靠性的业务需求。与4G承载网相比，核心网被分成5GC（5G核心网）和MEC平台两个部分，MEC又根据业务的不同，可针对性地下沉到网络的各个层次中部署。

而且随着软件定义网络和网络功能虚拟化等互联网技术的发展，未来5G网络主要选择由通用设备架构的数据中心来构成5G基础设施平台。根据所处位置、处理能力、连接条件等，数据中心大致可分为中心级、汇聚级、边缘级、接入级，分别对应中心级数据中心、省级区域数据中心、地市级本地数据中心、地市级接入数据中心。根据业务场景需求，MEC可部署在接入集中单元与集中单元分布式单元合设的一体化基站、本地数据中心（接入级）、本地数据中心（边缘级）。5G MEC融合架构如图2.13所示。

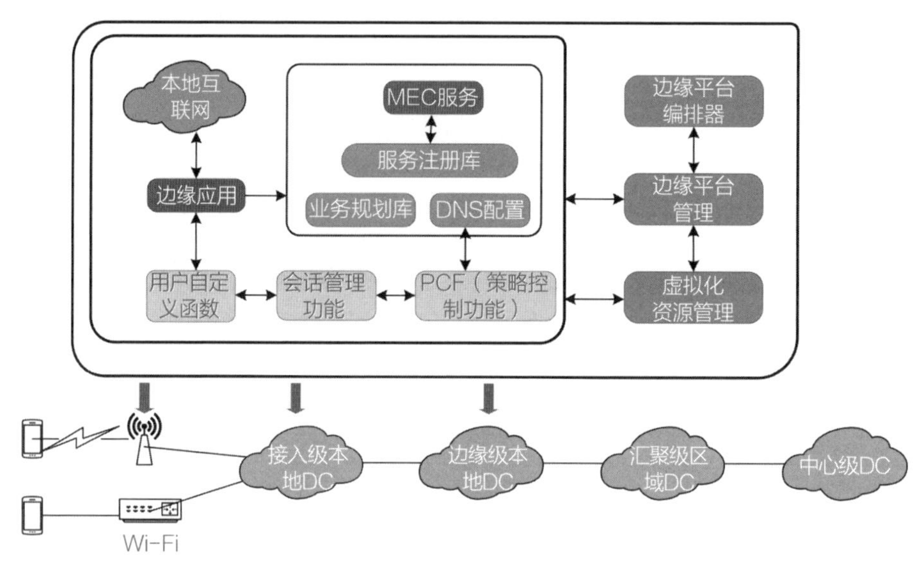

注：DC为数据中心。

图2.13　5G MEC融合架构

根据MEC部署的位置不同，从下到上可以分为基站级、接入级、边缘级，其中基站级MEC主要部署于集中单元/分布式单元合设的一体化基站，它以无线/有线等方式接入。接入级MEC主要部署于集中放置的5G集中单元、固网等本地机房，边缘级MEC部署在地市级汇聚机房等。

5G相较于以往的传统网络呈现出了多业务的特点。3GPP（第三代合作伙伴计划）定义了三大典型应用场景：eMBB（增强移动带宽）、uRLLC（超高可靠性低时延通信）、mMTC（海量机器类通信）。这三大典型应用场景还有各自的主要应用领域，比如eMBB场景下的高速下载、AR/VR、超高清视频业务；uRLLC场景下的自动驾驶、移动医疗、工业自动化控制业务；mMTC场景下的智慧城市业务等。

移动边缘计算技术作为信息通信技术融合的产物，可满足5G系统

eMBB、uRLLC、mMTC三大应用场景中工业互联网、高清视频和车联网等业务发展需求，是运营商进行5G应用部署的重要技术。

接下来，笔者将根据不同场景介绍5G网络下的MEC部署策略。

（1）eMBB场景下的MEC部署策略

关于增强移动宽带场景的业务指标，3GPP的技术文件TR22.891和TR38.913中有相应的描述。eMBB旨在显著改善移动宽带的数据速率、时延、用户密度、容量和覆盖范围，有助于满足用户对更快的传输数据速度和不断增长的移动数据量的需求。随着科技的不断发展，应用对于宽带的要求只会越来越大，也必定会超过当前应用对宽带的需求。而eMBB将有助于车辆与车辆的千兆位连接，数据密集型应用等较新应用的实现。即使在智能高速公路等较为拥挤的环境中，它也能够实现增强现实/虚拟现实应用的实时数据流传输。这些应用提升了用户体验性能，这也体现出eMBB场景的目标是人与人之间极致的通信体验。此外，5G 网络也必须用更低的成本传递数据。

该场景目前典型的应用包括自动驾驶（时延1ms，传输速度50Mb/s）、机器人协作（时延1ms，传输速度1~10Mb/s）、移动手术/远程手术（时延1~10ms，传输速度300Mb/s）等。此类场景在5G网络中的业务处理节点与执行节点不能距离太远，否则无法实时控制，一旦时延过高，就有极大可能会给人的生命安全带来威胁，造成不可挽回的损失。5G标准定义该类业务场景时延的要求为1ms，可靠性需达到99.999%。结合5G网络结构，计算5G承载网和5G空口传输时延，要达到1ms的闭环时延，5G MEC就需要部署在集中放置的集中单元或者集中单元/分布式单元合设的一体化基站。

（2）uRLLC场景下的MEC部署策略

超高可靠低时延通信将有助于支持关键任务应用程序，使用户和设备能够以最低时延与其他设备进行双向通信，同时保证网络的高可用性。与当前移动通信系统相比，一些设想的5G用例，例如交通安全、关键基础设施、行业过程的控制，可能需要更低的时延。虽然设备输入和输出的平均数据量不大，但是更大的瞬时带宽将有助于满足用户对于容量和时延的要求。由于应用程序的框架要求和媒体编解码器的限制可能会导致实际应用中产生更高的时延，5G只允许应用程序端到端延时1ms。uRLLC主要体现物与物之间的通信需求。因许多服务将在靠近空中接口的地方分配计算容量和存储，所以这将为实时通信创造新功能，并将在娱乐、自动驾驶车辆、工业过程控制等场景中实现超高的服务可靠性。

该场景主要包括增强现实/虚拟现实（时延20ms，传输速度1Gb/s）、移动视频监控（时延20ms，传输速度50Mb/s）、高清视频（时延20ms，传播速度10Mb/s）等。此类业务的特点是时延比 uRLLC 场景高，要求在20毫秒，但是回传流量比较大，因而传统的无线核心网集中部署架构不能满足该业务时延的要求。通常在此类场景中，建议将MEC部署在运营商边缘级数据中心和接入级数据中心以满足时延的要求，同时分析和处理数据本地数据，以实现本地业务本地解决，本地分流，减少承载网压力，节省传输资源。

（3）mMTC场景下的MEC部署策略

海量机器类通信（mMTC），又称大规模物联网，是指跨越大量设备的服务。mMTC实现了让设备装置或技术在数量上尽可能多地参与到物联网中，满足人们对于覆盖区域、连接支持、功耗成本、网络带宽等一系列因素的需求，保证大量相邻设备同时享受顺畅的通信连接。例如，传感器这种设备，尽管每个传感器产生的数据量通常非常小，对移动通信网络的总体流量的影响也非常微弱，可一旦传感器的部署数量达到百万个甚至数十亿个，就会产生重大影响。就技术要求而言，mMTC并没有要求非常低的时延。但是，连接设备的绝对数量严重挑战了网络提供信令和连接管理的能力。为了解决这个问题，同时不损害设备所需的安全功能。移动网络可通过Wi-Fi、蓝牙等短程无线电接入技术提供设备连接。连接设备后，移动网络经由网关提供超出本地区域的无线连接，从而尽可能多地处理不同的应用。mMTC与现有网络共存，更加侧重人与物之间的信息交互，具有广覆盖、多连接、大速率、低成本、低功耗、优架构等特点。使许多设备支持嵌入式高速传感器、停车传感器和智能电表等应用。

该场景主要是针对物联网的海量连接，比如智能家居、机器对机器（M2M）、智慧城市等。我们需要根据其业务具体要求部署MEC，以解决时延问题，并将终端的计算功能迁移到MEC平台，通过灵活部署MEC在网络中的位置来降低网络终端成本和能耗。

最后，由于5G的各项工作还在不断推进之中，距离实际部署还有很长的一段路要走，因此，当前边缘计算的部署方案也尚未成熟，其落地实施还需要等待5G实际使用后才能进行更进一步探索。另外，在5G实现完全商用之前，必然存在与4G网络共存的局面，因此，边缘计算的实际部署还需要考虑5G与4G甚至更早代网络的兼容。

本章介绍了边缘计算领域的几大关键技术：计算迁移、移动性管理、边缘缓存和边缘计算安全等，并且详细阐述了边缘计算领域设备部署的问题，综述了边缘计算领域待解决的关键问题以及目前的技术方案。

在当前研究工作中，对于边缘网络中通信、计算、缓存资源的考虑相对独立，而新型应用的实时性需求一般较高，需要深度融合这三者以降低时延和网络负载；需要深入研究编码缓存与边缘计算之间的交互机理和边缘网络编码缓存方案的自动化设计与自适应调整；探索建立能定量表征计算，将缓存资源转化为通信增益的多维混合资源调配优化模型，打破传统模型中通信、计算、缓存资源相对独立的架构，实现资源有机整合。

随着 5G 的蓬勃发展，5G 联合边缘计算成为未来发展趋势，面对越来越深入的研究，边缘计算关键技术也需要不断更新迭代。

第三章

边缘计算的健壮身形

在传统的云计算中，节点产生的数据都将通过网络传输到云计算中心统一处理，资源的高度集中和统一管理方式使得云计算模型具备很强的通用性能[15]。但是，随着物联网设备的增加和物联网技术的迅速普及，设备产生的数据与日俱增，传统集中式云计算服务已经越来越难以应对当前物联网络对即时传输、带宽资源、能耗控制和用户隐私等方面的高质量需求。

笔者在这里总结了云计算目前存在的弊端以及边缘计算具备的优势。

（1）即时性难以满足

在云计算模型中，所有的边缘节点都是通过传输网络将自身数据传输到计算中心，由计算中心对数据进行计算处理后，再通过传输网络返回处理结果。云计算的处理速度取决于整体网络带宽、网络时延、计算中心的计算性能、任务负荷量等多种因素。除此之外，一来一回的数据处理方式所导致的网络链路上各设备间的时延及转发处理的时间累计，注定使云计算难以满足边缘节点对即时处理的要求。

（2）网络传输环境依赖

基于上面的介绍，读者可以得知云计算模型中边缘节点是不参与数据处理的，所产生的数据及其处理结果都需要通过网络传输。一旦通信网络出现故障或者边缘节点处在山区、隧道或海岛等信号较差的地方，若边缘节点不具备数据处理能力，又无法获取数据处理结果，就极有可能造成严重的后果。

（3）资源开销巨大

即便还没有达到人们预先设想的“万物互联”的规模，现在的物联网中接入的设备和其产生的数据也早已成为天文数字。据统计，在2010—2020年这10年间，全球物联网设备数量高速增长，复合增长率达20.9%，2020年全球物联网内的终端设备数量超过100亿。预计2025年全球物联网联网设备将达到250亿，我国物联网的联网规模将达到百亿级别，物联网数据规模将达到百泽字节级别。

计算、存储、转发这些海量的数据需要消耗巨量的能源，而在这些海量的数据中充斥着大量无效数据。例如智能家居监控装置，大量的监控视频中都是静止的、没有变化的场景，但在云计算模型中计算中心仍然会对这些视频的每一帧图片进行分析、计算、存储和转发。

（4）用户隐私

在云计算数据处理模型中，本地的数据都将被采集，并通过通信网络传输到数据中心，那么势必会在某些环节带来用户隐私泄露的问题。一些非银行金融机构被处以巨额罚款的原因之一就是因为其通过采集、分析用户信息后对用户开展放贷业务，造成了很大的金融系统性风险。

相较于传统云计算，边缘计算更偏重或者说更靠近物和数据源的一侧，它融合网络、计算、存储及应用等多种方式以满足相关需求。靠近网络边缘这一侧的可以是从数据源到云计算中心之间的装载任意功能的实体，这些实体搭载着融合网络、计算、存储、应用核心能力的边缘计算平台，为终端用户提供实时、动态和智能的计算服务。与在云端进行处理和算法决策不同，边缘计算将智能和计算推向更接近数据源的设备，而云计算则需要在云端进行计算，二者主要的差异体现在多源异构数据处理、带宽负载和资源浪费、资源限制以及安全和隐私保护等方面[16]。作为在通信网络的边缘处进行服务的新型计算模型，相较于云计算，边缘计算具有以下优势：

1）边缘计算可以实时或更快地进行数据处理和分析，让数据处理更靠近数据源，而不是外部数据中心或者云，可以降低时延[17]。

2）节省带宽和存储资源。为了过滤噪声，来自不同数据源的数据流在发送到云中心前需要进行预处理。

3）减少网络流量。随着物联网设备数量的增加，数据生成数量继续以创纪录的速度增长。数据增长导致网络带宽变得更加有限，压倒了云，造成了更大的数据瓶颈。

4）通过接近数据源来实现高准确度和低时延，通过分布式存储及处理机制实现优越的可扩展性。

5）可以大大减少经费预算。企业在本地设备上的数据管理解决方案所花费的成本大大低于在云和数据中心网络上处理数据。

6）提高应用程序效率。通过降低时延，应用程序可以更高效、更快速地运行。

7）个性化。通过边缘计算，模型可以持续学习，并根据个人的需求进行调整，带来个性化的互动体验。

8）边缘体系结构下的节点能够为网络中各个节点提供隔离和隐私保护。网络边缘数据涉及个人隐私，传统的云计算模式需要将这些隐私数据上传至云计算中心，这将增加泄露用户隐私数据的风险。而在边缘计算中，身份认证协议的研究应借鉴现有方案的优势之处，同时结合边缘计算自身分布式、移动性的特点，加强统一认证、跨域认证和切换认证技术的研究，以保障用户在不同信任域和异构网络环境下的数据和隐私安全[18]。

本章主要探讨边缘计算的标准参考架构和边缘计算的计算及存储模型。

首先从服务、操作和控制的角度讨论边缘计算平台与其他平台相比的显著特点，并介绍了边缘计算主机体系结构的局部视图。随后，提出边缘计算平台的标准参考架构，该架构定义了计算主机和系统组件之间的内部和外部接口。从NFV的角度考虑，将参考体系结构与NFV管理和编排（Management and Orchestration，MANO）模型相匹配。本部分还特别展示了NFV边缘计算在标准移动网络参考模型中的地位和作用，并总结了存在的问题和挑战。

一、边缘计算标准参考架构

近年来，边缘计算、网络软件化和物联网已成为实现第五代移动网络的重要部分。物联网应用程序越来越多地在网络中生成大量异构数据。此外，作为人们每天都在使用的设备，大量物联网设备性能相对较低，于是，设备轻量化、其数据收发的准确性、高效性、即时性便显得尤为重要。因此，全球物联网网络迫切需要一个具有定制服务和标准接口的网络内计算平台来处理此类异构数据。而5G网络作为最有前景的未来技术，其网络软件及其相关核心技术，即软件定义网络和NFV，可以灵活地构建网络体系结构、提供各种网络服务。

5G网络软件化的进步将云化能力从网络的核心扩展到边缘，并衍生出边缘计算。边缘计算最常见的定义和框架由欧洲电信标准化协会（ETSI）提出。自2014年12月以来，其边缘计算行业规范组（ISG）开发和管理了标准化工作。正如ETSI其关于5G中边缘计算的第28号白皮书中所定义的，边缘计算为应用程序开发人员和内容提供商提供云计算能力，并在网络边缘提供IT服务环境。该环境的特点是超低时延和高带宽，以及应用程序对无线网络信息的实时访问，这得益于边缘计算功能的应用程序分布在广泛的业务领域，如视频分析、位置服务、物联网、增强现实、内容分发和数据缓存。

在参与边缘计算生态系统时，用户终端是网络中运行和消耗数据的关键代理。这些数据由作为内容获取中心联络点的网络内应用程序和服务提供商进一步处理、归档和分发，由移动通信运营商为数据交付提供运输基础设施，并为中间数据处理和应用/服务实施提供IT资源。这些参与者之间的运营协调决定了边缘计算生态系统的成功。

头脑风暴：

为了优化边缘计算的探索与开发，有必要从体系结构的角度全面了解边缘计算模型及其组件、位置、功能、连接和接口。本部分旨在探讨以下研究问题：

1）如何在综合云化的相关术语中定位边缘计算？

2）边缘计算的标准参考体系结构中包括哪些概念？

3）边缘计算作为网络虚拟化功能的显著特点是什么？

4）如何将边缘计算集成到标准移动参考体系结构中？

5）从架构的角度来看，边缘计算的开放性问题和挑战是什么？

二、云化模型中的边缘计算

云化是一种在垂直和水平两个方向上为整个网络提供计算能力的方法。垂直方法将存储和计算资源从网络的核心整合到边缘的网络设备中，以获得各种功能和性能（例如，内存空间和计算能力）。水平方法则定义了计算服务的粒度，以适应复杂的计算需求用户和运营商应用程序[如虚拟化、基础设施即服务、平台即服务和一切皆服务（XaaS）]。网络云化不仅将现有基础设施升级为开放、灵活、智能、高效和昂贵的基础设施，而且还支持面向服务的优化。因此，云化已被确定为下一代移动网络不可逆转的趋势。

1. 计算层比较

从计算角度来看，云化模型由四层组成，分别为云、雾、边缘和对等网络（P2P）计算层，见表3.1。根据定义，云计算系统以随需应变的方式向用户提供具有高性能的远程计算和存储资源，而无须直接的物理部署和管理。通常，“云计算”一词与中央数据中心的服务相结合，这些服务可供大量用户使用，并可通过互联网访问。雾计算系统被定义为一个中间基础设施，以在区域内减轻云的工作负担。

表3.1 计算层比较

特征	计算层			
	云计算	雾计算	边缘计算	P2P计算
实时场景	核心网	分布式网络	接入网	对等感知网络
物理设备	专用高功率服务器	位于宏基站的中等功率服务器	位于小型蜂窝基站的低功耗服务器	可共享用户计算设备
部署模型	高度中心化	中心化	分布式	集群式
虚拟化	支持	支持	部分支持	大部分不支持
资源管理	控制器和虚拟机监控程序	控制器和虚拟机监控程序	控制器和虚拟机监控程序	管理设备的操作系统
性能	非常高	高	中等	低
时延	低	中等	低	非常低
本地化	低	中等	高	非常高
稳定性	非常高	高	高	低

为此，雾计算系统在配备中等功率服务器的网络交换机/路由器上实施。此外，边缘计算系统旨在利用接入网移动连接点（5G PoA）中的免费计算和存储资源为附近的本地用户服务。为了完成云化模型，P2P计算系统为特定目的在用户设备之间建立分组的时间计算平台[19]。理想情况下，P2P计算系统以无基础设施的方式运行，完全是分布式的。表3.1显示了边缘计

算系统与其余系统在实施位置、物理设备、部署模型、虚拟化能力、资源管理、能力、时延、本地化和稳定性的特点。从上述分析中得出的两个主要观察结果是，从P2P计算到云计算，其计算能力降低了，但其计算时延也降低了。

所有计算层都能够在服务云层面上以不同程度地满足用户应用程序的需求。特别是，云计算系统和雾计算系统具有足够的资源来高效地提供高度虚拟化的计算服务，如PaaS和XaaS，而边缘计算和P2P计算系统最多提供Iaas和虚拟化计算基础设施。因此，云计算和雾计算系统的目标是为具有复杂功能和特性的大型应用程序服务，这些应用程序需要消耗大量计算和存储资源。相比之下，个人应用程序显著受益于边缘计算和P2P计算系统，因为它们响应迅速，本地化程度高。

在操作云化平面中，定义物理资源利用和虚拟化资源分配策略的操作软件为部署第三方应用程序建立操作环境，以便向用户提供计算服务。操作软件的开放性和灵活性极大地影响了计算服务的支持类别。从这个角度来看，云计算、雾计算和边缘计算系统具有足够的特性来实现操作云化，而P2P计算系统主要与用户设备运营支撑系统（Operations Support System，OSS）中的内置资源管理功能一起工作。

一方面，出于控制目的，云和雾计算系统作为强制NFV深入集成到网络中。换句话说，这些系统在管理和控制下运行，由网络协调器集中监督。5G移动网络的标准化著名控制模型是NFV MANO方案，该方案可使用SDN技术实施[20]。另一方面，尽管边缘计算系统确实能够很好地适应SDN的部署，但出于两个原因，可以选择为这些系统部署控制云化。一是边缘计算系统一般规模较小，因此，控制云化是不必要和不适当的。二是实现边缘计算的设备可以是网络设备（例如eNodeB和毫微微蜂窝）或现场设备（例如家庭集线器和Wi-Fi接入点），这样用户就有权选择控制解决方案。最后，由于P2P计算系统在用户设备中的临时操作、隐私和有限性能，在P2P计算系统中不假设控制云化。云化模型中的边缘计算如图3.1所示。

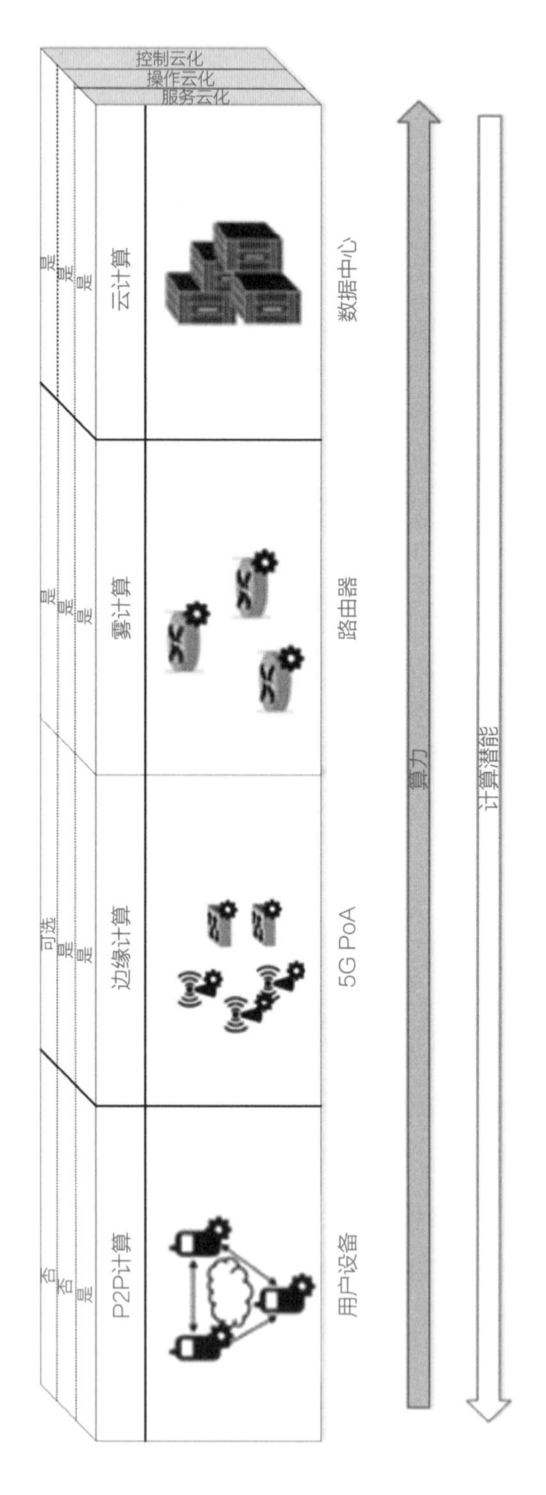

图3.1 云化模型中的边缘计算

2. 边缘计算内在结构

本节从计算架构的角度介绍了排队论边缘计算模型。尽管传入/传出流量由数据平面处理，但它仍然保留通用性。我们将查询边缘计算主机的数据输入视为随机过程，输出数据可以存储在本地存储器中，也可以转发给外部实体。基于这些理论，排队论边缘计算模型由三个主要部分组成：用于临时输入数据存储的缓冲区、用于数据执行的处理器以及用于任务分配和处理器激活的中央调度器和激活器。

由于数据到达缓冲区是随机的，边缘计算主机通过将输入任务调度到适当的处理器、根据工作负载激活或停用处理器来优化操作。通常，中央调度器和激活器会执行此优化。由于大多数边缘计算主机都采用商用现成品或技术（Commercial Off-The-Shelf，COTS）设计，所以处理器可以在处理芯片架构的核心级别进行控制。

那么如何在综合布线的相关术语中定位移动边缘计算？在云化模型中的计算层中，边缘计算系统通过在网络级别为附近的用户提供稳定的服务，同时以低时延保留响应，从而与其他系统区分开来。

三、标准参考模型

尽管过去十年来，类似概念已经在学术界中提出，如微数据中心和云化，但由于缺乏标准组织的支持，这些研究变得多样化和无方向。幸运的是，边缘计算技术已经被定义，并由欧洲电信标准化协会进行标准化和管理，该协会将边缘计算推广为全球标准，供服务提供商和第三方参考。边缘计算行业规范组为边缘计算的开发和实施提供了指南和建议。表3.2罗列了边缘计算行业规范组规格。

表3.2　边缘计算行业规范组规格

规格	描述
GS MEC-IEG 005 V1.1.1	移动边缘计算；概念验证框架
GR MEC 022 V2.1.1	移动边缘计算；V2X用例的移动边缘计算支持研究
GR MEC 017 V1.1.1	移动边缘计算；在网络功能虚拟化环境中部署移动边缘计算
GS MEC 016 V2.1.1	移动边缘计算；用户设备应用接口
GS MEC 015 V1.1.1	移动边缘计算；带宽管理应用程序编程接口
GS MEC 014 V1.1.1	移动边缘计算；用户设备识别应用程序编程接口
GS MEC 013 V1.1.1	移动边缘计算；本地应用程序编程接口
GS MEC 012 V1.1.1	移动边缘计算；无线网络信息应用程序编程接口
GS MEC 011 V1.1.1	移动边缘计算；移动边缘平台应用程序支持
GS MEC 010-2 V1.1.1	移动边缘计算；应用程序的生命周期、规则和需求管理
GS MEC 010-1 V1.1.1	移动边缘计算；系统、主机和平台管理
GS MEC 003 V2.1.1	移动边缘计算；框架和参考架构
GS MEC 001 V2.1.1	移动边缘计算；术语

1. 操作域

操作域分析了边缘计算主机的内部架构。边缘计算主机是一个网络实体，它包含计算环境软件和（虚拟化）硬件基础设施，用于为边缘计算应用程序提供网络资源。边缘计算主机可以是专用于移动服务功能的特定网络设备（如交换机和路由器）或附加的补充组件（如服务器和存储器）。计算环境软件被称为边缘计算平台，提供边缘计算服务、服务注册、流量规则控制和域名系统处理。

边缘计算服务是边缘计算平台提供的预定义服务或边缘计算应用程序注

册服务。预定义服务主要包括无线网络信息、位置参数和带宽管理，而服务注册中心为边缘计算应用程序授权并提供方法。

流量规则控制根据边缘计算平台管理器、应用程序和服务发送的观测流量规则，驱动边缘计算应用程序和服务之间流量路由的数据平台。

域名系统处理根据从边缘计算平台接收的记录配置域名系统代理功能。

此外，虚拟化的硬件基础设施被抽象为数据平面。数据平面根据边缘计算应用程序和服务的请求为流量传输提供环境。边缘计算应用程序被认为是运行在硬件基础设施之上的虚拟机。边缘计算应用程序在（计算、存储和网络）资源、响应时间和支持服务方面的需求由边缘计算系统级管理层通过边缘计算主机的边缘计算平台处理。

简言之，边缘计算平台Ep1和边缘计算平台Ep2参考点分别用于边缘计算平台与边缘计算应用程序和数据平面的接口，而边缘计算平台Ep3参考点用于两台边缘计算主机之间的协作。

2. 管理和控制域

分层体系结构用于边缘计算系统中的管理和控制。中央边缘计算系统管理器通过位于每个服务集群的多个边缘计算主机管理器协调边缘计算主机的操作。在边缘计算系统层面，边缘计算编排器起着关键作用，而运营支撑系统是指移动网络中用于用户交互的系统。边缘计算协调器负责以下职能。

第一，开发和维护边缘计算系统的完整拓扑，包括每个受管边缘计算主机中的资源状态和可用边缘计算服务。系统拓扑基于代表性边缘计算主机管理器报告的信息。

第二，处理使用边缘计算系统中服务的第三方应用程序，这些服务包括应用程序包验证和认证、应用程序要求授权和规则验证、运行应用程序的管理和资源准备。

第三，通过边缘计算主机管理器在服务集群中的边缘计算主机之间协调可用资源，以根据响应时间和应用程序优先级实例化应用程序。

第四，触发应用程序重定位和终止。

根据欧洲电信标准化协会的规范，边缘计算系统的标准参考架构定义了边缘计算主机和管理器的功能元件以及操作和管理、控制领域的参考点。在这个架构中，管理和控制域采用边缘计算系统和主机的分层拓扑结构，而操作域遵循扁平拓扑结构，为边缘计算主机提供同等的功能支持。

四、边缘计算的虚拟化网络功能

提供虚拟化网络功能（Virtualized Network Function，VNF）的边缘计算系统，是下一代移动网络的最关键功能之一，应当作为原生功能集成到网络中。在这一小节，笔者首先介绍网络功能虚拟化（Network Function Virtualization，NFV）架构的概述，接着讨论如何将边缘计算系统集成到NFV架构中。

1. 网络服务虚拟化架构概述

网络功能虚拟化是一种利用IT虚拟化技术对网络功能进行虚拟化的方法，它可以在标准化服务器上进行软件安装、操作和控制网络。为了给供应商、运营商和制造商提供一个开放的参考点，欧洲电信标准化协会制定了标准化规范的NFV完整参考体系结构框架。该框架由三个主要组件组成：VNF、NFV基础设施（NFV infrastructure，NFVI）和网络功能虚拟化管理和编排，分别管理和编排两个域。

执行域主要包括VNF和NFVI。VNF是网络功能的软件虚拟化，主要扮演着类似于传统网络的角色，负责行为、状态和操作。VNF主要包含演进分组核心网络组件和家用网络组件。演进分组核心网络组件主要有移动性管理实体（Mobility Management Entity，MME）、服务网关（Serving GateWay，

SGW）和包数据网关（Packet Data Network GateWay，PGW PDN网关）；家用网络组件主要由住宅网关（Residential Gateway，RGW）和提供传统网络功能的动态主机配置协议服务器以及防火墙等组成。

根据规模和具体需求，VNF可以在一个或多个具有不同（虚拟化）容量的虚拟机上实现。为了灵活地为VNF定制适当的操作环境，NFVI通过虚拟化层（如hyper visor）管理和控制硬件资源，该虚拟化层负责抽象和划分底层硬件组件，以提供用于处理的虚拟资源、存储和连接。

在管理与编排域中，有五个元素位于两个管理层。系统层：NFV编排器（NFV orchestrator，NFVO）、运营支撑系统和服务VNF基础设施描述（Service VNF Infrastructure Description，SVID）；主机层：VNF管理器（VNF Manager，VNFM）和虚拟基础设施管理器（Virtualized Infrastructure Manager，VIM）。在这些要素中，NFVO起着中心作用，并与所有NFV组中的VNFM和VIM连接，以进行内部管理。特别地，NFVO负责跨VIM协调NFVI资源，并通过整个系统中的VNFM进行VNF生命周期的管理。在NFV主机级别，从生命周期管理的角度来看，VNFM负责按照NFVO的命令实例化、扩展、更新、升级和终止VNF，或对传统管理功能报告的运行状态作出反应。而VIM具有VNF与其所需资源（如分配、修改、终止以及使用报告）之间的交互管理功能。

2. 将边缘计算集成至网络功能虚拟化体系结构

从网络功能管理的角度来看，边缘计算在NFV参考框架中被视为一种虚拟网络功能。

除了本章第3节中提到的原始边缘计算参考体系结构外，还有以下几个显著修改：

第一，从NFV MANO管理的角度来看，边缘计算平台和应用程序被视为VNF，即网络功能服务（如启动、更新和终止）的生命周期管理。

第二，数据平面的虚拟化架构被视为NFVI的一个组成部分，因此，它由NFV MANO体系结构中的VIM直接管理。

第三，边缘计算平台管理器（Edge Computing Platform Manager，EPM）由EPM-NFV代替，在EPM-NFV中，VNFM对ECM进行管理。

第四，边缘计算编排器（Edge Computing Orchestrator，EO）由边缘计算应用程序编排器（Edge Computing Application Orchestrator，EAO）取代，边缘计算应用程序编排器重新启用NFV编排器以进行虚拟化资源编排。

边缘计算作为 VNF 的显著特点是什么？

从 NFV 管理的角度来看，边缘计算平台和应用程序被视为 VNF。因此，所有虚拟化资源 MANO 由 NFV MANO 体系结构中对应的 NFV 元素通过管理或编排域中系统和主机级别的 Mv1 和 Mv2 参考点以及执行域中的 Mv3 参考点进行处理。其他特别的边缘计算服务编排功能仍然遵循标准的边缘计算架构。

3. 标准移动参考模型中的边缘计算

目前，边缘计算已部署在第四代移动网络中，它被作为现有架构补充的可选服务。边缘计算和核心网络之间的交互是通过用户设备运营支撑系统元素执行的，这在前面的章节中已经介绍过。在移动网络中，边缘计算被提升为集成功能，映射到由3GPP标准化组织设计的网络体系结构中的应用功能。边缘计算可以直接与其他网络功能交互，以获得其提供的服务和信息，而这些服务和信息由策略配置。

特别地，作为集成功能，边缘计算通过网络公开功能（Network Exposure Function，NEF）引入其服务。此外，NEF在授权来自边缘计算的所有请求访问内部5G网络功能方面发挥着关键作用。5G网络功能产生的服务注册在网络资源功能中，该功能作为可用服务的中心点，在经过身份验证和授权后可直接访问5G网络功能和服务。在系统级管理中，MEO（如果NFV可用，则为MEAO）通过参考点与5G网络功能进行交互。通常，参考点支持操作程序包括从MEO到5G核心网络的供应和订阅，以及反向的监控和通知。从逻辑上讲，主机管理级别的MEPM和VIM可以与核心网络中的5G网络功能进行交互。但是，这些元件通常被部署在配电网络中，用于基于群集的边缘计算主机管理。因此，我们可以在同一工作级别建立NEF实例，为边缘计算主机管理器提供高可用性。

在操作域中，用户平面功能是边缘计算和5G网络之间的互连点。UPF执行流量路由和交换功能，以使用可编程规则处理进出边缘计算应用程序和服务的数据。如果边缘计算被部署为位于5G网络设备的外部组件，则UPF被视为N6参考点上边缘计算角度的附加可配置数据平面。相反，当边缘计算是5G网络设备提供的高级服务时，UPF是边缘计算主机的本地数据平面。

从运营角度来看，边缘计算提供的服务被认为等同于边缘计算应用程序。5G网络使用会话管理功能（Session Management Function，SMF）管理对边缘计算应用程序的访问，该功能支持会话级别的服务连续性，并在授权网络组件和系统请求时提供报告数据。会话管理包括启动、维护、记录和终止。需要注意的是，从网络的角度来看，SMF管理的是外部应用程序，因此，它不会与边缘计算主机内平台的功能操作发生冲突。

如何将边缘计算集成到标准移动参考架构中？在管理域，边缘计算系统被视为5G移动体系结构中的集成应用，其中边缘计算程序协调器与核心网络中的5G网络功能交互，而边缘计算主机管理器与配电网络中的NEF实例交互。在操作域中，从5G的角度来看，边缘计算应用程序和服务由SMF作为外部应用程序进行管理。5G网络设备的UPF起到数据平面的作用，用于边缘计算主机之间的流量传输。

尽管欧洲电信标准化协会为边缘计算技术标准化做出了巨大努力，但边缘计算普及仍面临诸多问题和挑战。从架构的角度来看，应该解决以下五个问题：

第一，需要对多个网络中边缘计算系统之间的直接互操作接口和协议进行标准化。各个行业的开源社区正在基于边缘计算的欧洲电信标准化协会规范，开发边缘计算软件项目，例如 Akraino Edge（Linux 基金会旗下的一个项目，它开发了一套开源软件，支持针对边缘计算系统和应用软件优化的高可用性云服务）、EdgeX Foundry（一个面向工业物联网边缘计算开发的标准化互操作性框架，部署于路由器和交换机等边缘设备上，为各种传感器、设备或其他物联网器件提供即插即用功能并管理它们，进而收集和分析它们的数据，或者导出至边缘计算应用或云计算中心做进一步处理）、边缘虚拟化引擎、StarlingX（边缘计算开源项目）等项目[21]。由于目标业务部门彼此不同，所以它们的系统功能和系统设计不采用通用模型。这导致边缘计算实施的多样性，即使在本地网络内，资源利用效率和服务质量也十分低下。

第二，边缘计算技术与 5G 网络关系密切。边缘计算系统部署在网络边缘，5G PoA 设备不仅具有不同的接入技术，而且具有广泛的硬件功能。在这种情况下，边缘计算体系结构必须适应其运行环境。因此，应针对每个环境开发和修改定制边缘计算架构的变体。这一问题给边缘计算开发带来了负担，并且在每个版本的新技术发布时，都会拖慢系统架构的更新节奏。为了减轻这种负面影响，边缘计算架构中应突出自适应和自组织功能。

第三，目前边缘计算应用程序移动性部分依赖网络边缘的网络元件支持的切换机制。这是在接入网络的同质环境中的一种有效方法。然而，不同接入网络（如 Wi-Fi 热点和蜂窝基站）之间的无缝切换并不总能得到保证。因此，独立于网络基础设施的透明应用程序移动是必要的。研究者应从软件设计角度考虑软切换，以提供服务冗余和相邻边缘计算主机之间的迁移。

第四，边缘计算系统默认将任务到达视为一个随机过程，并且是不可控的。任务到达的分布主要取决于 5G PoA 设备之间实施的关联方案，以优化无线接口上的特定指标，如频谱效率、吞吐量和能量消耗。然而，存在各种边缘计算应用场景，与这些资源约束相比，服务可用性和响应时延才是最重要的。智能制造、精确耕作和自动驾驶是一些典型的例子。在这种情况下，边缘计算系统体系结构设计中的边缘计算业务编排和无线接入关联方案与 5G PoA 之间的密切协作可以支持任务到达控制和分配。因此，卸载的任务可以直接被高效地分配给相应的机务。

第五，当前的边缘计算体系结构没有考虑到将安全性和隐私整合到设计中。对于外部线程保护，尽管安全和隐私保护可能外包给外部系统，但至少必须为这些目的设置一个内部代理。此外，还必须定义和推荐外部系统的参考点和协议。为了应对内部攻击，必须在架构设计中补充身份验证和授权程序开发以及相应的功能和组件。

总结

本部分详细描述了欧洲电信标准化协会组织开发和实现标准化的边缘计算体系结构。从不同的角度分析了边缘计算架构，包括独立架构、NFV 架构中的 VNF 以及与 5G 移动网络的集成。在每个理论架构中，元素的位置和作用都被阐明，这有助于验证系统有效性，并为之后的优化提出可行的相关系统解决方案。此外，我们还通过理论分析得出了当前边缘计算系统的开放性问题和挑战，从体系结构的角度指出了在规模、协作、集成、可用性和安全性方面的五个主要问题。

五、边缘计算的计算与存储模型介绍

边缘计算是一种新兴的计算范式，其驱动力是部署在互联网边缘计算设备的数量增长。虽然智能手机和个人可穿戴设备是边缘设备的常见表现形式，但物联网是一个新兴领域，其设备数量预计将使之相形见绌。在物联网中，设备被部署为物理基础设施的一部分，以帮助感知环境和执行控制。例如，智能城市服务，公用电表和交通摄像头，用于冷却和能源控制的楼宇管理解决方案，以及自动驾驶汽车和无人机。边缘计算设备的范围很大，从Arduino等嵌入式平台到树莓派等低端计算机都包括在内。这些设备本身通过局域网或广域网连接到互联网，并使用各种无线或有线通信链路，如2G到5G、LoRa（远距离无线电）蓝牙和mesh组网。

要有效利用这种分布式计算结构，就需要能够存储、管理和访问在边缘生成的数据，并在边缘部署、运行和协调应用程序。为服务器集群或云虚拟机设计的应用程序和存储平台，或为单个边缘设备（如智能手机软件开发套件和应用程序）设计的应用程序和存储平台，不适合分布式边缘设备。前者可能会对低计算、低存储性能的边缘设备造成负担，而后者则不利于对累积的资源进行访问。此外，分布式存储和应用程序组合的现有抽象及模型可以扩展，以支持边缘计算。

在本部分中，笔者将讨论与边缘计算范式相关的计算和存储概念模型，并提供其运行时实例的案例研究。此外，笔者还将讨论主要在边缘设备上执行的模型，以及支持边缘计算的模型。

1. 边缘计算、雾计算和云计算资源

边缘计算设备的终端计算能力较低，通常是一个基于ARM的处理器，具有4个内核、1GHz时钟速度和1GB的RAM（随机存取存储器），并通过无线协议连接。它们往往处于互联网的边缘。许多边缘设备可能是同一局域网的一

部分，这些设备的可靠性较低，因为它们的通用硬件成本低于50美元，并且在室外环境中使用。

单个边缘设备的使用场景很有限，没有一些跨设备的协调方式，也没有后端计算和持久性支持。为此，边缘设备通常由两个额外的计算层（雾和云）来补充。云计算以巨大的规模提供弹性和虚拟化的计算和存储资源，托管在跨广域网访问的集中数据中心，具有高可用性和可靠性。在城域网内，雾计算往往更接近网络边缘，可能由工作站或服务器级资源（带可选加速器）和宽带连接组成，它们也比边缘设备更可靠。

通常，这些计算将协同工作抽象化以支持应用程序，补充它们的功能。边缘设备成本较低，对数据源的时延也较低，但不可靠且计算能力较低。云有无限的资源，但使用现收现付的定价模式，并且具有更高的时延和可能更低的边缘带宽。雾在时延和计算能力上介于两者之间，可靠性比边缘计算更好，但成本可能更高，因为它们的规模经济性低于云。

边缘和雾之间的边界可能是模糊的。另一种设计将传感器或驱动装置及其嵌入式计算平台视为一级实体，边缘和雾抽象合并为一个边缘计算抽象，以补充云。这里，嵌入式设备的固件中往往有静态计算逻辑，专门用于其域，本地存储用于数据缓冲，并使用专有或行业标准协议。但是，它们通常不允许将动态应用程序逻辑或基于服务的接口公开，以将其用作通用计算和存储平台。因此，笔者在本部分中不强调这种架构。但是，这些设备可以作为在边缘的计算机和存储平台的客户端。

2. 参考体系结构

边缘设备在地理上分布在一个城市或一个地区，与智能公用事业电表、污染监测器、交通摄像头等现场设备位于同一地点。在全市范围内，多个边缘设备可能位于局域网内，甚至是同一个网络的一部分。通常，雾计算设备用于帮助管理边缘设备的集合，例如在空间邻居中、在组织（如校园）中，或用于特定网络段（如网状网络的边界网关）。它们通常具有边缘设备的两个网络跃点。一个城市可能有10~100台这样的设备。最后，云数据中心可能存在于区域或国家级别，多个网络跳转并通过广域网和互联网连接到边缘和雾。这些公共云在众多租户中共享。

在这样的架构中，通常有两个关键的数据源：来自边缘附近的传感器和云端的传感器。传感器会生成可能需要应用程序获取、处理、分析和存档的连续数据流。云端是来自传感器或者其他源的历史数据的存储库，这些数据可能需要由应用程序组合和处理。这些应用程序可以实时运行以控制物理系统，如电网或向用户发送警报，或者它们可能需要处理累积的数据，如公用设施计费或模型培训。正如笔者将要讨论的，用于处理的数据可以存储在任何或所有这些层中，处理这些数据的应用程序也可以存在于各种资源中。

六、生态系统的特征

分布式编程模型为组合应用程序提供了更高级别的抽象。随后，平台和运行时可以跨分布式资源部署和执行这些组合应用程序。例如，MapReduce是ISA（指令集架构）编程模型，而Hadoop或Spark是执行使用MapReduce原语设计的应用程序平台。类似地，存储模型提供了访问数据（如文件、块或流）的不同方法，而分布式存储平台则帮助应用程序存储、管理和访问数据。例如，Hadoop分布式文件系统（HDFS）允许Hadoop或Spark应用程序在集群内以文件或块的形式访问输入和写入输出数据。

设计应用程序可以跨多个边缘设备执行，或跨边缘、雾和云资源执行，带来了独特的挑战，存储和访问它们所需的数据也是如此。这不同于在单一边缘设备上运行或使用专门在云数据中心内设计的应用程序或存储平台。同时，与传统桌面或网络应用程序相比，在边缘上运行的应用程序也有新的要求。在此，笔者重点介绍其中的一些挑战。这些挑战会影响稍后讨论的计算模型和存储模型。

1. 应用程序和数据特征

设计边缘计算应用程序的动机通常是需要降低时延和减少访问输入数据时消耗的带宽。这类应用程序可以执行分析和决策，以向边缘附近的执行器发送控制信号。此类闭环应用程序往往对时延很敏感，而将数据流移动到云中的网络时延则很可能超过其时间预算。在边缘进行处理降低了网络成本，但这是以更高的计算时延为代价的。

边缘应用程序还可以对来自现场设备的大量数据进行操作，如公交网络内的监控摄像机和智能电网中的相量测量装置。这些数据可能会随着时间的推移而累积并被批量处理。在这里，将数据从这些设备移动到云端的资金和资源成本可能是巨大的。这将强制我们在边缘部署应用程序，以消除此资源约束。当然，也可能存在这两种功能相互交叉的情况，笔者将在案例研究的后面部分对这种情况进行讨论——如何根据对高带宽视频源的分析做出低时延决策。不仅是来自现场设备的数据，边缘应用程序可能还需要对雾层或云层中的数据进行操作。

应用程序也可以是模块化的或单片的，并且具有硬件、库和许可依赖关系。这些会影响它们分解为分布式执行的能力。它还限制了可以部署它们的资源。用于描述这些应用程序所需的服务质量的指标包括数据生成和决策制定之间的时延、可支持的事件吞吐量，甚至应用程序的质量或准确性，以及各种资源约束的顺序。

2. 资源特征

边缘设备在体系结构、操作系统和可用软件方面往往具有高度的异构性。

当将雾和云资源也包括进来时，这种情况变得更加严重。应用程序需要跨x86、ARM和GPU处理器体系结构、32位和64位以及各种操作系统发行版运行。这些设备还具有不同的计算能力，从服务器级的多个核心处理器（云中可能有数百吉比特RAM）到边缘有1吉比特RAM的移动处理器。GPU加速器在低端和高端计算中也有不同的型号。边缘设备的数量可能有数千个，并且比雾或云资源更不可靠，这使得它们之间的协调具有挑战性，这限制了大数据平台在边缘设备上的使用。对于不同的目标体系结构和资源限制，可能还需要有多种风格的应用程序，这可能会影响服务质量。

不仅如此，可用带宽也从几百兆比特每秒到几十吉比特每秒不等，这随带宽在抽象系统内和抽象系统间而不同。例如，云可能在数据中心内具有高带宽，但在整个广域网的边缘和云之间具有较低的带宽。预期的时延也会有所不同，而且在城域网和广域网中，时延也可能更具动态性。对于边缘应用平台来说，在满足其服务质量的同时，高效地利用这些混合资源来满足应用需求是一个挑战。

3. 安全隐私和信任

此横切维度影响应用程序、数据以及它们承载的边缘、雾和云资源。企业或监管政策或用户的选择可能会限制应用程序运行的地理、组织或设备边界，或数据移动和存储的位置。它们也可能因内容或寿命而异，例如，聚合、取消标识或瞬态数据可能具有较少的限制。还可能存在安全要求，例如政策要求在跨越某些边界或在某些位置保留数据时对数据进行加密。

对于资源本身的安全性和信任度随存储设备的变化而变化。在同一位置的边缘存储和来自传感器的数据可能会在可信设备上提供更高的竞争性。这可能适用于可穿戴设备和智能手机。但是，如果边缘部署在现场且安全性不足，它就可能会受到物理破坏。所有边缘也可能不相等，并且不属于基础设施部署的临时边缘对等点，可能不那么受信任。

公共云数据中心的物理安全性良好，并遵循行业最佳实践进行了严密的数字安全保护。然而，公共云也不是万无一失的，存在过因为错误的系统配置，泄漏或丢失云上存在的数据的事件。此外，集中保存数据会使数据更容易被更多人访问，也更容易吸引黑客的攻击。因此，有许多因素影响应用程序和数据需求。虽然笔者强调这是一个挑战，但不会进一步讨论它，因为它高度依赖于域，并且没有一刀切的方法。

七、计算模型和平台

在本节中，我们将讨论应用程序模型和运行时系统，它们有助于设计、部署和协调边缘计算应用程序，并与雾计算和云计算相辅相成，重点是将在分布式资源上执行的应用程序，而不仅仅是边缘。其中一些模型对于非边缘计算应用程序也是通用的，但对于边缘计算来说同样重要。

1. 编程模型

（1）数据流模型

数据流编程模型将计算单元捕获为有向无环图中的节点，边表示接收任务的输入数据依赖源任务的输出。这是数据流和大数据处理系统中流行的经典模型，允许使用模块化和可重用的构建块任务组合复杂的应用程序。

许多边缘计算平台采用数据流编程模型。这样的任务分解及其相互依赖性还允许将单个任务放在不同的边缘资源上，甚至放在雾和云资源上，以便并行分布式执行任务。用户可以设计平台感知任务来解决硬件异构性问题，还可以开发具有不同实现方式的相同逻辑任务来权衡计算与质量，同时该模型还可以利用流水线并行性。最后，任务还可以作为隐私和安全策略的细粒度控制单元。

数据流模型同样适用于批处理或流式数据源。在批处理或基于文件的执行模型中，输入一次文件/批处理文件，应用程序就被触发一次，而对于基于流的执行模型，任务会在输入流的每个输入事件到达时被触发。批量处理数据有助于通过在整个数据中摊销静态应用程序或任务成本来提高吞吐量。相较之下，基于流的模型则减少了处理单个事件的时间，因为它不必等待批处理中的所有事件完成才执行。批处理也可以在事件流执行之前执行，这正是微批处理执行模型的执行模式，并被Apache Spark Streaming等大数据平台采用。它有助于获得更高的吞吐量，同时不会大量牺牲时延。但是，确定批处理中事件的数量可能是一项挑战。

（2）发布—订阅模型

与彼此紧密耦合的数据流模型不同，发布—订阅模型允许用户使用来自特定输入主题的数据，并将其响应发送到其他输出主题的任务。任务可以是主题的发布者或订阅者，从主题发送或接收事件。事件代理通常用于实现主题，并用于在发布者和订阅者之间的路由事件。

通过将相关任务的输入主题设置为与上游任务的输出主题相同，可以将任务相关性耦合在一起。因此，应用程序中的任务不需要知道彼此的存在，从而解耦，这也简化了在运行时添加新任务的过程，因为它可以简单地订阅现有主题。不仅如此，它还可以更优雅地处理间歇性故障；代理可以为订阅服务器任务缓冲消息，一旦失败，它将该任务联机，就可以进行中继。这里还介绍了数据流模型的其他好处，如模块组合、布局、特定于硬件的实现和安全域。然而，这种解耦也意味着应用程序的任务调度是独立完成的，满足性能要求变得更具挑战性。通过代理服务引导所有消息也会带来开销，AWS Greengrass是使用公共订阅模型的边缘平台的一个示例，而消息队列遥测传输（Message Queuing Telemetry Transport，MQTT）协议正是一种流行的物联网发布—订阅协议。

（3）域特定语言

虽然数据流模型和发布订阅模型是通用编程模型，但也有一些领域特定语言（Domain-Specific Languages，DSL），它们可以简化应用程序类的开发。它们通常提供一组在域中常见的固定模式，并利用这些原语组成应用程序。它们在执行模型上有定义良好的语义，而这些语义是针对这些固定模式优化的。其目标是降低设计复杂性并增强该应用程序类的性能，最直观的好处就是降低了开发人员的进入壁垒，并帮助他们定义良好的专用物联网应用程序。DSL必须提供一定程度的自动化，以证明其对应用程序可扩展性的限制。这些模式还可用于包含服务质量权衡和安全要求，并帮助分解应用程序以进行调度。

例如，DSL-4-IoT旨在抽象出跨越边缘、雾和云的物联网应用程序的编程复杂性。为了处理资源和任务的异构性，设备网络的设计被分为系统、子系统、设备和物理或虚拟通道的分层集群。Stratum就可以管理边缘计算资源上机器学习模型的生命周期，以实现快速部署。它的DSL允许用户只提供一个抽象的机器学习模型，然后使用约束检查器自动选择模型实例及其部署验证。最后，生成代码并在GPU/CPU容器上运行。在本案例研究的后面部分，笔者将讨论Anveshak，它是一种通过摄像机视频流网络跟踪感兴趣对象的DSL。

（4）事件驱动模型

事件驱动模型允许开发人员通过一组可组合的原语（或操作符）来定义他们的应用程序，这些原语（或操作符）对具有良好定义结构的事件流进行操作，即原语消耗并生成事件流。从这个意义上讲，它既有发布—订阅模型（流类似于主题）的风格，也有DSL的风格，因为它有定义良好的模式来操作事件流。原语本身可以组成一个数据流，流上的事件到达即触发该原语。

复杂事件处理（Complex Event Processing，CEP）是这种模型的一种常见表现形式。用户可以通过过滤器、投影和用于执行事件转换的用户定义逻辑，在元组流上定义类似结构化查询语言（SQL）的查询。它还提供了对时态操作符的特定支持，例如检测与某个模式匹配的事件序列，以及在事件窗口上进行聚合。原语也可以是有状态的，它允许跨事件操作。鉴于传感器事件流在批量和边缘计算中非常常见，并且查找模式是一种流行的需求，因此事件驱动模型允许快速组合此类应用程序。

（5）微服务模型

微服务是一种轻量级服务，它通常以无状态方式封装定义良好的函数或任务，并具有请求—响应操作模式。这允许使用多个实例轻松快速地扩展每个微服务，以满足当前需求。应用程序是使用面向服务的架构（Service-Oriented Architecture，SOA）设计的，在SOA中，核心功能被分解为微服务，然后根据依赖关系组合在一起。应用程序组合本身可以表现为一个单独的复合服务——以特定的顺序调用和编排多个微服务之间的交互；应用程序组合还可表现为一个通用工作流或数据流服务——使用依赖关系图根据给出的定义调用微服务。

微服务的无状态特性给了程序容错空间，因为故障的微服务可以在其他设备上重新启动。此外，应用程序开发人员可以通过为具有相同请求—响应特征的各种平台开发独立的微服务以应对平台多样性，还可以通过设计特定的微服务以应对性能差异。微服务还可以跨不同的设备部署，以满足特定应用程序的任何隐私要求。

2. 运行时环境

（1）边缘计算平台

运行时平台将编程模型和应用程序定义转换为边缘、雾和云资源之上的实际部署、执行和编排。除了上面一部分示例，还有其他几个运行时平台值得讨论。

Node Red是一个开源平台，它使用基于事件的执行模型，允许用户使用Node.js（一款软件）跨边缘设备连接数据流。该平台提供了一个直观的基于浏览器的界面，一个用于远程管理的管理接口以及一个用于配置运行时存储位置的存储接口。Apache Edgent是另一个用于在边缘上运行Analytics（谷歌公司的产品）的开源平台。它提供了基于CEP的DSL。用户可以组成CEP原语，如范围过滤器，或将序列或匹配事件识别为操作事件流的数据流。

Edgent本身是一个库，可以作为单个Java（一种编程语言）应用程序的一部分嵌入内存中。用户负责跨多个设备进行部署和协调。ECHO是一个研究平台，旨在支持跨越边缘、雾和云的数据流应用程序，它允许用户使用事件驱动或基于文件的执行模型编写应用程序。因此，开发人员可以根据他们的时延和吞吐量需求选择正确的模型。ECHO通过提供包装器，允许用不同的编程语言编写数据流中的不同任务。最后，ECHO还提供了一个重新平衡功能，该功能可以轻松地重新调度应用程序，即在最短的时间内将任务调度到新设备，并将中断降至最低以动态地满足需求。

一些边缘平台还扩展了一个流式处理框架（Apache Storm）等大数据平台。EdgeWise是一个流处理引擎，它采用数据流编程模型来处理事件流。该引擎使用线程池缓解受约束边缘设备上线程之间的切换。与边缘设备上的Storm平台的相比，EdgeWisea实现了更低的时延。F-Storm等平台允许任务在使用现场可编程门阵列（Field Programmable Gate Array，FPGA）加速的边缘设备上运行。F-Storm使用数据流编程模型以及基于微批处理的执行模型，从开发人员那里抽象出硬件细节，以简化使用加速器的应用程序开发。

（2）调度方面

调度是将计算资源分配给应用程序，并将其分解的任务放到特定资源上，同时满足应用程序的服务质量目标的过程。边缘计算将调度变得更具挑战性，因为任务必须在具有兼容平台的设备上执行，不得违反隐私约束，并且可能需要节约能源。调度目标也可能随着时间的推移根据应用程序的需要而变化，并且边缘资源的行为也可能发生变化，例如，当设备由于电池电量不足而进入低功耗模式时。调度器还可以利用质量/准确性和性能之间的权衡：尽管，跨越边缘、雾和云的调度问题有更多的约束、不同的目标和更大的解决方案空间，这里仍可以采用为云或移动云设计的现有调度算法。

此外，不同资源层的固有特性可用于指导资源选择和任务放置调度。边缘层、雾层或云层上单个（单片）应用程序（或任务）的直观布局矩阵，具体取决于其输入数据的位置及其在这些层中输出数据的使用者、输入数据的大小（即所需带宽）以及应用程序所需的时延。如果输入和输出数据位于边缘，输入的带宽要求很高，时延要求很低，并且应用程序不是计算密集型的，那么边缘将是计算层调度此应用程序的自然选择。适度放松这三个约束，同时将输入和输出数据保持在边缘，将使应用程序处于混乱状态。如果计算需求高，可以容忍更高的时延，并且输入数据量小，那么即使输入和输出数据处于边缘，云也是最适合的。矩阵中还说明了其他此类自然调度。

八、存储模型和系统

1. 出发点

云数据中心在为许多企业和网络应用程序存储和访问数据方面非常流行。它同样适用于物联网和边缘计算应用，其主要的好处是规模经济降低了存储成本，使得数据进入云中的带宽费用较低或不收费，并且数据存储的可靠性和可用性高。但是，物联网数据和应用具有独特的特性，可以使其结合边缘和雾资源的可用性来考虑替代的存储策略。笔者将在本节中讨论这些问题。

随着物联网和边缘设备数量的增长以及应用程序开始在边缘上运行，云存储的扩展和执行能力变得令人怀疑。从边缘移动到云端的数据量呈指数趋势增加，这将增加存储成本，数据中心的可用带宽也将受到限制。此外，将数据移动到云端将导致额外的时延和带宽费用。广域网上的网络性能也更加多变，对时间敏感度高的应用程序将无法保证服务质量。同时，并非所有由物联网设备生成的数据都需要长期保存。因此，很多移动到云端的边缘数据可能永远不会被使用。虽然数据聚合和采样等策略已被用于减少移动到云中的数据量，但使用它们需要事先了解数据的有用性，以决定保留什么和聚合什么。

传统上，边缘设备不被视为数据存储的主要资源。它们充其量被用于缓存数据或在程序执行时临时获取和保留数据。将边缘设备用于持久存储的一个关键挑战是，与云存储相比，它的可靠性较低——这会影响数据持久性和可用性。此外，单个边缘设备的容量也要低得多，通常将数据托管在大小约100GB的SD（安全数码）卡上。最后，边缘设备较低的计算能力意味着它将无法为大量并发客户端提供服务。

但是当从整体角度考虑将所有的边缘结点作为共同的存储层时，情况也许会不一样。边的数量可能会随着数据源数量的增加而相应增加，在较短时间内生成的数据可以保留在此容量内。在边缘托管使用这些数据的应用程序可以增加数据计算的位置，并减少实时应用程序的数据访问时延。在边缘层或雾层保留数据也会利用局域网或城域网中更高的带宽，而不受广域网带宽的限制。基于边缘存储的关键，是确保使用雾和云层解决可靠性和可用性挑战。

除了存储数据之外，我们还需要考虑存储这些数据的元数据，并利用这些元数据来发现相关的批量数据。考虑到成千上万的数据源及其独特的特性，这一点就更加重要了，此外，维护数据的更新也变得很重要。

2. 数据存储和访问模型

在检查数据存储位置之前，有必要先检查存储的内容，以及存储和访问数据的方式。一些主流的存储模型将数据视为文件和目录、事件流或块的集合。

文件和目录是最常见的存储数据模型。文件是字节序列，可以按照逻辑被组织到目录层次结构中，然后存储在本地或分布式文件系统中。每个文件通过其在文件系统中的路径进行唯一标识。它们可以作为连续的字节流进行访问，也可以通过从开始的字节随机偏移量来请求访问。此外，文件还可以将元数据存储为文件系统的一部分。

传感器连续生成的事件是一种数据模型——流可能是暂时的，其中只有“当前”数据可用，或者它们可以持久化，其中流中较旧的事件可以在特定的时间段内重放。后者也可以看作是一个时间序列数据模型，该模型还可以缓冲一个瞬态流，直到它的所有消费者都收到它，而消费者可以从端点或主题访问流，并搜索和发现流。

基于块的存储模型允许将数据存储为块的集合，可能分组到容器或存储桶中。它是对象存储的一种形式。块通常是独立管理和访问的。这可以提高并行性能和可靠性。每个块也可以有自己的元数据。这种基于块的存储可以在它们上面有一个逻辑覆盖，例如文件系统，其中每个文件都被建模为容器中有序的块序列。

3. 边缘计算的存储位置

（1）只在云或雾上

公共云提供商提供基于文件、块和流的数据存储和访问服务。它们将服务设计得高度可靠、可用，并随客户机数量和数据项数量而扩展。基于流的服务通常由可扩展的发布—订阅代理（如Kafka）支持。对于块和文件存储服务，有分布式大数据平台，如HDFS或Ceph。在这里，数据被分成块或对象，并存储在数据中心的一组机器上。数据中心会复制块以确保持久性，这样，即使一台保存副本的机器丢失，还可以根据某些数据的访问特性动态增加或减少复制因子。其中一些系统还利用擦除编码来确保可靠性，降低存储成本，使得存储成本呈次线性增加。最后，数据可以同时保存数年，限制其保存时间的因素是系统中可用存储空间的数量和成本。

类似的存储系统也在雾服务器集群中进行了尝试，使用了Cassandra等大数据存储平台。在这类平台中，设计者假定雾服务器位于一个微型数据中心内。有一些研究者也考虑了雾的异质性，目的是基于资源容量放置数据。而对于基于流的模型，MQTT等特定协议旨在支持边缘和批量应用程序需求。

正如读者之前所观察到的，纯云布局的局限性是存储成本，以及将数据移动到云端的时延。在雾上存储数据可以减轻后者的影响，但这需要更可靠的雾资源，然后将许多资源聚集在一起，以利用现有的大数据存储平台——这并不总是可行的，也可能成本过高。

（2）只在边缘上

用于文件共享的对等网络系统是一种成功的基于边缘的存储体系结构。在这种结构中，边缘设备形成覆盖网络，存储的数据基于其密钥散列到特定边缘，形成了分布式哈希表或键值存储。在这里，插入和查找都可以在具有n个设备的日志跃点中完成。数据的可靠性可以通过插入具有不同密钥后缀的相同数据作为复制形式来保证。

在过去，除了Chord、Pastry和Tapestry系统以外，BitTorrent和Kademlia这样的P2P文件共享协议也很受欢迎。最近，又有星际文件系统（Inter Planetary File System，IPFS）使用P2P原理在万维网上进行基于内容的寻址和数据复制。

然而，传统的P2P边缘存储方法存在一些缺点：可靠性和耐久性不是此类系统的直接重点，它的重点是随机存储。随机存储的默认方法是复制，其带来的存储开销问题可以使用擦除编码来解决。不仅如此，它对于可能发生在边缘的计算和如何适应它的存储也缺乏认识。

所有资源都不可靠且相等的假设意味着维护哈希表的成员协议可能成本高昂。不仅如此，边缘上的累积存储容量也可能有限制。但是，根据可用存储空间和生成的内容量，我们可以将数据托管数小时、数周或数月，并逐步淘汰，并在云端存档，以获得更长的持久性。

（3）在边缘、雾和云上协作

我们还可以将边缘、雾和云这三种资源一起用于存储层。一种方法是使用现有的分布式存储服务将云和/或光纤通道用作存储层，将边缘用作数据的智能缓存。这里，频繁读取但很少修改的数据可以缓存在一个或多个访问它的边缘设备上，权威和持久的数据则需要保留在可靠的云资源上。这样做的好处是，在重用存储服务的同时，减少了从边缘访问的时延。但如果文件的访问模式是随机的，以上好处就无从谈起，存储成本仍然完全由云或雾支付。

另一种方法，我们可以考虑积极跨越这些层次的存储服务，只通过控制和数据分离或数据分层策略来区分它们的角色。在前者中，数据可能专门存储在不可靠的边缘上，使用复制来确保持久性，但可靠的雾或云资源可以协调边缘的管理，规划副本放置形式，并确保在出现故障时的可恢复性。这类似于HDFS，其中的边缘设备是数据节点，雾或云是名称节点。雾本身可能相互协调，并反映超级对等模型。ElfStore（一项存储服务，稍后作为案例研究讨论）就采用了这种方法。

根据工作量和可靠性需求，这三层还可以负责不同类型的数据。它们可以检查各种数据放置策略，将预期经常使用的数据放置在边缘，并随着时间的推移将其移动到雾或云中，在每一层保留一份数据副本以提高可靠性和时延，并将多个边缘使用的数据放置在雾中。

4. 存储技术和功能

分布式存储系统使用了几种技术来探索性能、可靠性和上下文切换。笔者将讨论此类通用概念如何适用于边缘存储，以及此类存储的特点。

（1）数据备份

数据备份是一种广泛使用的技术，它能够在不可靠的存储设备上提供可靠性。它认为不同设备的故障概率是独立的，并且在设备上保留数据的多个副本在地理上提高了数据的可靠性。这种技术在将数据存储在不可靠且具有异构可靠性的边缘设备上时特别有用。不仅如此，它还可用于提高雾或云中存储数据的可靠性。数据备份的另一个好处是提供部署了使用数据副本的应用程序的多个设备，并且可以即时更新这些设备上的数据。然而，它的缺点是线性增加了存储需求，这在容量受限的边缘设备上可能是一个挑战。

（2）数据压缩

压缩技术可用于减少存储所需的空间，许多存储平台都支持压缩技术。当存储空间有限时（例如对于边缘资源），这项技术十分有用。不仅如此，它对于时间序列和观测数据尤其有用，所以它在物联网传感器中很常见，因为它可以显著压缩数据大小。但是，这又会带来压缩和解压缩时的计算开销，以及访问原始数据的时延。毕竟，每次访问数据时都解压缩的做法，并不适合需要低时延的应用。

（3）编码技术

编码技术使用编码理论从数据块中生成奇偶校验块，以访问数据块的子集，从而重建原始数据。与复制相比，这种编码可以以更小的空间提供容错存储。它保留原始数据块的做法意味着，在没有任何故障的情况下，访问数据不需要额外的处理。尽管创建奇偶校验块需要额外的开销。目前，它已被应用于分布式存储系统，但笔者认为它也非常适合用于边缘进行可靠存储。

（4）加密

边缘和雾设备被部署在现场，因此可能容易受到未经授权的物理访问，并可能危及存储在其上的数据的安全。因此，我们可能需要在磁盘上对数据进行加密，以增强其安全性和隐私性。但是，与消费级和服务器级处理器不同，AES（高级加密标准技术）等传统加密技术在运行在边缘的低功耗处理器上可能没有指令级支持，这使得加密和解密需要大量的计算。对此，我们可以使用用于保护无线传感器网络（Wireless Sensor Network，WSN）安全的轻量级加密算法。或者，有些系统还将昂贵的加密任务迁移到云端，同时将加密数据保留在边缘。

（5）定位

边缘设备可以是移动设备，也可以代表用户运行的应用程序。在这种情况下，数据存储和访问模式对设备和访问它的应用程序/用户的上下文和位置非常敏感。用户体验质量是这种响应性的一种度量。在位置感知存储中，系统预测边缘应用程序所需的数据，并预取数据，以便在实际数据请求到达时，数据已经在该边缘设备中被缓存或复制完毕，从而减少访问时延。这里的关键是将位置与用户或应用程序的访问模式相关联，并使用其过去的操作来预测未来的信息需求。位置是更广泛的上下文元数据类别之一，其中网络强度、位置、请求的文件等的组合被用于确定数据存储的位置，以增强服务质量。

5. 边缘计算案例研究：Anveshak

在本节中，笔者提供了一个边缘计算平台的案例研究，并在该案例中突出了上面讨论过的几个维度。Anveshak是一个编程平台，它被用于在智能城市中部署的监控摄像机网络内，对边缘设备生成的视频流进行调度和协调分析。例如，截至2020年，伦敦拥有约500000台摄像机，而手动检查这些数据源是一件棘手的事情。深度学习和强化学习算法对于自动化分析以识别特定对象非常有效。除公共安全外，当与经过适当训练的深度神经网络（DNN）结合时，此类摄像机还可作为其他环境观测的多功能代理传感器，以观测交通流、免费停车位或污染水平等。然而，这种模型推断往往是计算密集型的。例如，YOLO——一种对图像中的对象进行分类的快速DNN，将需要数百个显卡，可用于由数千个摄像头组成的全市网络。

同时，此类摄像机通常与边缘资源位于同一位置，可以执行简单的计算机视觉操作，而数千个这样的边缘资源可以通过拥有车载加速器的社区内的雾资源来补充。考虑到将累积视频源移动到云中所需的高带宽，我们必须在靠近流源而不是远程数据中心的位置执行此类分析。

然而，跨边缘，使用雾服务器集群和云资源，以良好的性能，所需的准确性和大规模地编写、部署和管理此类分析任务具有挑战性。Anveshak平台就解决了这个问题：它专门为跟踪应用程序而设计，当给定一个物体或一个人的查询图像时，我们应该通过摄像机网络检测和跟踪这个移动实体。这种能力可用于检测紧急车辆、失踪人员，甚至检测紧急车辆，并根据其路线控制交通信号。接下来笔者将讨论这个平台的设计。

（1）架构

Anveshak平台在边缘、雾和云资源上运行。边缘和雾是城市范围内人的一部分，而云是通过广域网访问的。当然，也可能存在额外的边缘和加速雾。每台摄像机都有一个共用的边缘设备，我们可以从中获取数据并对其进行控制。最终用户通过基于云的界面访问系统。为简单起见，Anveshak假设所有设备都可靠且不可移动。

Anveshak提供了设计跟踪应用程序的领域特定语言。在这里，数据流每一层的任务语义、它们的连接和执行语义由Anveshak很好地定义。它还在数据流中的任务之间使用基于流的数据通道。

开发人员必须实现以下模块才能在该平台上组成应用程序：

过滤器控制（Filter Control，FC）：它控制进入数据流的图像流，即过滤来自相机的图像，使无效的图像不被处理。这有助于根据用户自定义的跟踪逻辑控制相关摄像机。

视频分析（Video Analytics，VA）：这采用了计算机视觉技术或低端深度神经网络模型，从单个摄像头识别感兴趣的对象。它的单个实例可以独立处理来自多个摄像头的流，但通常在一个边缘上运行。

争用解决方案（Contention Resolution，CR）：视频分析可能会误报信息。CR则使用复杂的DNN模型来解决此类错误，并提供准确检测。CR通常被部署在加速的雾服务器集群中，并对多个视频分析实例的输出进行操作，以提高吞吐量。

跟踪逻辑（Tracking Logic，TL）：DNN的计算要求使得同时处理来自城市中所有摄像机的视频流变得不可行，而跟踪逻辑模块通过将搜索范围限制到最相关的摄像机来消除此限制。如果感兴趣的对象存在于当前摄像机内，则仅对其附近的摄像机感兴趣。如果目标从摄像机中丢失，摄像机的搜索空间就会随着时间的推移逐渐扩大，直到再次找到目标。跟踪逻辑是根据跟踪发生的区域定义的，例如，依据道路或交通网络，了解摄像机位置和目标速度，并通知带有过滤控制功能的摄像机的激活和停用。

查询融合（Query Fusion，QF）：当感兴趣的对象穿过多摄像机的视野时，摄像机会捕捉到对象的多个角度。机器学习算法可以融合这些视图以提高查询图像的质量，从而提高模型的准确性。应用程序开发人员可以提供逻辑，根据检测到的不同视图更新模型的参数，并将其发送回视频分析和争用解决方案模块。

用户可视化（User Visualization，UV）：它充当应用程序的前端，使用它可以提交对象查询并查看跟踪结果。这通常是在云上运行。

（2）运行时功能

Anveshak运行时跨边缘、雾和云部署和运行应用程序的模块实例。同时，它必须能够满足应用程序的性能要求。具体而言，它在运行时解决了服务质量的三个维度：处理视频帧的端到端时延有限，其时间跨度为从在过滤器控制模块生成到在用户可视化中报告；在给定资源容量内可支持的活动摄像机数量提升，这使得搜索空间更大，并提高了找到感兴趣对象的概率；应用的准确性，对感兴趣的对象没有任何检测损失。

这些对服务质量的要求提供了一个权衡空间，即在同一组资源中处理更多的活动摄像机可能会导致时延增加，但也会增加找到实体的机会。对此Anveshak提供了三个调优旋钮，帮助用户探索这个解决方案空间。

首先，我们可以将运行配置为批处理帧和事件以供模块处理。这可以通过摊销模型推断的静态成本来增加吞吐量并支持更多摄像头，但也可以增加缓冲和批处理执行开销的端到端时延。虽然我们可以提供固定的批处理大小，但Anveshak足够智能，可以在动态地选择最大的批处理大小的同时，满足用户指定的最大可容忍时延。其次，它允许删除超过最大时延的事件。在这里，删除是在数据流的早期执行的，因此在时延阈值内被完全处理的事件被丢弃是不太可能。这样不仅可以避免浪费资源，还可以帮助其他事件达到时延目标。但是，这也会降低应用程序的准确性。最后，资源扩展允许配置更多的资源实例来运行模块实例。这会增加支持的流的数量，但也会增加应用程序的成本。重要的是，这些机制是自动化的，减轻了应用程序开发人员的负担。

6. 边缘存储案例研究：ElfStore

在这里，笔者提供了一个边缘存储系统的案例研究，该系统反映了我们上面介绍的一些特征和技术。边缘本地联合存储（ElfStore）是一个分布式数据存储方案，它用于在边缘层持久化块数据，通过雾层进行协调。ElfStore假设边缘设备不可靠且容易发生故障，但具有明确规定的可靠性水平。例如，光纤陀螺设备预计是可靠的，但它们仅限于管理而非数据存储。因此，存储系统可确保流中数据块的可靠性达到用户要求的水平。此外，它还支持基于元数据的块和流的索引和查询，以及从边缘故障中恢复。

（1）架构

ElfStore使用具有两层覆盖网络的P2P架构。雾服务器集群充当超级对等点，而边缘是每个父雾中的对等点。雾设备构成系统的控制平面，边缘设备构成系统的数据平面。

每个雾都有一组与其相连的边，这些边构成雾家族。在雾家族中，所有雾都被分成伙伴组。不属于伙伴组的雾将进一步分区，并将每个分区作为邻居分配给伙伴组中的雾。

因此，每个雾将是一个好友组的一部分，并且在每个其他好友组中作为成员出现一次。这种重叠允许任何雾在最多三个跃点内到达P2P系统中的任何边缘，以限制搜索时间。

（2）数据管理

客户可以联系任何雾放置和获取块到特定流的名称空间中。他们还可以搜索具有特定元数据属性的块或流。ElfStore使用非对称复制来确保块的可靠性。将块放入流时，接收请求的雾需要确定要创建的副本数量和放置副本的边缘设备，以实现可靠性目标。这两个决定是相互关联的——选择用来放置副本的边缘的可靠性决定了满足该块可靠性所需的额外副本的数量。

作为其统计数据的一部分，每个雾为每个其他雾维护一个十元组，其包括的信息有：其所有边的最小、中值和最大存储和可靠性，以及落入这些分区的每个象限的边数，即高存储、高可靠性（high storage high reliability，HH），高存储、低可靠性（high storage low reliability，HL），等等。选择复制副本位置时，雾会优先考虑具有较高累积存储容量的边缘的雾。它在带有HH和HL的雾之间交替选择，并使用它们的中值或最小可靠性作为副本的增量可靠性。然后，接收到请求的雾将输入块的副本发送给这些选定的雾，接着，每个雾都会在本地选择适当的边来放置块。我们还可以在存储之前选择性地压缩块，所有这些块操作也会被记录，以提供执行操作的客户端的审核跟踪。

该策略最终选择接近中位数的高容量边缘，当其容量耗尽时，可靠性较高和较低的其他边缘将移向中位数。这确保了选择的边缘可靠性随时间均匀分布。

（3）数据发现

ElfStore允许将有关流和块的元数据存储为操作的一部分，并允许基于这些键值对查询块或流。为了支持查找操作，每个雾在元数据上维护多个索引。具体而言，它维护块ID（身份标识号）和边缘设备的元数据属性的精确反向索引，用于其系列中边缘中存在的块副本。当注册新流或在雾系列中放入新块时，索引会被更新。

每个雾还将其局部索引的名称–值对折叠成Bloom过滤器。这是一个紧凑的近似结构，可以测试项目是否存在，并返回一个误报率很小的响应。这与它是邻居的所有雾共享，并且每个雾维护来自其所有邻居的块元数据的Bloom过滤器。最后，雾分别将来自其本地元数据的Bloom过滤器和来自其邻居的Bloom过滤器折叠成一个整合的Bloom过滤器，并与其伙伴组中的雾共享。因此，每个雾还保持一个来自所有伙伴的整合Bloom过滤器。这些Bloom过滤器每个有20字节长，被作为心跳消息的一部分进行交换。

鉴于此，当雾接收到find查询操作指令时，它会检查其本地索引、邻居的Bloom过滤器和伙伴的合并Bloom过滤器中是否存在查询元数据。点击本地索引将返回块ID及其在本地系列中的边缘设备位置。如果在邻居中检索到目标，此雾就会将查询转发给邻居，邻居将检查并从其本地索引返回块ID和边缘设备（假设不是误报）。对好友的点击将导致请求转发给伙伴，可能还有其邻居，以返回响应。因此，查询在0~2跳内完成，另一跳用于检索块。

总之，ElfStore是一种以边缘为中心的分布式存储服务，提供有保证的数据块可靠性和数据块发现。它还增强了边缘应用程序的数据局部性。边缘计算平台可以利用ElfStore及其数据副本的知识，在同一位置的边缘设备上规划其应用程序调度。

九、开放问题

在边缘计算和存储模型中，有几个开放的问题需要考虑，一个关键的维度是动态的，边缘资源往往是在高度可变的环境中运行的。该环境可能存在网络变化、资源故障和设备移动性，所以我们需要使用算法和策略来描述资源行为并主动响应变化，以满足应用程序和数据需求。此时，积极使用边缘、雾和云端的相关功能将非常重要，而不是将特定任务或数据固定到特定层。此外，我们还需要能够将（有状态）任务从一个资源迁移到另一个资源的能力。通过按需缓存或复制数据来响应应用程序工作负载的边缘数据存储也将有助于减少访问时延。边缘设备的可靠性也可能随着时间的推移而降低，例如，当它们被放置在室外或电池电量变化时。因此，有必要使应用程序和存储适应这种情况。

另一个关键挑战是监控和管理边缘平台与基础设施。在这里，我们需要机制来修补操作系统，更新平台版本，并随着时间的推移安装不同的应用程序环境。在确保一致的操作和最少的停机时间的同时，为数千台设备无缝地完成这些工作是一项挑战。而轻量级容器为定义应用程序环境和依赖关系提供了一个可能的解决方案。同样，如上所述，监控这些设备的运行状况并对其做出响应也是一个挑战。

利用资源的张量处理单元（异构性）是另一个关键方面。特别是，随着诸如张量处理单元（TPU）、GPU和FPGA等加速器的边缘商品化，以及人工智能和机器学习应用程序的普及，我们需要将这些不对称资源有效地用于培训和推理，还需要调查应用程序结果的准确性等问题，例如，在DNN中量化其对这些应用程序的性能的影响。联合学习对于机器学习来说已经是一个关键挑战，对于来自边缘的数据来说也是关键。这些可能需要为边缘定义新的计算模型和DSL。在边缘存储和管理模型的生命周期也将是一个重点。

最后，定义应用程序和数据的安全性、隐私性和信任要求并明确实施这些要求将非常重要。在野外运行而不是在安全的数据中心中运行的数据和应用程序，将使平台承担额外的保证结果的正确性的责任，它需要防止数据泄漏和操纵，并审核操作。智能电网等基础设施上的网络安全威胁日益增加也是一个令人担忧的问题，因为这些威胁可能会影响用户的生命和财产。

总结

边缘设备将成为一流的计算和存储资源。在本部分中，我们研究了这种方法的价值主张，以及边缘、雾和云资源的补充优势。我们还探索了不同的计算和存储模型，以支持边缘资源上的应用程序组合和数据存储，以及雾和云。还有来自云计算、大数据平台、分布式存储系统和 P2P 系统的现有技术和运行时策略，这些技术和策略可以被适当地扩展和调整，以满足这些需求。我们提供了两个案例研究，一个是用于跟踪的基于边缘的视频分析平台，另一个是以边缘为中心的存储系统。最后，我们强调了边缘计算和存储模型的开放问题。

第四章

边缘计算的前浪小伙伴

一、边缘计算与云计算

要了解边缘计算就不得不讲解云计算。云计算现阶段已发展得相对比较成熟，越来越多的企业也开始将云计算投入到生产实践，互联网企业对云计算的态度由试探到现在大规模向云迁移。与此同时，政府也在大力发展新的基础设施，如5G、人工智能、工业互联网和物联网，这也为云计算的兴盛创造了很多机会。说了这么多，那云计算到底是何方神圣？边缘计算与云计算有什么千丝万缕的关系？让我们一起来了解一下吧。

1. 云计算的自我介绍

关于云计算比较官方的解释如下：云计算是分布式计算的一种，指的是通过网络“云”将巨大的数据计算处理程序分解成无数个小程序，然后，通过多部服务器组成的系统对这些小程序进行处理和分析并将得到结果返回给用户。早期的云计算也被称作网格计算，简单地讲，就是将一个大的任务分割成简单且易于快速处理的子任务，然后逐级分发给云平台中的服务器、数据库等资源进行计算，最后将计算结果进行合并再发送回用户，这就是分布式计算的过程。通过化繁为简的方式，将计算复杂的大型任务降维到相对简单可以快速处理的一个个子任务，则可以实现在用户可以接受的时延内（几秒钟）对千万级别的数据的处理，满足日渐复杂的用户任务的需求，提供强大的网络服务。

传统模式下，如果一个企业想要构建一套包含运算、存储、网络等的信息技术系统，不仅需要购买硬件等基础设施，还需要购买相应软件的许可证，并且为维持系统的稳定性，还需专门的人员进行系统的定期维护。这还只是一个企业初期的网络需求，当企业的营业规模扩大时为满足需要还需继续升级各种软硬件设施，必要时添加新的新型基础设施。这些基础设施的费用支出对于非智能生产企业来讲属于非必要但也非常重要的支出，而这些工具的使用对比人工的支出能够超效率地完成工作。对个人来说，一般我们要想用电脑完成我们的日常需求，就需要安装相应的软件，当然如果你想要更快的处理速度，GPU、内存等硬件也是需要的，然而很多软件都是收费的，对不经常使用该软件的用户来讲，花钱买软件是非常不划算的。那可不可以将日租车这种形式的租借服务应用到软件的使用上呢？如此，我们只需要在使用时花费少量的“租金”，就能获得暂时性的软件使用权限，同时节省购买软硬件的大量支出。

接下来，笔者再列举一个经典的例子。自从进入了电力时代，我们几乎无时无刻不在耗费电能，但我们使用的电不是自家发的电，而是由电厂集中传输到电网再下行传输到每家每户；水自然不用多说，除了是人体必需的组成部分，也成为我们日常生活各个方面不可或缺的东西，农村地区可以从井中取水，那城市中的生活用水来自哪里呢？城市中的生活用水是经自来水厂许多工序处理过的，并集中由自来水厂提供。类似于这种例子还有现如今的共享单车、上网服务。上述种种例子都在一定程度上节约了资源，方便了我们的生活。那对于上述需要购买的计算机软硬件的使用是否可以像使用电和水一样便利呢？经过学术界的努力，云计算终于诞生了。云计算的最终目标是将计算、服务和应用作为一种公共设施提供给公众，使人们能够像使用水、电、煤气和电话那样使用计算机资源。在云计算模式下，用户的种种业务需求将会变得简单快速，你不需要拥有超大的内存或者是超快速的处理器，或者是其他的硬盘或者应用软件，你只需要通过浏览器向“云”平台发送相应动作的指令和数据集，除此以外，你不用干任何事情就可以便捷地享受云平台服务提供商提供的计算资源、存储空间和各种应用软件。这就像连接“显示器”和“主机”的电线无限长，从而可以把显示器放在使用者的面前，而把主机放在远到甚至计算机使用者本人也不知道的地方。云计算把连接“显示器”和“主机”的电线变成了网络，把“主机”变成云服务提供商的服务器集群。在这样的模式下，用户的体验也发生了翻天覆地的变化，由原先的购买产品转变为购买服务，因为他们直接面对的将不再是复杂的硬件和软件，而是最终的服务。用户不需要拥有看得见、摸得着的硬件设施，也不需要为机房支付设备供电、空调制冷、专人维护等费用，并且不需要等待漫长的供货周期、项目实施周期，而只需要把钱汇给云计算服务提供商，就能马上得到需要的服务。

2. 云计算的特点

在对云计算的基本概念有了初步理解之后，我们再来了解一下云计算的特点，它主要可以概括为以下几点：

（1）资源的可用性高

一个房子租给多个租户更能高效地利用这个房子的空间，云计算就是要为多个客户提供服务，即所谓的多租户模式。在这种模式下，客户需求通过云端的物理和虚拟资源得到满足。只要客户支付费用，云平台甚至可以按照客户的需求定制服务。不仅如此，云平台还会分析存储空间使用的情况，允许用户在需要时购买额外的存储空间。

（2）按需自助服务

各种资源聚集于云端处，用户可以按照自己的需求自行购买资源的使用权，同时可以像查看自家电表水表一样持续监控服务器的正常运行时间、功能和分配的网络存储。

（3）易于维护

要将海量用户的需求进行集中处理最重要的也是首先要做的事情就是要保证服务器的稳定性，所以，云服务器需要具备维护容易，停机时间短的特点。在多年的发展历程中，云计算服务器会通过逐步改进其系统稳定性来提供资源的更新，以确保可以提供给用户更加稳定的服务。通过一步步地更新换代，云计算与设备更兼容，并且比旧版本更快，同时修复了系统出现的错误，可谓是一步步地在成长。

（4）大型网络访问

随着云计算一步步地做大做强，现在只要你可以接入互联网，你就可以向云端发送你的数据和服务需求，即云计算现已布满整个蜘蛛网了，只要你支付响应的资源费用，你就可以立即享受到云网为你提供的便利。

（5）自动化

云计算本身是一个很复杂的概念，它不是简单地将各种资源像杂烩汤一样把各种食材乱掺在一起，而是将各种资源服务进行合理有效地管理。云计算会自动剖析用户上传的数据，并支持某种服务级别的计量功能。此用法可以帮助用户监视、控制和报告云服务的使用情况，为用户提供应用透明性。

（6）经济性

租用云服务器是一次性投资，企业用户只需为租用的服务和存储空间按月或按年付费，这节省了企业自组织服务系统的基本设备投入及维护费用。

（7）安全性

云计算的最佳功能之一就是你可以为存储数据创建快照，以防止服务器损坏而丢失数据。不仅如此，云服务商还负责保障你存储在存储设备中的数据不被其他人攻击和利用。

对话课堂

学生：老师，原来云计算有这么多特点呀，这下子我理解了。那云计算是如何实现这些服务的呢？

老师：因为云计算包含了一些重要的技术。云计算的表现形式多种多样，简单的云计算在日常的网络应用中随处可见，比如你使用百度的搜索服务。目前，云计算的主要服务形式有软件即服务、平台即服务、基础设施即服务，让我为你简单介绍一下吧。

软件即服务

老师：软件即服务是服务提供商将应用软件统一部署在自己的服务器上，用户根据需求通过互联网向他们订购这些软件的服务，然后服务提供商会根据客户订购的软件的数量、时间的长短等进行收费，并且通过浏览器向客户提供软件的模式。这种模式下，客户不再像传统模式那样花费大量资金在硬件、软件、维护人员，只需要支出一定的租赁服务的费用，通过互联网就可以获得相同的资源，这是网络应用最具效益的营运模式。

这就好比说，你新买的房子要装修，但是你没有家装的经验。这个时候你就可以出钱雇装修公司来帮你装修房子，在整个过程中你不需要参与，而只需要将需求告诉公司，装修公司就会让具有专业装修经验的工人，带着专业的工具，在要求的时间内完成装修工作。而没有家装经验的你，只需要花钱买服务即可。

平台即服务

老师：把开发环境作为一种服务来提供是一种分布式平台服务：厂商提供开发环境、服务器平台、硬件资源给客户，用户在其平台基础上定制开发自己的应用程序，再通过其服务器和互联网传递给自己的客户。平台即服务能够给企业或个人提供研发的中间件平台，提供应用程序开发、数据库、应用服务器、试验、托管及应用服务。

这就相当于你是一个服装设计师，现在需要设计一款服装。为此，你需要租用一个服装布料生产工厂，使用工厂的机器及工人来生产你需要的布料，生产布料只能算作服装制作的中间过程，在此基础上，你还需要后期的设计与裁剪缝制过程才可以完成服装的制作。

基础设施即服务

老师：基础设施即服务即把厂商的由多台服务器组成的“云端”基础设施，作为计量服务提供给客户。它将内存、I/O（输入/输出）设备、存储和计算能力整合成一个虚拟的资源池为整个业界提供存储资源和虚拟化服务器。这是一种托管硬件的方式，用户付费使用厂商的硬件设施。例如亚马逊云计算服务，IBM的BlueCloud等均是将基础设施作为服务出租。

更直观地解释，云计算就是将计算能力强大的服务器聚集在一处，集中地处理用户上传的任务，而不再依靠用户本地的处理能力，这种远离本地的计算也被称为云计算。

3. 云计算与边缘计算的关系

上面我们已经了解到云计算的优秀特点，如其强大的计算能力以及远离客户端的特点，它特别擅长处理和分析对实时性能要求不是很严苛的、作业周期比较长的、功能较为整体的庞大任务，其能够在相当长的一段使用时间内提供设备维护、业务决策和运维支撑等功能，并在专业领域发挥独特优势，如金融云、制造云、教育云、医疗云、云游戏、云会议、云课程，等等。

但是随着计算机技术和基础硬件的发展以及用户需求的不断提升，云计算的缺点也逐渐暴露出来。

在2009年之前，大数据的概念还不怎么流行，其网络中传输的数据规模也没有庞大到不可预测，但从2009年开始，“大数据”成为互联网行业中大红大紫的流行语，人们至此正式进入大数据时代。在大数据时代，各种互联网和物联网公司为了更好地满足用户的需求，对不同的人提供不同的内容，就需要从用户端收集海量的用户数据，这个时候公司如果将其收集的用户信息全部通过网络上传到云端服务器进行存储、处理和分析的话，就面临信息传输时间过长、数据处理分析成本过高的问题。其典型例子就是影像数据的采集和处理，如用在十字路口的违章拍照摄像头会将道路现场的实时影像数据传输到交警大队总服务器进行分析，以对违反交通法规的交通参与者进行相应的处罚。你可以想象一下，如果道路上的车辆数量变为现在的两倍三倍甚至数十倍，加上车辆高速的行驶速度，很可能导致此刻的海量数据来不及被传输到云端，使下一时刻的违反交通法规行为也无法被及时捕获。

在面对需要实时处理和分析的任务场景时，将全部的数据上传至云端进行处理与分析后再将分析结果返回给用户端会带来令人无法忍受的应用卡顿以及高昂的成本，也无法保证数据信息的时效性，最贴切的例子就是现在很火热的无人驾驶技术：车辆上的传感器要在毫秒级别的时间内将感知的数据上传至服务器进行分析再将处理分析结果返回给汽车的智能处理器以作出响应，只利用云计算来实现的无人驾驶车辆无法保证安全，也无法保证不会发生跟特斯拉撞击大卡车一样的悲剧。所以在现阶段，车联网领域还要再结合超高传输率的5G技术，以实现车联网+5G，以达到超低时延万物互联的新图景。

在面对业务持续性较高即任务从开始到结束的过程不间断的时间较长的任务场景时，如果业务数据在一个用户传输数据流量的高峰期，那么其上传云服务器的途中就可能会出现网络拥塞中断问题，更有甚者可能会因为数据大量地停滞在某个节点而造成节点故障瘫痪，进而也就造成云服务器的服务中断。虽然提供云服务器的公司都有专门的运维团队做系统支撑，即云服务器的服务中断绝大多数是可以在短暂时间内抢救回来，但服务中断对于用户来说造成的损失不可估量，例如智能车辆在行驶过程中需要持续不间断的GPS导航服务，以确保在行驶中不会出现任何不可控的情况。

另一个也很重要且不容小觑的问题就是云计算的安全问题。在大数据时代，每个用户在互联网中就是由一个个数字组成的。透过个人大数据，我们可以完整清晰地了解一个人或事物，因此很多用户更倾向于将一些重要数据保存在本地系统，并在本地系统上执行任务，云端本身就处于远离用户端的一侧，数据在离开本地上传到较为遥远的云服务器的这一过程中可能会遭遇信息的盗窃行为——战线拉得越长，就越容易出现问题，所以为了保证数据的安全性，云计算这种以集中式为特点的计算中心就不免让用户有所忧虑。

当云计算中心远离终端用户并且不能随着网络状况和链接故障的变化而变化（专业术语叫作没有弹性），以云计算中心为后端的应用会出现迟缓，这让用户感觉到很不舒服。在了解了云计算的弊端后，专家们就开始想对应的解决方法，边缘计算也就应运而生了。从一定程度上来说，边缘计算算是云计算的衍生物，它将业务的负载和数据的处理由云端转移到边缘侧，是在云计算的基础之上形成的理念，其也在慢慢地将云计算应用程序、数据和服务从集中式的服务节点转移到用户边缘一侧。

那边缘计算与云计算有哪些不同之处呢？云上的中央数据仓库中保持处理能力，边缘计算更加适用于非集中式、时延敏感、短周期的业务处理与分析。边缘计算能够在物理实体与工业连接中间起到一个很好的桥梁作用，也能够更好地支撑企业及个人用户本地业务的实时智能化决策与执行。当然，一个新技术不能全盘取代另一个技术，新技术的出现要向下兼容旧版的技术，这样可以节省很多因为换版本而重新开发的时间与精力，因此云端仍然可以访问边缘端处理和分析的数据。

可以说边缘计算和云计算是相辅相成的，它们是彼此优化补充的存在，可以说是一个成就了另一个，一个加持了另一个的关系，只有云计算与边缘计算协同作战才能使行业数字化转型成功，进入下一个互联网新发展阶段。在云与边缘的关系中，云计算更多扮演的是一个统筹者的身份，它主要负责长周期任务的处理与分析，能够在周期性维护、业务决策等领域运行。相比较而言，边缘计算更加着眼于实时、短周期任务的处理与分析，能更好地支撑本地业务及时处理执行。当然，两者也存在很亲密的关系，边缘计算更加靠近用户侧和设备端，也为云端数据的采集做出了贡献——支撑起云端应用的大数据分析功能，而云计算则通过大数据分析将结果下发到边缘处，以便执行任务和优化处理。

读到这里大家明白了吗，其实不管是云计算还是边缘计算，都不存在一方完全取代一方的状况，它们只是在各个擅长的领域各司其职罢了，我们应该在最合适的场景里用最合适的运算，或者双向出击！

对话课堂

学生：因为云计算不足以满足现代物联网的需求，所以边缘计算才被开发，那边缘计算是否解决了云计算的上述缺点？又是怎么解决的呢？

老师：确实如此，技术更新换代就是为了能够更好地满足社会发展的需要。但是云计算和边缘计算之间绝不是替代的关系，我们先来看看边缘计算的优势有哪些。

边缘计算靠近数据一侧，且具有分布式的特点，这使它比云计算更适合处理实时性的任务，能够更好地支撑本地业务的实时处理。

俗话说，远亲不如近邻，自家的事情还是不麻烦远处的云计算了，边缘计算的计算规模虽比云计算小，但对于一般规模的数据任务还是能够应付，这样既节省了时间和成本，又提升了整体任务效率。

在数据端和云端之间加入边缘计算，可以有效解决设备到云端的各种数据、网络、安全问题。

注重局部的边缘计算可以结合更智能化的组件，实现更智能化的决策。另外，将云计算与边缘计算结合使用，会大大降低使用成本，占单独利用云计算成本的39%。

二、边缘计算与大数据

大数据就是很大的数据吗?

大数据其实并非简单地从数量上来定义的大的数据量或是大的搜索量，而是对这些海量数据的一个处理和分析过程，即可以理解为从海量数据中经过专门定制研发的数学建模算法来分析推测出信息中所包含的关键信息，如一个人的行为习惯，所以大数据不是简单的量的叠加，而是质的提升，它属于一种信息资产，试想源源不断地给你木头，而你只是简单地把这些木头放在一起有什么意义呢?不如试着把这些木头做进一步的加工处理，做成家具进行售卖，这样不就有价值多了。一般来说，一个广场每天有成千上万的人经过，他们有着不同的年龄、爱好和收入等，但是他们都上网，都在互联网上这个大的蜘蛛网上留下过不可抹去的足迹，这些足迹有些你看得见，有些你看不见。凭借这些足迹，专业公司会通过特殊的算法，对这些足迹进行分析处理，以获得每个用户最近的消费关注点：最近是想买化妆品还是衣服；追求品牌效应还是追求产品的质量；购买力强还是不强；是理性消费者还是冲动消费者。这一切的判定都可以从这个用户平时的购买消费搜索甚至聊天记录中推测出，或许你都想象不到，有一天网络会比你更“懂”你自己。随着互联网的发展，海量的数据在网络上来回传输，如何利用这些海量数据而不是简单地存储这些数据引起了专家的兴趣，而对海量数据的定向分析处理赋予了互联网更加智能的特性，这使互联网从最初的只会通过纸带传递0、1信号，到现在的对大数据进行处理来分析用户喜好和预测未来事物的发展趋势，归根到底就是“互联网变得更加聪明”了。

那么，大数据跟边缘计算又有什么关系呢?下面让我们来一起进行更加深层次的探索吧!

1. 大数据的发展

随着移动互联网的爆发，如手机、平板电脑、工厂相关智能设备等的大规模使用，各种更加贴近现实的、更加详细的信息在网络上急速增加和传输。人们发现对这些海量数据的获取、存储、分析非常有价值，于是就出现了“大数据”的概念。大数据的处理过程可以概括为这几个步骤：数据采集和预处理→大数据存储和管理→数据模型→数据分析。

关于大数据的定义有很多，这里就拿几个比较经典的解读一下。

亚马逊大数据科学家约翰·鲁泽（John Reuser）认为，大数据是超过计算机处理能力的数据量，而在《大数据：下一个创新，竞争和生产力的前沿》这一报告中，全球知名咨询公司麦肯锡对大数据的定义是这样的：所谓大数据，主要是指无法在一定时间内用传统数据库工具对其内容进行获取、存储、管理和分析的数据集。

另一个研究机构高德纳是这样定义大数据的：大数据是指需要新处理模式才能具有更强的决策力，洞察发现力和流程优化能力的海量、高增长率和多样化的信息资产。它用了好多定语来修饰这个信息资产，我们从这个定义中可以发现大数据有好多种强大的能力，如决策能力、洞察发现力等，所以说所谓的大数据就是由大量数据加上大量的数据处理能力构成的。

相较而言，维基百科对大数据的定义则简单明了：大数据是指利用常用软件工具捕获、管理和处理数据所耗时间超过可容忍时间的数据集。也就是说，大数据是一个体量特别大，数据类别特别多的数据集，并且这样的数据集无法用传统数据库工具对其内容进行抓取、管理和处理。

其实最早提出“大数据”时代到来的是麦肯锡，它称：“数据已经渗透到当今每一个行业和业务职能领域，成为重要的生产因素。人们对于海量数据的挖掘和运用，预示着新一波生产力增长和消费者盈余浪潮的到来。”在当下这个高速发展的时代，三分靠技术，七分靠数据，可以说是得数据者得天下。

大数据真正开始发挥其作用要追溯到谷歌公司的早期发展，我们都知道，谷歌搜索引擎是为互联网的各个用户提供互联网上的存储信息的快速检索定位功能，其具体的工作其实就是两件事：一个是数据采集，也就是现在利用爬虫技术进行的网页爬取；另一个就是数据搜索，也就是对数据索引的构建，数据有了索引我们在查找时才可以更方便，就如同我们要找一个人，如果知道他的名字我们可能就找得更快更方便一点，数据的索引的作用也是如此。数据采集依赖于存储，索引的创建则需要大量的计算，所以在搜索引擎的整个更新换代的迭代过程中，存储容器和计算能力是不可或缺的。在2004年左右，谷歌公司发表了三篇重要的论文，业界俗称其为“三驾马车”，这三篇论文分别为：《谷歌的文件系统》《MapReduce：在大型集群中简化数据处理》《Bigtable：结构化数据的分布式存储系统》。突然就专业起来了，没关系，下面的内容大家简单地了解一下就可以。到2006年，Lucene项目创始人开发了类似于MapReduce功能的大数据技术，该技术被独立出来，单独开发运维，这就是后来大名鼎鼎的Hadoop的产品，该体系包含被开发者圈子所熟知的分布式文件系统HDFS以及大数据算法引擎MapReduce。之后雅虎公司开发了pig语言，它是一个基于Hadoop开发的类似于SQL语句的脚本语言。紧接着这个风口，脸书公司也为数据分析开发了一种新的分析工具——Hive，它能直接使用SQL语句进行大数据计算。因为现阶段的开发人员大多对SQL语句更熟悉，所以Hive是一个更方便仅掌握SQL的开发人员直接使用的大数据平台。至此，大数据主要的应用技术栈的雏形就基本形成了，包括有HDFS、MapReduce、pig、Hive。随着技术的革新，更能适应互联网大数据需求的技术也不断涌现，如Yarn、Spark、流式计算技术Storm、Flink、Spark Streaming、非关系型数据库等。现在，我们有了更加坚实的存储功能，大数据的批量处理能力也更加强大，流式处理计算能力更是蓬勃发展，数据分析，以及更高级的数据挖掘、机器学习和神经网络的发展更为大数据的发展画上辉煌的一笔。至此，一个看似简单实则内涵无穷的大数据平台就构成了。大数据平台的技术栈可见图4.1。

图4.1 大数据平台

2. 大数据的特点

上一小节我们了解了什么是大数据，那么这一小节让我们来了解一下大数据有哪些特点。

人们一般认为大数据主要具有以下四个典型特征，即体量（Volume）大、价值（Value）高、速度（Velocity）快和种类（Variety）多，可以概括为4V特征。

体量大：大数据的特征首先就是数据规模大。随着互联网、物联网、移动互联技术的发展，人和事物的所有轨迹都可以被记录下来，个人隐私无所遁形，随着入网人数的逐渐增多，人和事物的相关数据也呈现爆发性增长的趋势。在未来的世界经济竞争中，谁能充分利用数据，谁就能成为人类文明的领头羊。数据是当今火热的数字经济的基础资产和根基组成，要发挥大数据的本领就要具备将数据转化为可描述的“数据”，以及实时（或近实时无延迟）分析和处理的能力。GSMA智库是全球运营商获取数据、分析和预测结果的权威来源，它预测截至2025年年底，全球将有约90亿移动连接（移动电话和只提供数据服务的终端）以及近250亿物联网连接（蜂窝和非蜂窝业务，例如智能家居）。那上面列举的哪些数据量到底是多大呢？下面是大数据的几个基本单位：

1 Byte = 8 bit

1 kB = 1024Byte

1 MB = 1024 kB = 1048576 Byte

1 GB = 1024 MB = 1048576kB = 1073741824 Byte

……

1 YB = 1024 ZB = 1208925819614629174706176 Byte

或许单看这些数字大家不太好理解，那现在就讲一个比较容易想象的例子，下面我们拿NB（计量存储容量和传输容量的单位）这个单位为例来说明。在现阶段的TB时代，1TB的硬盘的标准重量是670g，$1NB=2^{60}$ TB=1152921504606846976TB，相当于1152921504606846976个TB硬盘的容量，总装量约为77245740809万吨，而世界上最大的油轮诺克·耐维斯号巨型海轮目前的运载量为56万吨，这样一对照，大数据之大真的是太令人震撼了。

价值高：大数据的核心特征是其高价值。数据的规模越大，处理的难度也就越大，挖掘分析的价值也就越大，而价值密度与数据总量的大小呈反比例关系，即数据的价值密度愈高，数据总量愈小，数据的价值密度愈低，数据总量愈大。海量数据的整合往往会产生新的信息，随着大数据技术的发展，数据的整体价值将会超过局部数据的价值。任何有价值的信息都是建立在海量的基础数据之上的，而大数据时代还有一个未解决的问题，那就是如何利用强大的机器算法来更加迅速地在海量数据中完成数据的价值提纯。我们可以举个例子来说明一下大数据的价值，数字经济时代有一个新兴岗位叫作数据标注员，这些人为海量的数据做标注，而这些被做上标记的数据会被送往各算法模型中进行训练，以便获得一个更完美的算法模型，如人脸识别、歌曲推荐等。

速度快：数据的增长和处理速度是大数据高速化的一个重要标志。比起过去的报纸、信件、书籍等老式数据载体，大数据时代的海量数据交流和传播主要是通过互联网和云计算等技术手段实现的。互联网几乎每时每刻都会生产和传播数据，并且其速度也是非常快的，用户可能都还没察觉，数据就已经传输并处理完成了。面对如此庞大的数据量，如果我们还是按照以前的数据处理速度处理数据，那可能要处理到地老天荒了，所以大数据时代还要求数据的响应速度和处理速度要够快，快到用户察觉不到时延。例如，上亿条数据的分析必须在几秒内完成，是不是感觉很震撼？特别是在我们用具体的数字分析了大数据的体积之后就感觉更神奇了。再者，海量数据的输入、处理与丢弃必须是立马就能看到效果的，要做到几乎无延迟，尤其是在现在这种快节奏的社会中，稍高一点的延迟就会给用户带来极差的体验感。

种类多：在如今多样化的社会生活中，数据来源肯定是很广泛的，因此数据形式也是多式多样的。大数据根据数据的构造可以大致分为三大类，一是结构化的数据，简单来说就是关系型数据库所存储的数据，其通过维度表结构来逻辑表达和实现，各种数据必须严格地遵循数据格式与长度规范，如财务系统数据、信息管理系统数据、医疗系统数据等，其特点是数据间因果关系强；二是非结构化的数据，对比结构化的数据，非结构化的数据无法通过维度表这种结构来逻辑表达和实现，各种数据的格式与长度也不受严格的控制，如视频、图片、音频等，其特点是数据间没有因果关系；三是半结构化的数据，如其名字一样，它具有一定的结构，但不是全部的结构化，其存储的数据中既有结构化的部分，也有非结构化的部分，相当于前面两种的结合体，如邮件、网页等，其特点是数据间的因果关系弱，但是也有关系。统计显示，目前网络中75%以上的数据都属于结构化的数据，而那些能产生价值的数据，往往是非结构化的数据。

3. 大数据的应用领域

上面介绍了大数据的特点，那大数据的这些特点可以用来做哪些事情呢？大数据肯定可以创造出巨大的价值，不然各大公司也不会挤破头地抢夺数据了。下面笔者从几个具有代表性的应用中带大家了解一下大数据的真正用处。

（1）购物营销

在当下，网购越来越普遍，当我们打开淘宝、拼多多、京东等购物应用（App）时，总是会发现，这些应用好像能窥探我们的思想，似乎比我们自己还懂自己——能够提前预知我们的需求，或者是推荐我们感兴趣的物品。在湖人队获胜后，篮球球迷们打开淘宝App，就会发现购物网站首页里面主推的就是詹姆斯的球衣；一位怀孕的妈妈打开京东App，发现各种不同种类的进口或非进口奶粉或营养品都在呼唤她去购买；一个热衷于跳广场舞的大妈发现广场舞的服饰和音响总是在其购物网站的推荐中撤不下来。相信大家都有遇到过这种情形，那在遇到这种情况的时候你可曾考虑过是什么原因吗？难道这个手机真的可以听到你在讲什么？其实不是的，上面的种种情形都是商家通过你手机浏览中存储的数据分析得到的，而这些信息就是在你打开购物网站，点击各种链接的时候留下的。你的手机一直在默默地关心着你，它通过我们的搜索记录或者经常翻看的物品就能知道我们近期的需求，在对这些数据进行加工处理之后，就可以精准地向我们进行定向推销。如今人们网络购物的行为越来越频繁，尤其是在近几年电商平台兴起之后，网络购物的体验也越来越好了。人们通过手机下的订单越来越多，用户购买的东西也越来越多，快递订单也越来越多，进而影响网络购物体验的一个最重要的方面就凸显出来了，那就是物流的速度，送货速度对人们的购买体验有很大的影响，当然也会影响人们的购买决策。以往每年“双11”前后各种购物平台都很火爆，最让人印象深刻的可能不是东西有多划算，而是“双11”买的商品要等很长时间才能拿到，少则一周，多则半个月，甚至很多商品都会在某一仓库里一动不动，直至用户受不了等待主动提出退货，这对消费者的体验造成了很大的影响。反观现如今的“双11”，成交额增加了上百倍，同一时刻下单的用户也比以往翻了几番，但发货的速度却较以往提升了不少，送货速度也越来越快。很多商品可以在夜间购买，次日交货，即使是从新疆运过来的葡萄干，也承诺会24小时内到货。物流速度提升的背后，离不开大数据的赋能，新技术的加持再加上消费者对便利性的追求。物流仓储与购物平台合作，通过分析消费者的浏览数据、购物车、定金情况，预知某一地区某一货物的购买量，进行提前备货。对用户的购买行为进行合理地预测，在一定程度上有效地降低了各大商家的备货损耗，极大地提升了商家的收益。当用户成功付款之后，货物就会从离用户最近的仓储中心发货，而不是现从千里迢迢的新疆发货。通过大数据中心的调控，物流分拣系统能最科学合理地进行装车。在智慧系统的指引下，快递员也能按照最优的线路进行高效的配送。在传输速度方面，物流信息的传输速度可以达到10Mb/s，保证了信息的快速、准确传输。可以说，高效的物流配送已经逐渐成为各大网购平台“双11”保障用户体验、提升用户粘性的利器。

（2）交通出行

如今手机地图应用程序，如高德地图、百度地图已然成了我们日常出行不可或缺的工具。试想一下，你第一次去到一个陌生的地方，如果你没有地图，那么你将变得寸步难行。但是有了地图就不一样了，远在千里之外的地方也是我们随心所欲就可以去的地方，即使在九曲十八弯的复杂路段中，我们也可以通过各种手机地图应用程序的导航功能，顺利地抵达我们想去的任何一个知名打卡地。为什么这些地图应用程序能够实现如此精确的导航呢?就是依托于大数据，地图应用程序就相当于一个知道天南地北各个角落的导游，它储备了各个地方的信息，所以就能够做到精准地导航和实时进行路况预测了。用于导航的地图中的数据主要有两个来源，一是地图公司在前期用自己的数据采集车预先采集海量的数据存储在其服务器的数据库中；二是使用地图的每一个用户在开启了实时位置共享权限之后，贡献的自己的位置数据。通过对同一时间段内同一路段用户的使用情况进行分析，地图应用程序可以提前告知道路交通参与者哪个路段堵车，哪个路段比较畅通，各种地图应用程序也会对道路情况数据进行分析给用户推荐更加合理的线路。

（3）政务处理

大数据在帮助政府处理政务方面也发挥了举足轻重的作用。近年来，精准扶贫已成为各级政府工作的重中之重。扶贫工作是否能落到实处，是否能精准化，是政府执政能力的关键表现。精准扶贫，第一步要做的就是将工作落到实处，点对点地解决问题，做到精准化、精细化处理，防止出现帮扶的“贫困户”不是真正的贫困户，而真正的贫困户却被认为是脱贫户的情况，这在政务执行过往是一个很难解决的问题。因为上级政府只是依照下级政府上报的统计数据为乡镇进行拨款，很难防止关系户伪装成贫困户，而真正的贫困户却难以得到实质性的帮助。现如今有了大数据的支持，政府可以通过建档立卡，将每户每人的信息以大数据的形式进行存储，这样，上级政府只需通过对网络上手机的数据进行分析，然后对分析出的每个贫困户进行实际核实，做到扶持真正的贫困户，脱贫真正的贫困户。家里老人的就医购药记录、子女的教育支出，以及本人的薪资水平，养殖等副业的收入等都将作为评选项被用于评估，以确保精准扶贫落实到位。

（4）信用体系

俗话说民无信不立，国无信不强。可见信用对于个人和国家都具有极其重要的意义。如何识别一个人是否有信用，却不是一件容易的事。在熟人社会里，我们可以通过一个人过往的表现来判断他的信用。但在陌生人社会里，想要判定一个人是否有信用就比较困难了。如果信用系统不完善，个人去银行贷款就很难，而网络购物也难以发展。但如今有了大数据，这些难题都迎刃而解了。例如支付宝的芝麻积分，就是通过分析用户的学历、存款、购物行为、交友特征、履约历史等数据来赋予用户对应的分数，来表示用户的信用等级，同时将特定的特权开放给对应等级的用户。现在，支付宝、微信支付等信用数据都已被并入央行主导的国民信用体系。中国也正式建立了自己的信用体系，真正实现了有信用走遍天下都不怕、无信用则寸步难行的原则。要说20世纪最重要的资源是石油，那么，21世纪最重要的资产则是数据，谁能在数据这座金矿中挖出黄金，谁就能掌握话语权，造福社会，创造财富。

电信诈骗无孔不入，但当电信诈骗遇上大数据，诈骗分子也将插翅难逃。如今利用大数据分析，诈骗短信、诈骗网站很容易被我们识别和拦截。分析诈骗分子的“伪基站”地址、登录网址等信息也能很快锁定诈骗分子的藏身之处。

4. 大数据与边缘计算的关系

在了解了大数据是什么之后，让我们一起看看大数据跟边缘计算的关系吧。在当今信息化时代中，数据量可谓以前所未有的速度在突飞猛涨，并在以指数级的增长趋势推动着基础设施、服务及其相关技术的投资需求的不断变化。全球的云存储和其他类似的服务，通常被称为“云即服务”（CaaS）或基础设施即服务，在以前是首选，但现在此类服务正承受着大量复杂数据处理请求的压力。现在，数据密集型应用程序存在于远离其连接的数据中心的地方，需要费力地完成它们的请求。Crossor公司联合创始人、首席执行官指出：我们将生成的大量数据是边缘计算所面临的最大挑战。

在技术以相当迅速的速度前进时，云服务提供商也在思考对策，以争取跟上技术转型发展的脚步。因此，系统的高频率迭代正在一步步地削减云服务器的总体使用寿命。一个普通网络服务器的硬件组成部件的生命周期是6年左右，其与云服务器相关组件的生命周期相比不会超过2年。频繁地迭代技术也使各个公司开始寻找新的服务提供形式，这也就是边缘计算的切入点。在边缘计算生态系统中，常规网络服务器组件的生命周期大约为8年。

在这个日新月异的信息技术世界里，服务水平的上限每天都在被打破，人们通过技术的不断突破才能达到一个更高的水平。一个悄无声息的超越云计算的新领军者已经开始潜入市场，它也拥有将传统云计算拍打到沙滩上的潜力。

技术人员已经为下一阶段的云计算创造了一个新名字，那就是“边缘计算”。这种新技术背后的主要理念是在服务器核心和远程、数据密集型应用程序之间建立更好的操作连接。此外，其他与之相关的主要领域是分布式数据源的数据分析和知识生成，分布式数据存储的检索和远程数据采集。

从技术上讲，边缘计算侧重于向移动用户提供增强的云计算性能。在游戏中，其主要目标是为使用数据缓存的应用程序建立一个数据流加速器，并将数据流加速器推给地理位置最远的用户。

自2010年以来，电子消费品制造商的智能手机出货量超过了功能齐全的笔记本电脑，而这背后的主要原因是，全球各地的人们都期望不受地点和时间限制地使用电子设备。现在，每一个网络服务都在为现代用户提供智能移动服务。反过来，为了跟上时代的步伐，人们比以往任何时候都吸收了更多的信息。因此，一个连续的、更大的数据包流正在被交付给用户，而边缘计算正在将云计算推到它需要的水平。

处理大数据的组织极力推动加速器接受和使用这项新技术，因为他们希望通过提供丰富的内容来增强用户体验。

让我们考虑一个流行的网络服务，它的用户遍布全球，并且不断地从网络应用程序中流出大量的数据。因此，为了保持良好的用户体验，网络应用程序服务提供者并不可能只依赖于两或三个数据中心。为了减少故障，服务提供者需要更多的数据中心使用边缘计算技术，而这种技术可以在网络的边缘或其他更接近最终用户的位置，完成大多数繁重的数据推送工作。

三、边缘计算与人工智能

人工智能是计算机科学的一个分支。人工智能是对人的意识、思维过程的模拟。人工智能不是人的智能，但人们期望它能像人那样思考，它也可能超过人的智能。数学常被认为是多种学科的基础科学，在人工智能学科中也不例外。

1. 人工智能的发展

人们相信人工智能并不是一个新的概念，据说希腊神话的早期记载中就已经存在像人类一样行事的机械人故事。下面就让我们来看看人工智能发展中最具代表性的3个发展阶段吧。

第1次浪潮（非智能对话机器人）：时间为20世纪50年代到60年代，1950年10月，图灵提出了人工智能的概念，同时提出了大名鼎鼎的图灵测试。图灵测试指出，如果第三者无法辨别人类与人工智能机器反应的差异，则可以断定该机器具备人工智能。这让机器产生智能这一想法开始进入人们的视野，图灵也因此被誉为人工智能之父。图灵测试提出没几年，人们就看到了计算机通过图灵测试的“曙光”。1966年，麻省理工学院约瑟夫·魏岑鲍姆（Joseph Weizenbaum）在美国计算机协会（ACM）发表了论文，标志着心理治疗机器人ELIZA的诞生。那个年代的人对它评价很高，有些病人甚至喜欢跟机器人聊天。但是它的实现逻辑非常简单——通过一个有限的对话库，当病人说出某个关键词时，机器人就根据对话库回复特定的话。第1次浪潮并没有使用什么全新的技术，而是用一些技巧让计算机看上去像是真人，但计算机本质上还是没有智能。

第2次浪潮（语音识别）：发生在20世纪80年代到90年代，在第二次浪潮中，语音识别是最具代表性的几项突破之一，其中最核心的突破就是放弃了符号学派的思路，改为统计思路解决实际问题。在《人工智能》一书中，李开复详细介绍了这个过程。第2次浪潮最大的突破就是改变了思路，及时地拯救了人工智能的发展。

第3次浪潮（深度学习+大数据）：发生于21世纪初期。2006年是深度学习发展史的分水岭。杰弗里·辛顿在这一年发表了《一种深度置信网络的快速学习算法》，其他重要的深度学习学术文章也在这一年被发布，它们在基本理论层面取得了若干重大突破。第3次浪潮之所以会来主要是2个条件已经成熟：2000年后互联网行业飞速发展产生了海量数据；同时数据存储的成本也快速下降，使海量数据的存储和分析成了可能。图形处理器的不断成熟提供了必要的算力支持，提高了算法的可用性，降低了算力的成本。在各种条件成熟后，深度学习发挥了强大的能力，并在语音识别、图像识别、自然语言处理等领域不断刷新纪录。让人工智能产品真正达到了可用（例如语音识别的错误率只有6%，人脸识别的准确率超过人类，BERT[22]①在11项表现中超过人类）水平。第3次浪潮之所以来袭，主要是因为大数据和算力条件具备，帮助深度学习发挥出巨大的威力，并且人工智能的表现已经超越人类，可以达到“可用”的阶段，而不只是科学研究。

对话课堂

学生：老师，能不能再通俗一点地讲解一下人工智能呢？

老师：现在我们转换思维，将机器理解为一种类人类的机器，人可以识别物体，可以辨别声音，可以在任务面前根据经验做出决策。将人工智能机器理解为类人类，那它也可以模仿人类的一些行为，如面部识别、语音识别、决策等。

2. 人工智能的五种功能特征

（1）个性化和分析

个性化和配置文件系统使用机器学习将一个人理解为一个独特的个体，

① 一个预训练的语言表征模型。——编者注

根据一个人采取的行动，做出的选择，为他建立档案。

通常，配置文件以预测人的喜好为目标。每当此人执行某项操作时，此配置文件都会不断完善。比如当你打开某音乐应用时，在你使用一段时间之后，平台会推荐你可能会喜欢的新歌曲，这是一个个性化系统；还有在网上购买商品时也是类似，平台会根据你的搜索记录或最近的喜好推荐给你可能需要的商品。

（2）预测

预测系统旨在使用数据预测未来会发生什么。它们通常利用历史数据，了解其中的模式，然后使用该模式进行预测。比如，用于预测潜在客户是否有可能购买你的商品，或者你现有的客户是否有可能离开你并转向竞争对手，等等。

随着电商直播浪潮的兴起，人们在网上购物的次数越来越多。对于像京东这种将仓库布局在用户身边的情况，库存预测显得尤为重要。如果仓库中库存过少，则要从外地仓库调货，这样的话，用户从下单到接收到商品的整个物流时间会相应地延长，用户满意度得不到满足；仓库中库存过多则会造成库存积压的情况，这将会导致货物质量问题，对企业来讲流通资本会减少，也不利于企业的资金流转。所以，库存预测就显得尤为重要了。那应该用什么进行预测呢？人工智能。

（3）模式识别与异常检测

模式识别系统试图从数据中找到一致的模式，然后了解什么是正常的，什么不是正常的。当某些异常值出现时，可能发生了异常情况。比如你在搜索引擎平台输入一个字或一句话，平台会自动识别你可能需要搜索的内容。

（4）对象识别

对象识别系统使用机器学习来识别世界上的事物，可用于各种媒体，包括图像、视频、音频及其组合。我们通常也将其称为“计算机视觉”。这是人工智能和机器学习最广泛的用途之一。比如无人驾驶汽车，使用计算机视觉在道路上安全驾驶汽车并避免障碍物；安检人员使用计算机视觉检测行李，并检测安全威胁；执法部门定期使用面部识别技术打击犯罪。

（5）目标达成

目标实现系统使用机器学习通过从自身的行为和经验中获得反馈来在环境中学习。换句话说，它使用奖励和惩罚来找出问题并加以解决。比如用来玩游戏、象棋、围棋等。

人工智能的这几项功能特征让你更加了解人工智能和机器学习系统在概念上的工作方式。

人工智能的其他实际应用有如下几种：机器视觉、指纹识别、人脸识别、视网膜识别、虹膜识别、掌纹识别、专家系统、自动规划、智能搜索、定理证明、博弈、自动程序设计、智能控制、机器人学、语言和图像理解、遗传编程等。

对话课堂

学生：现在的抖音、B 站、快手等热门小程序是不是也应用了人工智能技术呢？

老师：没错，现在的各大应用平台都在利用人工智能技术来更好地为用户服务。利用推荐算法根据用户以往喜好来推荐用户喜欢的视频类型，提高用户的满意度，这就是大家现在都喜欢刷短视频的一个原因，刷到的视频都是自己喜欢的类型，根本停不下来。

3. 人工智能与边缘计算的关系

作为边缘计算的核心基础，边缘人工智能芯片有着重要地位。边缘人工智能芯片厂商作为产业链上游参与方投入大量资源进行技术研发，从供给方面为边缘智能的实现打下了坚实的基础。人工智能芯片的分类包括三类：经过软硬件优化可以高效支持人工智能应用的通用芯片；侧重加速机器学习算法的芯片；受生物脑启发设计的神经形态计算芯片。对于人工智能和计算力消耗较多的自动驾驶和交互应用，需提供通用处理器、硬件加速器和嵌入式的可编程逻辑阵列。在非汽车领域，华为的海思是通过智能手机的麒麟系列芯片和移动相机系统级芯片。阿里巴巴的神经网络芯片Ali-NPU主要用于图像视频分析、机器学习等人工智能应用场景。寒武纪推出了基于云的智能芯片Cambricon MLU100和一款新版本的人工智能处理器Cambricon-1M。

人工智能将成为边缘计算的支柱，并帮助管理、发展和策划边缘计算基础设施和设备，以构建一个始终在线的框架，随时随地应对扩展需求。

对话课堂

学生：边缘计算与人工智能有什么关系呢？

老师：边缘计算可以与人工智能结合形成边缘智能。边缘智能的动机和好处：网络边缘产生的数据需要人工智能来完全释放它们的潜能；边缘计算能够使具有更丰富的数据和应用场景的人工智能蓬勃发展；人工智能普遍化需要边缘计算作为关键基础设施；边缘计算可以通过人工智能应用来推广。

边缘智能的范围：我们认为边缘智能应该是充分利用终端设备、边缘节点和云数据中心层次结构中可用数据和资源，从而优化深度神经网络模型的整体训练和推理性能的范例。边缘智能并不一定意味着深度神经网络模型完全在边缘训练或推理，而是可以通过数据卸载以云－边协作的方式来工作。

边缘计算的等级：根据数据卸载的数量和路径长度，我们将边缘智能分成6个等级。除了云智能（完全在云中训练和推理深度神经网络模型）[23]以外，6个等级分别为层级1（云－边协作推理和云上训练）、层级2（边缘上协作推理和云上训练）、层级3（设备上推理和云上训练）、层级4（云－边协作训练和推理）、层级5（边缘上训练和推理）、层级6（设备上训练和推理）。当边缘智能的等级越高，数据卸载的数量和路径长度越少，其传输延迟也会相应减少，数据隐私性增加，网络带宽成本减少。然而，这是通过增加计算延迟和能耗的代价来实现的。

4. 人工智能与边缘计算联合应用

边缘计算技术与其所依赖的人工智能芯片相互促进和迭代发展，在万物互联的时代，将带来更多传统应用的变革以及新的应用场景。

（1）边缘计算视频监控

针对新型犯罪及社会管理等公共安全问题，以云计算和万物互联技术为基础的边缘计算和视频监控技术，可以提高视频监控系统前端摄像头的智能处理能力，进而提高视频监控系统的防范刑事犯罪和恐怖袭击的能力。

（2）智能家居

如本文开头描述的生活场景，万物互联技术的普及将为家居生活带来越来越智能化的应用，比如智能照明控制系统、智能电视、智能空调、智能扫地机器人等。这些硬件不仅仅是在名字上添加了“智能”二字，实际上在智能家居环境中，它们除了依托联网设备，还需在房间角落、管道节点、地板和墙壁等部位部署众多无线传感器和控制器。出于对家庭敏感数据的保护，智能家居系统的数据处理必须依赖边缘计算来解决。

（3）智慧城市

如果将智能家居的应用场景放大到一个社区或城市，将在公共安全、健康数据、公共设施、交通运输等众多细分领域产生极大的应用价值。这里应用边缘计算的初衷更多是出于成本和效率考虑，在一个800万人口规模的城市，每小时产生的数据量可能达到100PB，采用传统云计算处理方式将给网络带宽带来极大的压力，而城市各角落的边缘设备实时处理和收集数据将带来效率上的极大提升。

（4）自动驾驶技术与智能交通

在自动驾驶领域，边缘计算至关重要，因为自动驾驶汽车上数百个传感器每小时将产生40TB的数据量。从安全性的角度而不是从成本的角度考虑，数据的处理必须实时完成，当遇到紧急情况时，比如汽车前方突然出现踢球玩耍的小孩时，自动驾驶系统必须依赖实时高效的边缘计算给予决策支持，并做出应急处理：刹车！

越来越多的城市已经开始部署智能交通控制系统，这样的智能控制系统，依赖于在各交通要塞部位部署的边缘计算服务器，通过街边数不清的摄像头和传感器对交通的实时状态进行监控、预警和优化调度。

（5）智慧金融

近年来，人工智能技术正在金融领域大放异彩：智能风控技术、智能投顾、智能客服等。在结合边缘计算之后，人工智能将在赋能金融的道路上释放出更多能量：①智能身份认证，人脸识别与声纹识别技术可以通过边缘设备的计算能力，为金融机构提供更为高效的用户身份认证手段，提高金融服务的安全性；②智能化的供应链金融，边缘计算能力的提升必然带来智能仓储和智能物流的发展，这为供应链金融提供安全保障以及场景依据，比如物流仓库和港口码头的质押货物监控等。

四、边缘计算与物联网

1. 物联网的自我介绍

物联网即“万物相连的互联网”，是互联网基础上的延伸和扩展的网络，它是将各种信息传感设备与互联网结合起来而形成的一个巨大网络，以实现在任何时间、任何地点、人、机、物的互联互通。简单来说，互联网仅仅连接了手机电脑，而物联网可以连接生活中的各种设备、物件，乃至生物体，可以说无处不在，比如商场里的自动门、楼道里的声控灯以及现在比较流行的智能家居、工业生产中的自动化机器人、自动驾驶技术、运动手环，等等。了解物联网是现代生活必备的基础知识。

2009年1月28日，奥巴马就任美国总统后，与美国工商业领袖举行了一次“圆桌会议”，作为仅有的两名代表之一，IBM首席执行官彭明盛首次提出“智慧地球”这一概念，建议新政府投资新一代的智慧型基础设施。当然，IBM的“智慧地球”是本公司的技术、产品、市场战略的成功推广。毫无疑问，物联网技术是IBM全球未来的重点领域。这就是物联网概念被提出的经过。物联网是新的提法，新的名词，但是，其技术却不是新的。中国科学院很早就在做传感网的研究。大家都在说，物联网是继计算机、互联网之后的第三次信息浪潮。不管哪次浪潮都是围绕着计算机展开的，可以说，计算机是人类最伟大的发明。2009年之后，国内不管是各级地方政府还是企业都掀起了一个追逐物联网的行动热潮。

“感知中国”四个字全面描述和定义了物联网的内涵，它传递出两个信息。一是描述了物联网的含义，二是要发展中国的物联网。从字面上可以看出，“感”是信息采集（传感器）；“知”信息处理（运算、处理、通信并通过互联网进行信息传递和控制）。所以，感和知是两个概念，现在有些人把物联网分成3层：感知层、传输层、应用层，还有人将其分为更多的层。将其中的感知作为一个层面来处理是不恰当的，感知是物联网的全面内涵，感知包括信息采集、信息传输、信息处理。这恰恰是一个计算机，或者是嵌入式系统的工作特征。

对于感知，打个比方说吧，你可以这样理解：当你触碰到一个很热的水杯时，会迅速把手收回。其过程就是：第一，感受到烫，是由手指皮肤（信息采集或传感器）感受到热。第二，把这个热的感受通过神经系统（传输层或网络）传递给大脑。第三，大脑（嵌入式系统）经过处理和判断，控制你的行为，即迅速让手离开这个杯子。这个例子足以形象地描述物联网的感知过程和工作原理。

简单讲，物联网是物与物、人与物之间的信息传递与控制。专业上讲就是智能终端的网络化功能。大家都知道，嵌入式系统无处不在，有嵌入式系统的地方才会有物联网的应用。所以，什么是物联网呢？物联网就是互联网的延伸，物联网就是基于互联网的嵌入式系统。从另一个意义说，物联网的产生是嵌入式系统高速发展的必然产物，海量嵌入式智能终端产品有了联网的需求，催生了物联网这个概念的产生。

2. 物联网的关键核心技术

显然，物联网项目的组件数量众多且种类繁杂。而其中一些组件是行业通用的，并非物联网所特有。因此，并不是物联网的所有组件都是其核心。物联网最为核心的技术有以下几个。

（1）物联网通信方案

物联网设备分散且应用场景复杂，这意味着一个单一能力的通信方案无法满足所有需求。它需要多种通信方案从功耗、时延、带宽、网络容量、覆盖面、稳定性等多方面来支持物联网的不同应用场景。

（2）物联网持有硬件

物联网终端包括处理器、传感器、执行器等多种硬件。物联网终端从功耗、体积、极端环境适应能力、安装部署的便捷性等多方面对硬件有特殊的要求。

（3）物联网操作系统

物联网终端设备的低功耗以及物联网的通信方式决定了传统的桌面、移动操作系统很难有效满足物联网项目的需求，因此物联网需要针对其自身特性设计出专用的操作系统来提升开发和运行效率。

（4）物联网应用程序

物联网在上层几乎可以沿用与互联网类似的基础设施，而其底层硬件的多样性则远超互联网。因此，物联网应用大多是软硬件的结合，这使其与互联网项目相比尤为不同。

3. 物联网的应用领域

物联网技术可谓遍布了现如今的大街小巷，它主要集中在智能家居、智能交通、智慧农业、智能工业、智能物流、智能电力、智慧医疗、智能安防等领域。下面，我们就来介绍其中的几个例子。

（1）智能交通

近年来，得益于人工智能技术和物联网技术的发展，自动驾驶汽车技术越来越成熟。汽车上的众多传感器采集到的数据可以帮助司机更好地驾驶汽车，甚至可以帮助司机做出决策。

在未来的智能交通中，马路上的每一辆车都将成为交通网络中的一个节点。这些节点之间可以通信对话，并能借助大数据帮助司机更好地避开拥堵，节约时间，减少交通事故；也可以向交通部门提供准确的道路信息，为城市规划建设提供第一手资料；还可以把数据反馈给汽车生产商，供他们分析研究，进而设计出更先进舒适的汽车。也许将来真的会如埃隆·马斯克所说的那样，“总有一天，法律将不允许人们自己开车”。到那时，人们只需要上车，告诉汽车目的地，然后静静等待到达目的地即可。

（2）智慧农业

“锄禾日当午，汗滴禾下土”是我们对农民伯伯辛苦劳作的一贯印象。但随着现代化技术的发展，农民伯伯有了大量的机械化设备，大大提高了他们的生产效率。将物联网技术应用于农业之后，会发生什么呢？在未来的智慧农场里，人们将部署各种传感节点（用于获取环境温湿度、土壤水分、土壤肥力、二氧化碳、图像等信息），利用无线通信网络实现农业生产环境的智能感知、智能预警、智能决策、智能分析和专家在线指导，为农业生产提供精准化种植、可视化管理和智能化决策。也许有一天，农民伯伯只需要坐在屋子里，看着电脑屏幕上的各种数据图表，就能做出精准的决策，从而合理浇水，精准施肥，大大提高农作物产量。

（3）智慧医疗

当身体出现异常时，我们需要去医院做各种检查，医生会针对我们的病症开药或者给出治疗建议。我们也可以利用一些穿戴式智能设备完成一些基础项目（如心率、体温、血压等）的检测。智能穿戴设备会记录很多跟健康有关的数据，方便我们管理自己的健康记录。我们也可以选择将自己的健康数据传送给医院，让医生进行远程会诊，进而提出医疗意见。

4. 物联网与边缘计算的关系

目前国内高技术领域的投入主要集中在围绕5G和人工智能的落地上，而物联网则是目前网络技术打造的重点，也是各个行业实现效率提升、数字化转型的重要手段。国内企业之所以投入这么多钱搞5G网络，是为了催生新的产业生态和商业模式。这里需要各个细分的行业借助自己的经验，根据场景的分类并通过边缘计算提升物联网的智能化，找到物联网在各个垂直行业落地生根的钥匙。

物联网基础设施是构建边缘计算环境的一种可能方式。物联网和边缘计算是当今最热门的流行语之一。尽管物联网与边缘计算并不一定携手并进，但将物联网与边缘计算相结合是从这两类技术中获得最大价值的一种常见策略。物联网是指以某种方式连接到互联网的任何非传统设备组成的网络。在这里，“非传统设备”指的是传感器、医疗设备和智能家居系统等设备，而不是台式机和服务器等传统设备。物联网在过去几年——或者可能是最近十年——才最终成熟起来，并证明它已经为现实世界的大规模使用做好了准备。边缘计算是一种计算体系结构，它与传统的云计算架构相反，数据和处理在尽可能接近最终用户的地方进行。

边缘计算背后的重要理念是，当工作负载被托管在离用户更近的地方时，网络延迟和可靠性会降低，从而带来更好的终端用户体验。

人们不需要只限定于使用物联网设备来构建边缘计算架构，而可以在任何类型的基础设施上托管边缘应用，前提是该基础设施比中央数据中心更靠近最终用户。因此，零售店中部署的传统服务器可以比远程数据中心更快地处理支付，这就是边缘架构的一个例子。即使是处理数据存储或处理的个人电脑也可以被认为是边缘架构的一种形式，否则这些数据存储或处理就会发生在云中。

下面，我们来讲解一下边缘物联网设备。物联网设备是构建边缘计算环境所需的基础设施的一种极好方式。换句话说，我们可以通过部署物联网设备并使用它们来处理数据存储或构建边缘架构。这种方法在物联网设备等待数据传输到数据中心、处理和发回需要很长时间的情况下尤其有利。不仅如此，直接在物联网设备上运行工作负载，还可以最大限度地减少网络中传输的数据量，从而降低安全风险。

使用物联网设备作为边缘架构基础的主要挑战是物联网设备并不总是能够进行繁重的数据存储和处理。如果你的设备是具有最小存储和中央处理器容量的轻型传感器，那么它们可能无法满足工作负载性能需求。

五、边缘计算与区块链

1. 了解区块链的真实面目

区块链是以比特币为代表的数字加密货币体系的核心支撑技术。区块链技术的核心优势是去中心化，它能够运用数据加密、时间戳、分布式共识和经济激励等手段，在节点无须互相信任的分布式系统中实现基于去中心化信用的点对点交易、协调与协作，从而为解决中心化机构普遍存在的高成本、低效率和数据存储不安全等问题提供了解决方案。随着比特币近年来的快速发展与普及，区块链技术的研究与应用也呈现出爆发式增长的态势，被认为是继大型机、个人电脑、互联网、移动/社交网络之后计算范式的第五次颠覆式创新，是人类信用进化史上继血亲信用、贵金属信用、央行纸币信用之后的第四个里程碑。区块链技术是下一代云计算的雏形，有望像互联网一样彻底重塑人类社会活动形态，并实现从目前的信息互联网向价值互联网的转变。区块链技术的快速发展引起了政府部门、金融机构、科技企业和资本市场的广泛关注。美国纳斯达克于2015年12月率先推出基于区块链技术的证券交易平台Linq，成为金融证券市场去中心化趋势的重要里程碑；2016年1月，英国政府发布区块链专题研究报告，积极推行区块链在金融和政府事务中的应用；中国人民银行召开数字货币研讨会探讨采用区块链技术发行虚拟货币的可行性，以提高金融活动的效率、便利性和透明度；德勤和安永等专业审计服务公司相继组建区块链研发团队，致力于提升其客户审计服务质量。截至2016年年初，资本市场已经相继投入10亿美元以加速区块链领域的发展。初创公司R3CEV基于微软云服务平台Azure推出的BaaS（Blockchain as a service，区块链即服务），已与美国银行、花旗银行等全球40余家大型银行机构签署区块链合作项目，致力于制定银行业的区块链行业标准与协议。

区块链技术起源于2008年由化名为“中本聪”（Satoshi Nakamoto）的学者在密码学邮件组发表的奠基性论文《比特币：一种点对点电子现金系统》，目前尚未形成行业公认的定义。狭义来讲，区块链是一种按照时间顺序将数据区块以链条的方式组合成特定数据结构，并以密码学方式保证的不可篡改和不可伪造的去中心化共享总账（Decentralized shared ledger），它能够安全存储简单的、有先后关系的、能在系统内验证的数据。广义的区块链技术则是利用加密链式区块结构来验证与存储数据、利用分布式节点共识算法来生成和更新数据、利用自动化脚本代码（智能合约）来编程和操作数据的一种全新的去中心化基础架构与分布式计算范式。

区块链技术具有分布式处理、数据防篡改、多方共识等技术特征，实现了去中心化的信任建立、保存和传递的功能。分布式是其技术基础，防篡改保证了其数据稳定性和数据可靠性，透明性多方共识保证了其数据可验证和数据可信性。去中心化信任是区块链技术特征的自然结果，确保了价值能够被高效、透明、安全、可信地存储和传递。

对话课堂

学生：老师，可以更通俗地解释一下区块链吗？

老师：假设A、B是交易双方，C记录这笔交易。A和B使用的是现金交易、打借条存证或由第三方见证该笔交易。如果发生交易纠纷，C可作为证据，倘若A、B一方与C串通，或者C失去联系，则无法验证该笔交易。再假设A、B通过C来交易，C是中心。A和B使用支付宝进行交易。如果C中心系统出现问题，丢失数据，就无法验证该笔交易。我们该怎么解决以上两种问题呢？答案：使用区块链将一个C变成无数个C。A、B是交易双方，系统上所有的节点C都来记录这笔交易。

每发生一笔交易，系统就会在每个节点C上更新记录一次这笔交易。如果这笔交易发生问题，则系统上超过50%的节点C会来验证这笔交易的真实性。如何验证呢？比如，A转账10块钱给B，这笔转账会在区块链系统上进行广播，接收到广播信息的C节点们，就可参与记录并验证这笔交易。A和B本身是不公开的，具体内容的交易内容也不公开，系统仅仅公开发生的这笔交易及其数额。

2. 区块链的特征价值

因为区块链运行规则高度透明，所以区块链项目在发布以后就进入自运转状态。这套去中心化的自运转系统从发布的那一刻起，理论上就不再属于任何人和任何团队，并且无法单方面停止运行和修改。从这个意义上来说，区块链项目可以在一定程度上替代某些领域的运营，或者替代一个领域中的某些环节的运营。

总结一下，区块链有不可篡改、可溯源、数据永远保存、全程追索等特性，那么这些特性有什么应用价值呢?

（1）效率提升

效率的指数级提升是区块链的一个最明显的价值特征，区块链上信息共享、规则透明，在协作中可做到效率最大化，只需提供一个共享目标，便可自动运作。一旦被应用便是在整个领域或者局部领域的完全性替代，而非简单的优化。

提高效率的表现之一，在于区块链在降低信任成本上具有极大的优势。英国《经济学人》杂志称区块链是信任的机器，陌生人之间通过它建立信任的成本接近于零。这主要是因为区块链降低了搜索和反复验证的成本，而且，基于区块链技术的智能合约极大降低了合约签署、管理及支付等成本。比如，2018年麦肯锡公司对90多个区块链应用进行测算，应用70%的潜在价值在于降低成本，它们通过取消中间商，取消交易记录保存、核对流程等，节约了成本。

提高效率的表现之二，是区块链通过重新定义价值，使得价值点对点快速转移成为可能，让价值流动了起来。传统互联网通过复制信息快速便捷地传播信息，但互联网无法解决账本变动和确权等问题，不能进行点对点的价值转移，必须依赖于第三方机构记账实现价值转移。区块链的分布式账本技术以及共识机制，使价值首先在参与者之间得以确认。在点对点转移的整个过程中，所有参与者都能同步进行账本更新，区块中独一无二的时间戳，避免了重复支付的问题，令价值点对点转移成为可能。

（2）鼓励生产

因为区块链是自动化的公平的协作链，所以，区块链上的角色分配，除了原始系统的开发设计者外，只有一种角色，那就是生产者。各个生产者通过节点之间的区块广播与其他生产者同步工作。

（3）稳定安全

区块链的不可篡改以及可溯源的特性，让安全成为另一个明显的价值特征。我们前面提到的分布式系统本身的运行稳定的特性可保障数据被永久保存，可溯源、可追索的特性可保障数据的安全，公钥、私钥可保障数据信息的安全。所以，区块链可以称作当下最稳定、最安全的技术。

（4）公平公正

首先，区块链带来的公平在于数据归属与使用权利的重新分配。在传统的互联网平台模式下，形成了很多互联网巨头，无论是个人或企业的数据，上网后的归属与使用往往不再由数据所有者决定。引入区块链技术后，区块链上的交易信息被公开，但账户身份信息会被高度加密，只有通过数据拥有者的授权才能访问，数据拥有者真正拥有了数据的使用权利，区块链把以前的数字资源变成了数字资产，成为一种财产权益，在数据市场中建立了“谁拥有、谁受益；谁使用、谁付费”的合理机制。

其次，区块链使得参与区块链的用户个体表达有了实现渠道。去中心化、自治、开放、透明是区块链的底层逻辑，特别是在公有链项目中，每个个体都是一个节点，通过参与社区治理，每个节点都可以表达自己的意见，输出影响力。

3. 区块链当下的应用

区块链不仅概念火爆，当下已经在很多领域有了应用，相信在不久的将来，我们就可以切实体会到区块链带来的便利。虽说当下区块链技术还很不完善，人们对区块链的评价也是褒贬不一——每一次新兴技术革命的早期境况都非常类似。

对于我们来说，应该更多地思考如何把区块链的效率、生产及安全等价值特征应用在我们当下的场景中，以及调整自己的思维以适应区块链技术变革所带来的转变，下面笔者罗列了一些应用模式相对清晰的区块链领域。

（1）支付

作为区块链概念的发源地，目前区块链在金融领域的应用场景最多，而跨国支付由于货币兑换周期较长、手续繁多、时间成本较高等因素，如果使用区块链内的代币来做跨国支付交易，将使效率最大化。

（2）清结算系统

银行、证券等机构每天有大量的清结算账目工作，在区块链中，支付即结算。如果将清结算转移到区块链中，它可直接替代当下的清结算系统。

（3）供应链系统

区块链将协作效率最大化，可以大大提高比如装修这种长链条行业的供应链管理效率，或者直接替代短链行业的供应链系统。区块链可以完美做到对于供应链条的问题追责和生产协作。

（4）知识产权

区块链中的数据永远保存、全程可追索、不可篡改等特性，非常适用于对知识产权的保护，它可实时记录知识产权资产的产权链以及所有权情况，并且转让也很方便。

（5）商品防伪

将区块链的可溯源特性应用在商品的防伪和打假工作中将是革命式的突破，可为像路易威登、茅台这种每年花费巨额成本打假的知名品牌大幅降低成本。

（6）身份管理

区块链的不可篡改以及私钥的安全机制，让身份管理更加容易。它可直接被应用于选举、政务、房地产交易等繁琐手续的领域，让该领域的人们不再需要一大堆证明文件。

（7）物联网、人工智能、云计算等

人工智能的技术核心算法是深度学习，而深度学习都是基于数据的，所以，数据安全一直以来都是技术领域的痛点。区块链的可溯源、可追踪的特性可以保证数据的安全，它还可以排除机器攻击人类的隐患，避免云端数据被泄露，这使区块链也同样适用于医疗、基因数据管理等高科技领域。

4. 区块链与边缘计算的关系

2020年，中国移动5G联合创新中心与中兴通讯、区块链技术与数据安全工业和信息化部重点实验室、北京大学新一代信息技术研究院合作，共同发布了《区块链+边缘计算技术白皮书》。

白皮书聚焦于区块链与边缘计算技术和应用的结合点，探索二者结合产生的相互赋能、相互促进效果，同时基于典型应用场景的需求提出了通用性技术方案（包括服务模式和部署方案），并总结了“区块链+边缘计算”应用拓展面临的挑战和发展趋势。为了方便读者了解具体技术应用，图4.2展示了相关技术概览。

区块链作为新型信息处理技术，在信任建立、价值表示和传递方面具有不可取代的优势，目前已经在跨行业协作、社会经济发展中展现出其价值和生命力，而边缘计算作为5G面向垂直行业的新技术，在网络和资源组织方式、业务体验提升方面都具有良好的竞争力。在5G时代，区块链与边缘计算的结合将助力运营商面向产业开拓新市场。

一方面，边缘计算为区块链提供了新的节点部署选择。把区块链部署在边缘计算节点上使数据对接便捷，传播路径可控，从而缓解带宽压力，提升传输实时性，集成运营商开放能力。另一方面，区块链可以促进不同的边缘节点之间、“端—边—网—云”各方之间的协作同步，帮助建立边缘计算系统的完整性保障和防伪存证支撑资源，推动终端、数据、能力的开放共享，从而为垂直行业提供“信息+信任”的运营商特色区块链服务。

“区块链+边缘计算”作为通信和信息技术融合发展的新领域，必将共同推动跨界融合创新，促进社会经济转型和发展。中国移动和中兴通讯在这

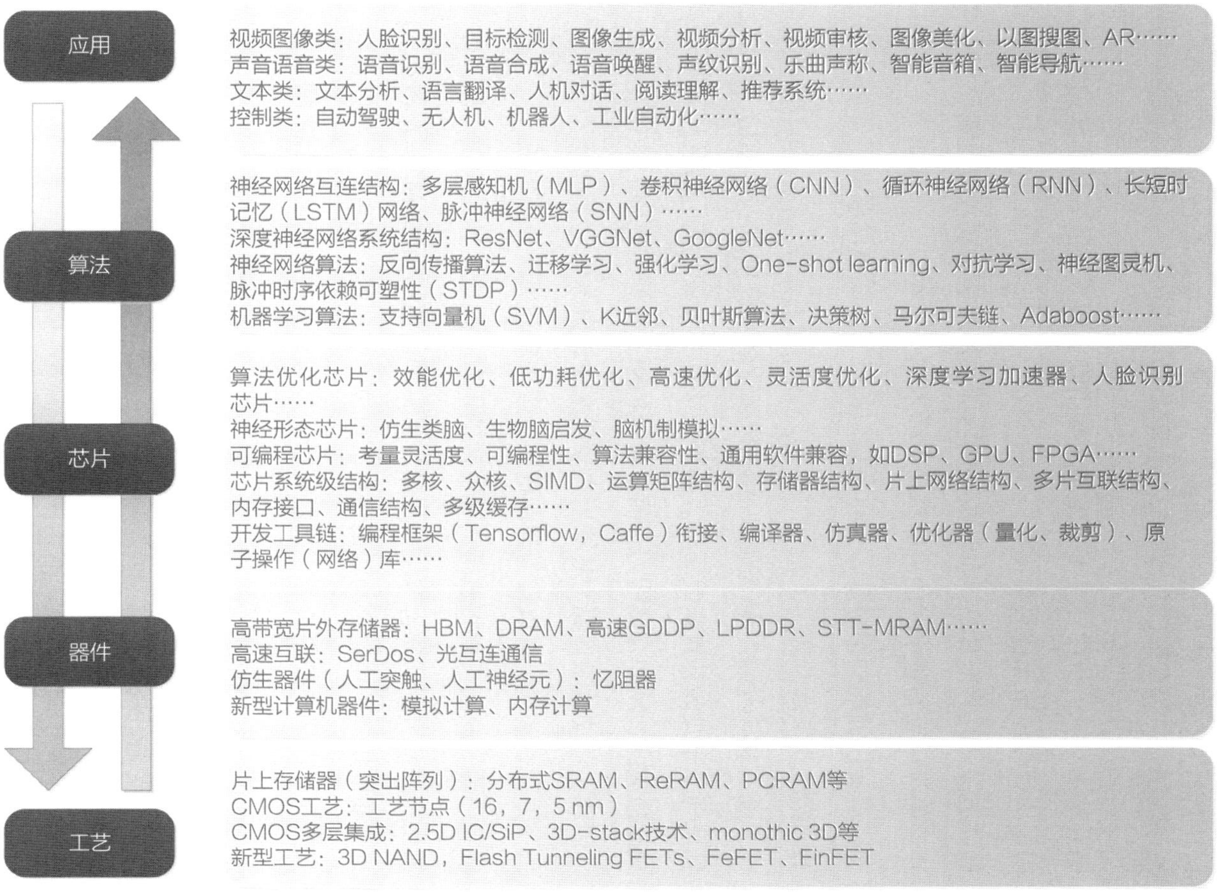

应用
算法
芯片
器件
工艺
视频图像类：人脸识别、目标检测、图像生成、视频分析、视频审核、图像美化、以图搜图、AR……
声音语音类：语音识别、语音合成、语音唤醒、声纹识别、乐曲声称、智能音箱、智能导航……
文本类：文本分析、语言翻译、人机对话、阅读理解、推荐系统……
控制类：自动驾驶、无人机、机器人、工业自动化……
神经网络互连结构：多层感知机（MLP）、卷积神经网络（CNN）、循环神经网络（RNN）、长短时记忆（LSTM）网络、脉冲神经网络（SNN）……
深度神经网络系统结构：ResNet、VGGNet、GoogleNet……
神经网络算法：反向传播算法、迁移学习、强化学习、One-shot learning、对抗学习、神经图灵机、脉冲时序依赖可塑性（STDP）……
机器学习算法：支持向量机（SVM）、K近邻、贝叶斯算法、决策树、马尔可夫链、Adaboost……
算法优化芯片：效能优化、低功耗优化、高速优化、灵活度优化、深度学习加速器、人脸识别芯片……
神经形态芯片：仿生类脑、生物脑启发、脑机制模拟……
可编程芯片：考量灵活度、可编程性、算法兼容性、通用软件兼容，如DSP、GPU、FPGA……
芯片系统级结构：多核、众核、SIMD、运算矩阵结构、存储器结构、片上网络结构、多片互联结构、内存接口、通信结构、多级缓存……
开发工具链：编程框架（Tensorflow，Caffe）衔接、编译器、仿真器、优化器（量化、裁剪）、原子操作（网络）库……
高带宽片外存储器：HBM、DRAM、高速GDDP、LPDDR、STT-MRAM……
高速互联：SerDos、光互连通信
仿生器件（人工突触、人工神经元）：忆阻器
新型计算机器件：模拟计算、内存计算
片上存储器（突出阵列）：分布式SRAM、ReRAM、PCRAM等
CMOS工艺：工艺节点（16，7，5 nm）
CMOS多层集成：2.5D IC/SiP、3D-stack技术、monothic 3D等
新型工艺：3D NAND，Flash Tunneling FETs、FeFET、FinFET

图4.2　相关技术概览

两个领域具备深厚的技术积累和前瞻性研究优势，期望通过这份白皮书启发业界思考和探索“区块链+边缘计算”的跨界应用创新，携手产业各界共同推动区块链+边缘计算技术的应用和推广，为区块链技术和产业创新发展注入新活力。

随着技术发展，边缘计算中衍生出了移动性的边缘计算，那移动边缘计算会与区块链碰撞出怎样的火花呢？

移动边缘计算将云计算平台从核心网内部迁移到移动接入网边缘。

移动边缘计算与集中式的云计算最大的不同，就在于其计算能力下沉，降低了移动交付的端到端时延，为移动用户提供更高质量的服务，营造了一种新的网络产业生态。

一方面，移动边缘计算为资源受限的移动设备提供了一种便捷、低时延，且呈现分布式的计算卸载平台。由于边缘计算设备相比一般的用户移动设备具有强大的计算和存储能力，而区块链的服务恰好需要强大的计算能力支撑。因此，移动边缘计算为移动用户享受区块链服务提供了可能。

另一方面，区块链可以作为辅助框架，管理移动边缘计算资源。

换句话说，我们可以将边缘计算资源的供应打造成一种区块链应用。如此一来，用户对资源的登记使用、边缘计算资源的占用情况都将被作为永久数据记录在区块链中。每个物联网用户既可以是资源的使用者，也可以是资源的提供者。而用户使用资源、提供临时的边缘计算能力的支付与报酬也被相应地记录于分布式账本中。

这样，不仅移动边缘计算资源的安全性得到了增强，边缘资源的占用与购买情况也得到了规范。

5. 区块链 + 边缘计算的应用

（1）区块链辅助边缘计算信息与资源的共享

联盟链[24]具有强一致性的共识机制、可追溯、无法篡改、时序不可逆等特点，在身份管理方面具有健全的成员身份管理和追溯机制。它采用区块链的分布式账本对数据同步过程作一致性控制，使用智能合约等方式进行数据授权和使用追踪、数据一致性校验。它可针对不同类型的业务，根据数据交互的特点设定适当的区块链运行参数并采用特定的处理流程；针对如车联网等实时性要求高的应用，设置比较小的区块生成间隔时间；针对较少的数据量，提交完整数据上链，通过区块链节点之间的数据同步机制共享数据；针对较大的数据量，可使用区块链的身份管理系统所定义的数字身份和安全机制，由数据发起方向接收方发起连接认证，建立安全数据通道，从而发送数据，同时将数据的摘要上传到区块链，保证数据的完整性和数据发送过程的可追溯性。

（2）边缘计算支持区块链进行高效存证

信息存证是指在用户身份验证到信息创建，并对创建的信息数字化、存储和传输的过程中，通过采用一系列安全技术，全方位保证数字化信息的真实性、完整性和可信度。

存证方式可以分为视频存证、物联网数据的防伪存储等方式。视频存证，业务人员在调取本地视频文件进行查看时，边缘视频服务软件向区块链系统发出验真的请求，同时发送用视频文件重新生成的摘要信息，如果和区块链上存储的摘要信息匹配，则表明其视频没有被篡改，最终将验真的结果反馈给业务人员。而在物联网数据的防伪存储中，物联网业务使用区块链技术和MEC技术[25]进行融合创新的前景十分广阔。一方面，借助物联网设备的物理防篡改特性，有助于保证区块链数据从链下到链上的“过程可信”；另一方面，区块链将各自分离、协议不同的物联网设备连接在一起，并通过事先约定规则、“沙箱式”数据处理等方式，形成下一代跨系统跨边界的数据共享协作模式。而MEC技术则提高了物联网应用处理大量物联网数据的效率。

（3）区块链提供边缘计算安全增强

安全措施分为终端设备认证、IT/CT（互联网技术/通信技术）域互信。

在物联网终端和边缘计算应用之间需要建立连接时，物联网终端向边缘计算应用发送证书标识，边缘计算应用向区块链身份认证系统查询证书，身份认证系统返回证书及状态，边缘计算应用对设备进行认证，物联网设备以同样的方式对边缘计算应用进行认证。之后两者继续进行安全传输层协议握手流程，建立安全的数据传送通道。

六、边缘计算与5G

GSMA智库全球企业物联网调查显示，76%的中国企业计划在未来部署物联网时采用5G技术。虽然在许多国家，5G的速度增益似乎是其最引人注目的能力，但中国企业（相对于其他区域）对5G能够提供的其他网络能力（包括网络切片、边缘计算、低时延）有更强的认知。中国企业规模越大，5G的物联网能力对其就越有吸引力。

由于5G和边缘计算紧密关联，网络设备供应商（华为、中兴、诺基亚、爱立信等）和中国三大运营商在边缘计算早期阶段起到了显著的推动作用。以中国三大运营商为例：

中国移动的边缘计算系统规划包含软件即服务、平台即服务能力、基础设施即服务设施、硬件设备、站点规划、边缘网络演进。边缘计算的平台即服务、基础设施即服务和硬件平台需要设计成兼容两种应用生态系统，即公有云应用和原生边缘应用。对于边缘计算部署的不同位置，上述领域均有望自定义地选择所用技术。

中国电信提供广泛的移动和固网业务（二者收益相当），并规划将边缘计算应用于移动和固网业务。更具体地说，为缓解网络流量造成的回传压力，并保证固网和移动网用户体验一致，中国电信正在构建统一的MEC，通过利用现有固网资源优势，实现固定和移动网络的边缘融合（内容分发网络）。平台可以根据服务类型或需求，灵活地将流量分配到不同的网络，从而通过多网络共享边缘内容分发网络资源提升用户体验，实现内容的智能分发。

中国联通参与了从智能制造到智慧城市和港口等多个行业的边缘相关项目和举措，并与百度、腾讯、中兴、英特尔等多家公司建立了边缘合作关系。2018年，中国联通在中国15个省市开展MEC边缘云试点项目，包括北京、上海、浙江、福建、广东、湖北、重庆、山东、河南、河北、江苏、四川、天津、辽宁、湖南。自2018年以来，该试点项目在20个省份启动了60多个试点和商用项目，旨在与全国31个省份的更多行业伙伴合作。

中国电信在推动中国边缘计算大规模发展的未来愿景中提到，要贯彻将边缘计算融入更广阔的5G网络投资路线图，让边缘不再被视为单一应用平台，而是未来5G网络架构的重要组成部分，在这种情况下，MEC和5G的结合会更加自然。同时，云/边缘计算以及更广义的5G网络相关的高能耗成本问题也将得到解决。

5G边缘计算作为5G网络新型网络架构之一，通过将云计算能力和IT服务环境下沉到移动通信网络边缘，就近向用户提供服务，从而构建一个具备高性能、低时延与高带宽的电信级服务环境。MEC在5G网络中的参考架构如图4.3所示。

5G边缘计算将核心网功能下沉到网络边缘，具备丰富的应用场景。它在带来新的安全挑战的同时，也加大了安全监管难度；与此同时，原有的安全防护方案并没有覆盖到边缘场景，包含3GPP等国际标准组织针对边缘计算的标准，都在同步研制和探讨中。白皮书结合前期的实践经验，面向运营商和5G行业用户，提出了5G边缘计算安全防护策略，方便行业用户在开展5G边缘计算应用的同时，落实安全“三同步”（同步规划、建设、维护）方针，指导行业提升边缘计算的安全能力。

1.5G 边缘计算介绍

5G边缘计算是指在靠近用户业务数据源头的一侧，提供近端边缘计算服务，

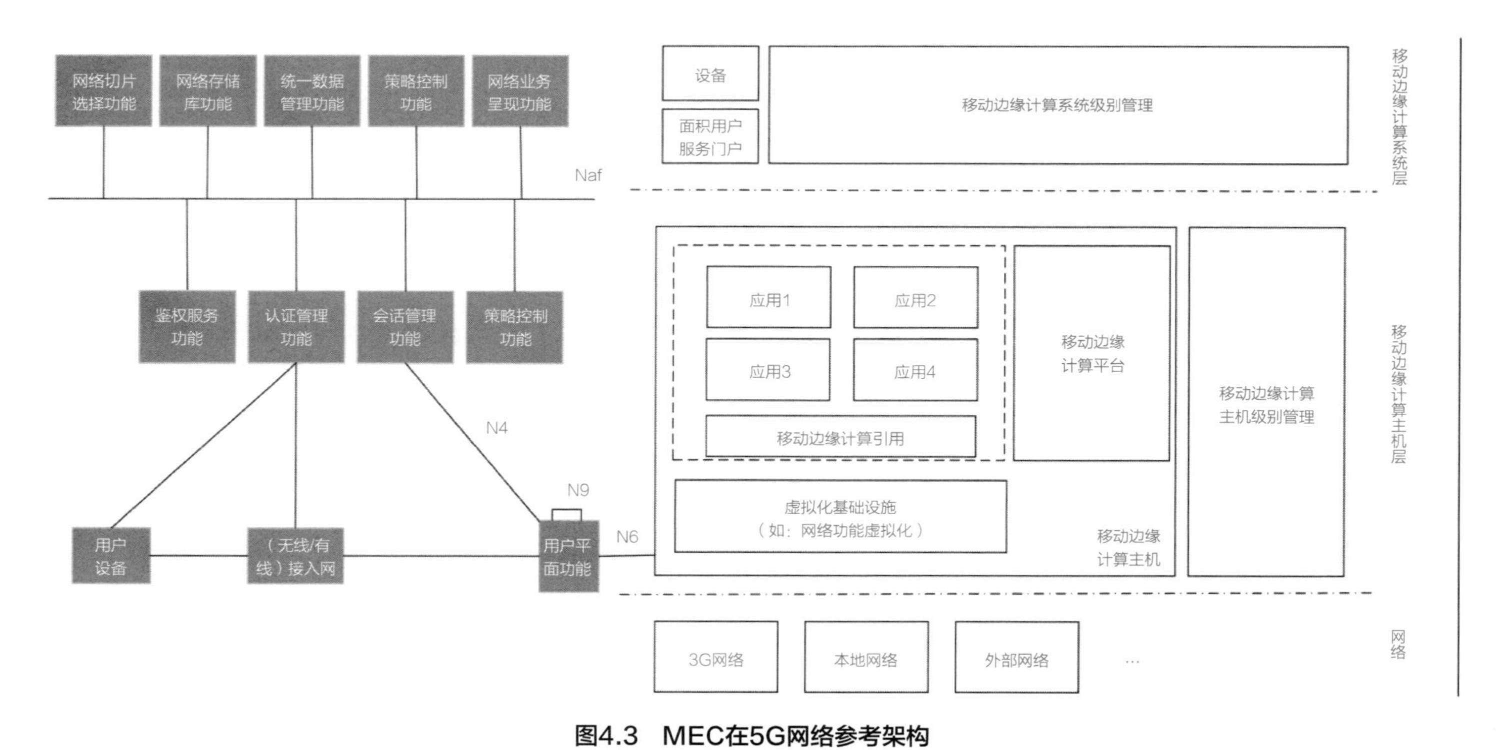

图4.3 MEC在5G网络参考架构

满足行业在低时延、高带宽、安全与隐私保护等方面的基本需求，如实时、安全地处理数据。5G PPP[①]发布的白皮书指出，5G通过边缘计算技术将应用部署到数据侧，而不是将所有数据发送到集中的数据中心，可满足应用的实时性。

2.5G 边缘计算场景

综合不同业务对时延、成本和企业数据安全性的考量，下沉到汇聚机房和园区是各企业的主力部署方案，MEC的部署场景可分为广域MEC和局域MEC两大类。

（1）广域移动边缘计算场景

对于低时延业务，由于百千米传输引入的双向时延低于1ms，基于广域边缘计算的5G公网已经能够为大量垂直行业提供5G网络服务。权衡应用对接、运维复杂度、设备和工程成本等多种因素，边缘计算部署在安全可控的汇聚机房是当前运营商广域边缘计算的主力方案。广域边缘计算的主要应用场景包括：大网OTT连接（云虚拟现实/云游戏）、大网集团连接（公交广告/普通安防）、大网中的uRLLC专网（电力等）、大网专线连接（企业专线）等。这些应用场景下，通过将边缘计算部署在汇聚机房，可满足低时延的业务诉求。

（2）局域边缘计算场景

对于安全与隐私保护高敏感的行业，企业可以选择将边缘计算部署在园区，以满足数据不出园的要求。港口龙门吊的远程操控，钢铁厂的天车远程操控，以及大部分的制造、石化、教育、医疗等园区/厂区都是局域边缘计算的典型场景。局域边缘计算部署场景下，边缘计算将满足uRLLC超低时延业务；同时支持企业业务数据本地流量卸载，为园区客户提供本地网络管

---

① 全称（5G基础设施公私合作研究组织）5G Infrastructure PPP。5G PPP由欧盟成员国政府出资管理，吸引民间企业和组织参加，将筹集资金用于研究5G移动通信基础设施的解决方案、架构、技术以及标准等。

道。企业还可通过增强隔离和认证能力，防止公网非法访问企业内网，构建企业5G私网。

3.5G 边缘计算安全威胁

一方面，边缘计算节点的计算资源、通信资源、存储资源较为丰富，承载了多个企业的敏感数据存储、通信应用和计算服务，一旦攻击者控制了边缘节点，并利用边缘节点进行进一步的横向或纵向攻击，会严重破坏应用、通信、数据的保密性、可用性和完整性，并给用户和社会带来危害。另一方面，边缘计算节点常常被部署在无人值守的机房，且安全生命周期里具备多重运营者和责任方，这无疑给物理安全防护以及安全运营管理带来了更多的挑战：

（1）网络服务安全威胁

边缘架构下，接入设备数量庞大，类型众多，多种安全域并存，安全风险点增加，并且更容易实施分布式拒绝服务攻击。不仅如此，5G边缘计算节点部署位置下沉，导致攻击者更容易接触到边缘计算节点硬件。攻击者可以通过非法连接访问网络端口，获取网络传输的数据。此外，传统的网络攻击手段仍然可威胁边缘计算系统，例如，恶意代码入侵、缓冲区溢出、数据窃取、篡改、丢失和伪造数据等。

（2）硬件环境安全威胁

相比核心网中心机房完善的物理安全措施，边缘计算节点可能被部署在无人值守机房或者客户机房，甚至人迹罕至的地方。因为所处环境复杂多样，所以防护与安保措施往往较为薄弱，存在受到自然灾害而引发的设备断电、网络断链等安全风险。此外，边缘计算节点更易遭受物理接触攻击，如攻击者近距离接触硬件基础设施，篡改设备配置等，进而获得敏感信息。

（3）虚拟化安全威胁

在边缘计算基础设施中，容器或虚机是其主要部署方式。攻击者可篡改容器或虚机镜像，利用虚拟化软件漏洞攻击，针对容器或虚机的分布式拒绝服务攻击，利用容器或虚机逃逸攻击主机或主机上的其他容器和虚机。

4.5G 边缘计算网络服务安全要求

（1）组网安全要求

在5G边缘云计算平台中除了要部署用户平面功能[26]和移动边缘节点之外，还要考虑在MEC上部署第三方应用，其基本组网安全要求如下：

三平面隔离：服务器和交换机等，应支持管理、业务和存储三平面物理/逻辑隔离。对于业务安全要求级别高并且资源充足的场景，应支持三平面物理隔离；对于业务安全要求不高的场景，可支持三平面逻辑隔离。

安全域划分：UPF和移动边缘节点应被部署在可信域内，和自有应用、第三方应用处于不同安全域，根据业务需求实施物理/逻辑隔离。

因特网安全访问：对于有因特网访问需求的场景，应根据业务访问需求设置隔离区，并在边界部署抗分布式拒绝服务攻击、入侵检测、访问控制、网络流量检测等安全能力，实现边界安全防护。

UPF流量隔离：UPF应支持设置白名单，针对N4、N6、N9接口分别设置专门的虚拟路由转发；UPF的N6接口流量应有防火墙进行安全控制。

5G边缘计算的组网安全与UPF的位置、移动边缘节点的位置以及应用的部署紧密相关，因此其组网方式需要根据不同的部署方式进行分析。

广域MEC场景：UPF和移动边缘节点被部署在运营商汇聚机房，其组网要求实现三平面隔离、安全域划分、因特网安全访问和UPF流量隔离等4个基本的安全隔离要求。

局域MEC场景：UPF和移动边缘节点均被部署在园区，其组网要求除了包括以上4个基本安全要求之外，在安全域划分方面，还需要园区UPF和移动边缘节点与应用之间，以及应用与应用之间应进行安全隔离（如划分虚拟局域网）。

MEC还包括专网业务场景，即UPF仅作转发，并且被部署在运营商汇聚机房或者园区机房，它同样需要实现上述4个安全要求。

（2）UPF安全要求

核心网功能随着UPF下沉到5G网络边缘，增加了核心网的安全风险。因此，部署在5G网络边缘的UPF应具备电信级安全防御能力。UPF需要遵从3GPP安全标准和行业安全规范，获得NESAS/SCAS等安全认证和国内行业安全认证。部署在边缘的UPF应具备与主流核心网设备的互操作性和接口兼容性。UPF安全要求主要包括网络安全和业务安全。

UPF网络安全要求如下：支持网络不同安全域隔离功能，UPF支持对网络管理域、核心网络域、无线接入域等进行虚拟局域网划分隔离。UPF的数据面与信令面、管理面能够互相隔离，避免互相影响；支持内置接口安全功能，位于园区客户机房的UPF应支持内置接口安全功能，如支持互联网安全协议，实现与核心网网络功能之间的N3/N6/N4/N9/N19接口建立互联网安全通道，以保护传输的数据安全；支持信令数据流量控制，UPF应对收发自会话管理功能的信令流量进行限速，防止发生信令分布式拒绝服务攻击。

UPF的业务安全要求如下：支持防移动终端发起的分布式拒绝服务等攻击行为UPF还须防范终端发起分布式拒绝服务攻击，支持根据配置的包过滤规则（访问控制列表）对终端数据报文进行过滤；UPF应具有协议控制功能，可以选择允许/不允许哪些协议的IP报文进入5G核心网，以保证5G核心网的安全，该功能也可以通过如防火墙来实现；移动终端地址伪造检测，对会话中的上下行流量的终端用户地址进行匹配，如果会话中报文的终端地址不是该会话对应的终端用户地址，UPF就需要丢弃该报文；同一个UPF下的终端互访策略，对于终端用户之间的互访，UPF可以根据运营商策略配置是否允许其互访，UPF还应支持把终端互访报文重定向到外部的网关，由网关设备来决定是禁止还是允许终端互访；UPF流量控制，UPF应对来自用户终端或者应用的异常流量进行限速，防止发生分布式拒绝服务攻击；内置安全功能，内置虚拟防火墙功能，实现安全控制（如UPF拒绝转发边缘计算应用给核心网网络的报文）等；支持海量终端异常流量检测，UPF和核心网控制面需要对海量终端异常行为进行检测，一方面，识别并及时阻断恶意终端的攻击行为，保护网络可用性和安全性，另一方面，识别被攻击者恶意劫持的合法终端，为合法终端提供安全检测和攻击防御的能力。

UPF对终端异常行为可以采取以下安全措施：

通过信令和数据流量的大数据分析来实现终端异常流量检测、异常信令过滤和信令过载控制；针对合法终端被恶意劫持利用的攻击场景，通过对终端的数据流量特征解析和信令行为画像，发现恶意流量及异常信令行为的终端设备，从而有针对性地实施限制和管理。

5.5G 边缘计算安全案例：智慧工厂

（1）智慧工厂概述

智慧工厂是局域边缘计算的典型场景，局域边缘计算场景一般适用于业务限定在特定地理区域，为基于特定区域的5G网络实现业务闭环，保障行业核心业务数据不出园区的需求，主要应用场景包括制造、钢铁、石化、港口、教育、医疗等园区/厂区型企业。以制造行业为例，传统制造工厂主要通过有线网络、无线网络、4G以及近距离无线等几种技术实现联网，都存在一定的弊端，有线网络部署周期较长、部署难度较大，无线网络稳定性不够、易受干扰，4G的带宽不足、时延偏大，蓝牙、射频识别技术等近距离无线技术传输数据量太小、距离受限，因此，我们迫切需要一种具备综合优势的网络技术。

5G网络具有大带宽、低时延的特性，它稳定可靠，其中所用的技术与智慧工厂生产制造过程中的需求较为契合。本案例是一个在智慧工厂实现基于5G的业务应用，包括在产品设备试验和制造过程中的远程监控、可视化及远程指导和理化检验高速协同。整体项目涵盖设备的零部件材料检验、组件装配AR辅助、设备试车过程中的状态问题监控分析、试车过程中发现问题后的远程AR维护指导，初步实现设备试验制造的全流程管理，保障企业安全生产，提高研究和生产效率。

为满足上述场景的业务需求，本案例网络由以下几个部分组成：5G终端，5G基站、5G承载网和5G核心网。同时通过部署边缘计算本地分流的方式实现了用户对本地网络资源低时延、高带宽的接入访问，并实现数据不出厂区。本案例设备均遵从国际3GPP协议规范，并满足99.999%以上的电信级可靠性。

（2）智慧工厂安全

本案例整体设计以等保三级安全要求为基础，结合工厂数据不出园的核心诉求，从终端接入安全、通信网络机密性和完整性保护、企业网络边界隔离、安全管理和审计方面，提供智慧工厂5G网络安全方案。

（3）终端接入安全

插有SIM卡（用户识别卡）的客户终端设备首先向5G网络发起注册流程，即通过5G基站和5G承载网向5G核心网控制面发起注册鉴权流程。该鉴权流程对用户的SIM卡（用户身份识别卡）身份合法性进行认证（5G AKA双向鉴权标准），防止非法用户接入5G网络。

SIM卡的鉴权能力由运营商提供，企业为了自行对行业终端进行认证和管理，可部署企业AAA（网络访问控制的一种安全管理框架）服务对终端设备二次鉴权，确保只有合法用户及合法终端才能访问相应的园区网络。以一个员工进入园区上班为例，主鉴权相当于要员工出示身份证，证明员工可以进入企业园区，二次鉴权则要员工出示企业工卡，同时还要做到人证合一，甚至还可以进一步检验员工是否具备进入园区的某个区域的权利。

（4）通信网络机密性和完整性保护

通过5G空口安全和传输安全机制，实现5G网络端到端的分段机密性和完整性保护。5G空口安全是指5G客户终端设备和5G基站之间无线接口（空中接口）的机密性和完整性。传输安全是指基站到UPF及UPF到企业内网的机密性和完整性。运营商及企业可以部署互联网安全协议以实现传输网络的机密性和完整性保护。

企业自主部署终端和边界安全网关，以实现应用层的通信链路安全，创建本地透传的专用隧道。在保障5G网络端到端的分段机密性和完整性保护的基础上，5G终端还要完成数据网络标识（DNN）签约，核心网控制面根据用户签约的DNN选择对应的用户面网元UPF，UPF和基站作为该用户的上下行专用隧道，确保终端用户数据只在园区5G基站、园区UPF和园区内部网络之间流转，形成一个本地透传的专用管道，达到数据不出园区的目的。

本案例提供的工业级客户级终端设备支持互联网安全协议的加密能力，后续还可通过支持互联网安全协议的5G模组，结合企业内部网络边界部署的安全网关（防火墙内置安全网关），实现用户终端和安全网关之间的互联网安全协议加密和完整性保护，该端到端安全通信链路不依赖于运营商5G网络的安全能力。

（5）企业网络边界隔离

5G网络和企业安全边界隔离：在UPF接入到企业内部网络的核心交换机之间部署防火墙，确保两个网络边界隔离安全。防火墙提供精细化访问控制策略缩小攻击面，并支持流量行为分析能力，及恶意软件检测能力。

防火墙安全策略采用最小授权方式，入防火墙的流量进入Untrust域（不信任区域），安全策略基于协议配置，只容许IKE（一种网络密钥交换协议）和互联网安全协议流量通过。出防火墙的流量从Trust域（信任区域）转发，目的地址为制定的5G终端连接服务器IP+端口号。这样可以确保攻击面最小，对访问权限实施精细化防御。

防火墙配置更改、安全策略阻断、异常流量阻断等都会生成日志，并且发送给安全管理中心，作为合规和审计的数据。

防火墙提供有只读权限的用户界面接口，可以读取配置、查看历史丢包记录，进行初级安全故障处理。

（6）安全管理和审计

通过已经部署在安全管理中心的日志审计系统，可以集中采集边界防火墙中的系统安全事件、用户访问记录、系统运行日志、系统运行状态等各类信息，经过规范化、过滤、归并和告警分析等处理后，以统一格式的日志形式进行集中存储和管理，实现对信息系统日志的全面审计，同时帮助管理员快速进行故障定位，并提供客观依据进行追查和恢复。

6.5G 边缘计算安全案例：智能电网

（1）智能电网概述

广域边缘计算场景可以不限定地理区域，通常可基于运营商的端到端公网资源，通过网络切片等方式实现不同行业不同业务的安全承载，主要应用场景包括交通、电力、车联网以及跨域经营的特大型企业等。

以智能电网为例，边缘计算的部署方式，在满足业务时延和隔离的基础上，主要考虑与电力业务的流向进行匹配，避免流量迂回。根据电网业务特点匹配，智能电网采取省、地、区三级部署方式（即汇聚及汇聚以上部署），其中省、地作为规模推广方式。

省级：主要针对省集中业务（主站在分子公司），UPF在省公司层面部署，卸载本省集中的业务流量，如计量、公车监控等。

地级：主要针对地市业务（主站在地市局），UPF在地市集中部署，卸载本市流量，如配网自动化三遥、配网差动保护、精准负控、电源管理单元、配变监测、智能配电房、输电线路在线监测、充电桩等业务的流量。

区县级（暂不作规模推广）：主要针对特大型城市、变电站/换流站、抽水蓄能电厂等大型封闭区域。针对变电站的高要求场景，既要保障安全性，又有本地卸载逐级分流监控的需求，可采用UPF+MEC按需将以下业务下沉至变电站或区县级：变电站巡检机器人、状态检测、视频监控。

（2）智能电网安全

电网安全是涉及国计民生的大事，因此智能电网作为广域MEC的典型场景，对安全有严格的要求。电网安全隔离要求主要依据来源是《电力监控系统安全防护规定》（国家发改委2014年第14号）、《国家能源局关于印发电力监控系统安全防护总体方案等安全防护方案和评估规范的通知》（国能安全〔2015〕36号）。根据国能安全〔2015〕36号文，电力业务的安全防范需满足“安全分区、网络专用、横向隔离、纵向认证”的原则。

（3）安全分区

电网业务主要分为生产控制大区、管理信息大区两大类。其中生产控制大区包含了生产控制和生产非控制两大类业务。生产控制类业务包括配网自动化实现配网差动保护、配网广域同步向量测量电源管理单元和配网自动化三遥业务等。生产非控制类业务主要是计量业务，实现电能/电压质量监测、工厂/园区/楼宇智慧用电等。生产控制大区业务的共性特征在于点多面广，需要全程全域全覆盖，属于广域场景，要求5G网络提供高安全隔离、低时延、高频转发、高精度授时等能力，还要求用户面UPF接入电力生产控制大区的专用边缘计算。

管理信息大区包含了管理区视频类和局域专网两大类业务。管理区视频类业务包括利用机器人和无人机进行变电站和线路巡检、摄像头监控等，属于广域场景，要求用户面UPF接入电力管理信息大区专用边缘计算。局域专网类业务实现智慧园区、智能变电站等局域场景电力业务，其特征在于有限覆盖特定区域，属于典型的局域专网场景，要求5G网络提供上行大带宽、数据本地化处理等能力，要求其用户面UPF接入电力管理信息大区专用边缘计算；后续根据业务需求，推荐用户面进一步下沉到电力园区部署小型化边缘计算，从而满足数据不出场站的安全需求。

（4）网络专用

生产控制大区业务需与其他业务进行物理隔离。个别生产控制大区业务是在使用无线公网、无线通信网络及处于非可控状态下的网络设备和终端进行通信的，当其安全防护水平低于生产控制大区内的其他系统时，应设立安全接入区，并采用安全隔离、访问控制、认证及加密等措施。典型业务如配网自动化、负荷管控管理系统、分布式能源调控系统。

各大区内部不同业务之间需进行逻辑隔离——可以采用安全隧道技术、静态路由等构造子网，进行逻辑隔离。

（5）横向隔离

横向隔离主要体现在不同分区主站系统之间的隔离。

生产控制大区与管理信息大区之间：必须设置国家指定部门检测认证的电力横向单向安全隔离装置，隔离强度应当接近或达到物理隔离的水平。

生产控制大区内部：不同业务之间采用具有访问控制功能的网络设备、防火墙等实现逻辑隔离。

安全接入区域与生产控制大区相连时，应采用电力专用横向单向安全隔离装置进行集中互联。

承载电力业务的传统网络包括电力专网和公网两大类。专网的物理层主要通过不同波长、时隙、物理纤芯等资源实现物理隔离，逻辑层主要通过虚拟局域网、虚拟专用网络等手段实现逻辑隔离。而对于公网，生产控制类业务需接入安全接入区，管理信息类需接入防火墙。

相较于传统网络，采用5G公网承载电力业务时，引入了全新的端到端网络切片隔离方案。通过MEC+切片，5G在技术上具备了为业务提供端到端物理隔离和逻辑隔离的能力。在物理隔离层面，无线空口侧采用时、频、空域正交资源块传输数据，传送网侧引入了基于灵活以太网技术的硬隔离方式，使传送网具备类似于时分多路复用独占时隙的功能，业务可实现基于时分的网络切割，不同灵活以太网切片之间业务互不影响，核心网侧利用网络功能虚拟化的方式为电网分配独立的物理服务器资源。上述从无线空口→基站→传送网→核心网的端到端切片技术，为电力行业在物理资源层面上隔离出了一张“无线专网”，满足电网业务的安全性、可靠性需求。在逻辑隔离层面，5G网络切片仍然采用虚拟局域网、IP隧道、虚拟专用网络虚拟机等方式进行业务逻辑隔离。

（6）纵向认证

根据5G的通信机制，电网业务在开卡时，预先分配好DNN、网络切片标识（S-NSSAI）等属性。当业务上线时，终端首先附着5G网络，在附着的过程中，完成5G AKA主鉴权，核心网将根据事先分配的DNN、S-NSSAI等签约属性，分配对应的SMF和UPF，建立会话连接。5G通信机制要求用户数据必须先经过UPF再进行转发，从而实现了从终端至基站至UPF的传输隧道，且不暴露在公网上，保障了用户通信数据安全。

但是对于重点防护的调度中心、发电厂、变电站，由于其数据的高度敏感性，应当设置经过国家指定部门检测认证的电力专用纵向加密认证装置或加密认证网关及相关设施，实现双向身份认证、数据加密和访问控制。纵向加密认证装置为广域网通信提供认证与加密功能，为数据传输提供机密性、完整性保护，同时具有安全过滤功能。加密认证网关除具有加密认证装置的全部功能外，还应完成电力系统数据通信应用层协议及报文的处理。

第五章

边缘计算的用武之地

随着物联网的发展，越来越多的智能设备被连接入网，它们产生了大量的边缘数据。过多的边缘数据带来了在数据传输、存储、计算过程中的数据带宽传输能力不足和计算负载过大等问题。为了解决上述问题，研究者提出在靠近数据生产者的边缘设备上增加数据处理的功能，因此边缘计算应运而生。随着边缘计算技术的发展越来越成熟，边缘计算有了广泛的应用，比如医疗保健、工业互联网、智能家居、视频业务、智慧城市以及智慧交通等。将边缘计算应用于这些场景，就可以将计算以及存储的任务分配到边缘来降低云端的计算和存储压力，以解决云计算模式存在的实时性差、运维成本高、数据安全等问题。本章将对边缘计算的主要应用场景进行介绍。

一、智慧医疗

1. 什么是智慧医疗

每个人都面临着生老病死，在这个过程中，我们不可避免地要借助医疗改善身体状况。医疗服务质量直接影响了人们的幸福指数，随着经济的发展，国家也在不断加大对医疗设备的投入。在复杂的医疗环境下，人们发现合理利用数字科技很可能是解决问题的关键所在。于是，智慧医疗的理念诞生了，智慧医疗是医疗信息化发展的产物，是5G、云计算、大数据、边缘计算、人工智能等技术与医疗行业的深度融合。

2018年4月，《国务院办公厅关于促进“互联网+医疗健康”发展的意见》提出推动互联网与医疗健康深度融合发展的一系列政策措施，明确要求提高医疗机构基础设施保障能力，重点支持高速宽带网络在城乡各级医疗机构实现全覆盖。与此同时，现代卫生系统、医院和服务提供商正在部署新工具，并且构建更加便捷高效的新护理模式，以便更好地为患者服务。随着科技的发展，越来越多的医疗设备，如平板电脑、可穿戴设备、健康监测器和人工智能成像系统等被引入医疗环境。

将边缘计算融入智慧医疗具有重大意义，一方面，它可以使医疗服务更加便捷高效，将医疗流程化繁为简；另一方面，它可以提供更公平、开放的医疗资源供给，基于数字化的信息技术可以打破医疗数字信息的“孤岛”状态，实现医疗资源的互联互通，如图5.1所示。

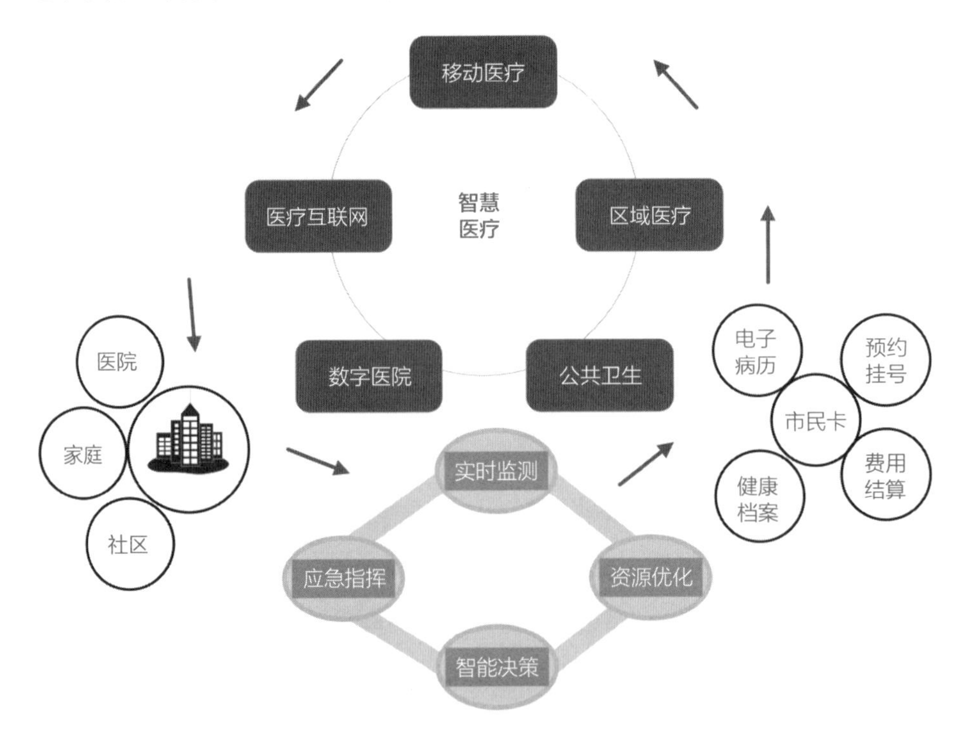

图5.1 智慧医疗生态圈体系

智慧医疗中，可穿戴设备可以让临床医生及时了解重要患者的生命体征，如心率和血压。健康监测器可以收集患者的数据，并根据结果触发相应的行动，从而帮助医护人员进行远程护理，例如，监测器可以监测血糖水平，并将信息发送到配套设备（如胰岛素泵）以给予胰岛素；人工智能成像模型可以检测出X射线中潜在的问题，并优先让放射科医生或内科医生查看这些图像。这些创新技术的潜力是无限的，能带来更好的临床工作流程、更低的成本和更好的患者护理体验。但是这些数字化的边缘设备在带来便利的同时也产生了海量数据。因此，医疗保健系统和健康服务提供者需要合理管理和充分利用这些数据。边缘计算去中心化的特点使数据处理、分析和存储更接近于产生数据的源头，有益于医护人员高效地管理这些实时数据。所以，将边缘计算应用于智慧医疗十分重要。

2. 面向智慧医疗的边缘计算体系

如图5.2所示，智慧医疗的体系架构包含五层，分别为智慧感知层、数据传输层、数据整合层、云计算层、应用层[27]。

图5.2　面向智慧医疗的边缘计算体系架构

（1）智慧感知层

智慧感知层包括数据采集设备和医疗感知设备，主要对医疗数据进行感知采集。

（2）数据传输层

数据传输层通过互联网、移动通信网络和无线网格网络传输智能感知层收集到的数据。

（3）数据整合层

数据整合层通过感知、关联、可追溯等方式，建立集成创新体系和示范动态数据中心，并根据不同类型的数据，完成经验模型库和症状模型库的建立。经验模型可以检测一些物化设备无法检测到的关键症状，如既往病史、家族病史等，以及一些偶发指标，如下午低烧、早晨咳嗽等。

（4）云计算层

数据整合层将数据传输至云计算层。云服务器通过神经元、机器学习等算法将数据处理成医生所需要的信息。

（5）应用层

应用层是结合医疗行业的一些需求实现智能化的过程。它主要用于解决信息处理和人机交互等问题。例如，为在线用户设计一个疾病筛查门户，如果患者对自己的疾病有了初步的了解，就可以通过疾病筛查进一步了解患病的可能性。同时，由于很多线上用户并不了解专业的医疗知识，难以对自己的实际症状进行准确的描述，所以可以设计线下网点，通过线下网点，患者可在具有医学背景的操作人员的帮助下完成人机交互。这样可以有效改善患者体验，减少患者的等待时间。

由此可见，智能医疗边缘计算不仅有助于全球医疗水平的整体提升，也为患者提供了更高效的医疗援助。智慧医疗的应用场景十分丰富，主要有健康管理、医药研发、智能护理、智能诊断、辅助基层医疗、基因与疾病相关性探索和智能器械等。

3. 场景探索

（1）隐私问题的来源

边缘计算助力智慧医疗，在一定程度上可实现医疗信息共享，为患者提供更平等的医疗救助和更精准的医疗服务。而边缘计算有数据规模庞大、数据类型多样、开放性等特点，在助力智慧医疗的同时会带来数据安全及隐私安全等问题。隐私安全问题主要来自物联网的发展、患者权益维护意识、数据增值等，见图5.3。

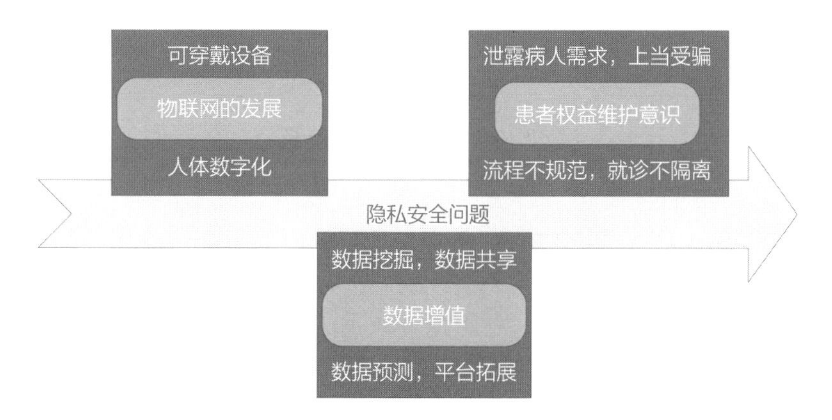

图5.3　隐私安全的问题

边缘计算在隐私保护的核心主要包括四个方面，分别是身份认证、数据安全、访问控制、隐私保护。

（2）核心框架

用户的隐私保护主要针对身份认证、访问控制、数据安全以及隐私保护这四个方面。核心框架如图5.4所示。

数据安全，即对用户数据进行加密，在不暴露用户隐私信息的情况下实现数据的安全共享，在此过程中，使用数据审计保证数据传输的完整性，利用云端和边缘服务器的巨大计算资源同时使用可搜索加密技术，对密文的关键字进行搜索。

隐私保护，即确保用户的身份信息、位置信息等是安全的，不会被攻击

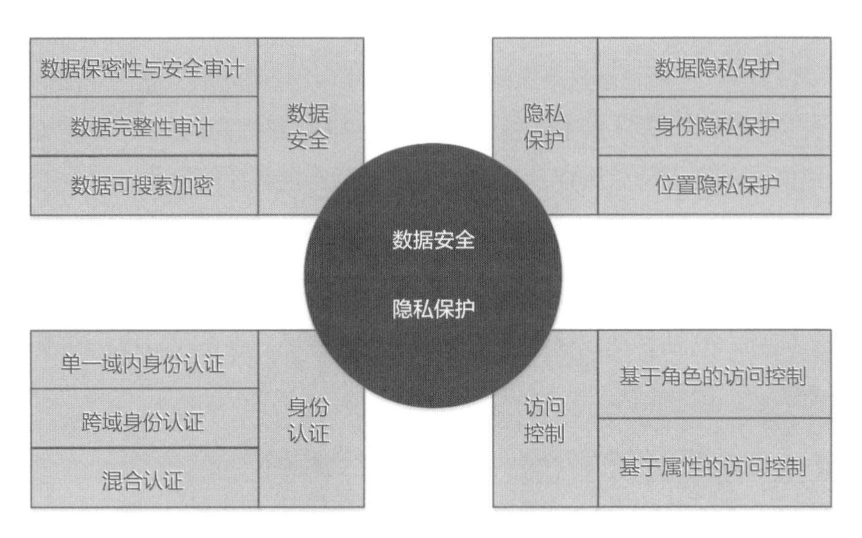

图5.4 隐私保护核心框架

者挖掘。

身份认证，指用户在进行匿名身份认证的时候不会泄露用户的隐私信息，包括三种认证模式：跨域认证、单域认证以及混合认证。用户身份认证的认证方法包括公私钥对加密认证、智能卡身份认证、生物特征认证等。

访问控制，即根据用户的不同身份属性以及角色权限开放不同的数据访问权限，保证用户数据不被窃取，造成损失。

边缘计算除了在安全方面有重大的应用价值，还将重新定义远程医疗。随着5G的发展，低延迟的网速和高服务的质量将给未来医疗带来巨大的变化。

（3）远程医疗

远程医疗，顾名思义，就是指患者不用搭乘交通工具，不用离开家里，就可以通过手机、电脑等智能设备，向千里之外的专家咨询病情，并获得相应的诊断及治疗建议。远程会诊的优势显而易见，方便、快捷、不受空间限制。

边缘计算的出现，或许将重新定义远程医疗的价值。因为在远程诊断的过程中，专家需要与使用设备终端的患者进行实时交流，这就需要依靠5G网络提供低时延、高质量的服务，还需要边缘计算对大量数据进行处理。随着边缘计算的长足发展，实时的人机交互机制将逐渐完善，高清通话、高效数据处理与存储将成为现实。更进一步地，医生可以利用机器人对患者进行远程手术，这将是未来医疗的巨大革新。图5.5展示了远程医疗系统。

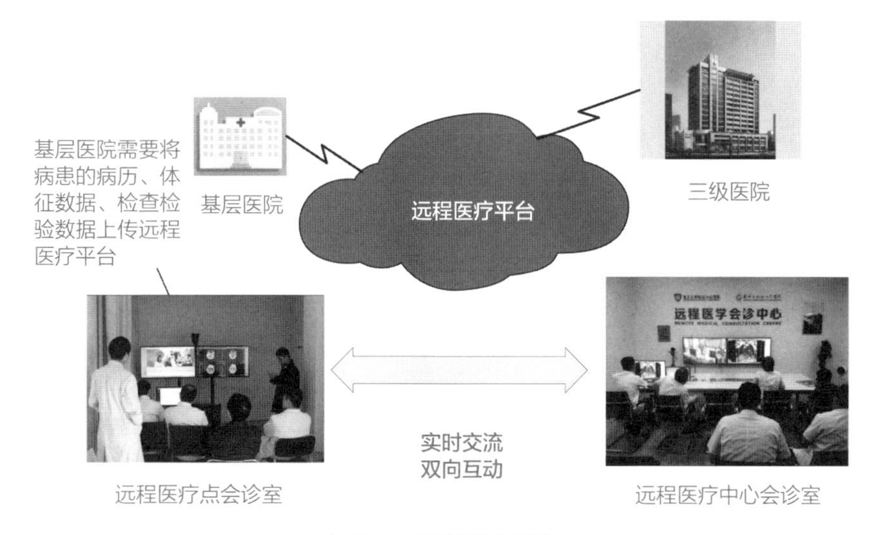

图5.5　远程医疗系统

（4）医疗影像识别

医疗影像识别的任务是要通过医疗影像检测到病理，比如通过影像进行癌细胞识别，现在一般用以机器学习和模式识别为主的算法模型执行识别任务。

如今基于人工智能的系统及应用需要大量的数据和计算支撑，比如医院的电子病历、医疗影像，其数据量一般是在吉比特甚至太比特的级别；这使从数据源调用数据到数据中心来进行分析和处理变得不现实，因为网络带宽、数据安全、隐私泄露和数据产权的问题将导致医疗影像数据不能被共享给他人进行分析使用。边缘计算是指介于数据源到云计算中心的计算、存储和网络资源，其核心理念就是要靠近用户及数据源。将边缘计算运用到医疗影像识别中能够减少数据分析对网络宽带的过度依赖，降低算法计算的延迟，提高整体计算性能；同时针对医疗影像的不同数据源，提供可靠安全的基于边缘计算的医疗影像识别方法及系统。

（5）多接入边缘计算

对于远程问诊以及远程操控，接入设备越多，产生的数据量就越大，这带来了高实时、低时延、高带宽、高效的计算以及严密的数据保护等要求。多接入边缘计算以网络连接能力和IT计算能力为切入点，提供丰富、低时延的边缘应用，构建“云网边端业”一体化服务能力，赋能医疗行业，有效降低传输时延、提升计算效率。下面，我们介绍针对新一代智慧医疗结合不同场景的边缘计算解决方案。

中小型医院。如果是中小型医院或者单院区，则可以将所有的基站集中在一套 MEC设备上，将医疗服务转移到本地，组网方案如图5.6所示[28]。组网方案包括：

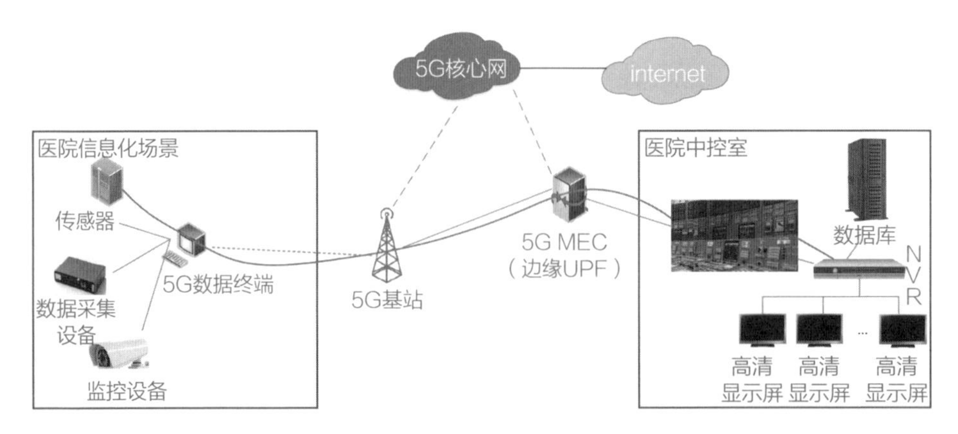

图5.6　中小型医院MEC方案

医院传感器、摄像头等数据采集和传输：5G基站覆盖医院，将医院数据采集设备的数据传输至5G基站，并将其下沉部署至医院的5G核心网络单元，传输至中控室，最后对数据进行分析、存储等。

高危区域的高清视频监控：采用高清摄像机对医院等地区进行实时拍摄，然后利用移动信号接入设备将信号发送给5G基站，将WiFi信号发送给5G基站，通过 MEC设备连接到中央控制室的高清屏幕，实现实时高清监视，并利用人工智能技术对视频进行实时分析来对突发事件进行预警。

组网方式：通过医院配置的 MEC设备进行数据交换，保证了数据的安全性。在组网中，基于医疗设备的通信特点，在5G通用应用方案中，使用了一种行业标准的因特网隧道协议（L2TP，第二层隧道协议），在3GPP R16[①]应用后，利用5G局域网（局域网）的特征来实现二层交互。将 MEC设备置于医院的边缘机房，并在5G独立组网中统一接入管理和信号接续。其线路配置如图5.7所示。

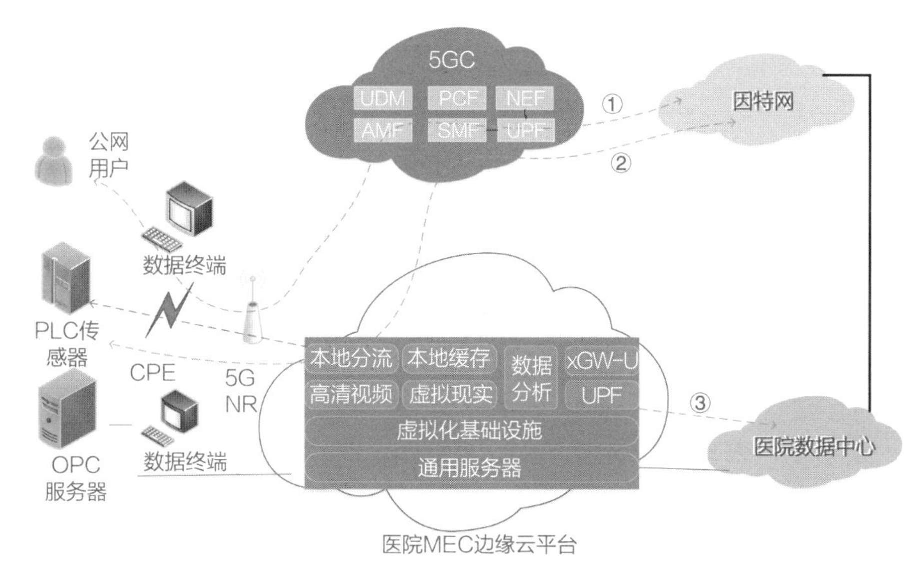

图5.7　中小型医院MEC网络线路说明

大型医院。由于大型医院院区分散，区域面积大，设计者可以在各个院区机房分别建设专享的MEC资源池，并构建统一的运营平台，对各院区分布的MEC进行统一管理和整体调度，在业务层面实现“一点开通，全院复制”[29]。

根据欧洲电信标准化协会相关标准，一般情况下MEC整体架构为全网中心节点、区域中心、边缘节点三大层级，见图5.8。

① 由3GPP（第三代合作伙伴计划）完成的5G标准第二版规范R16。——编者注

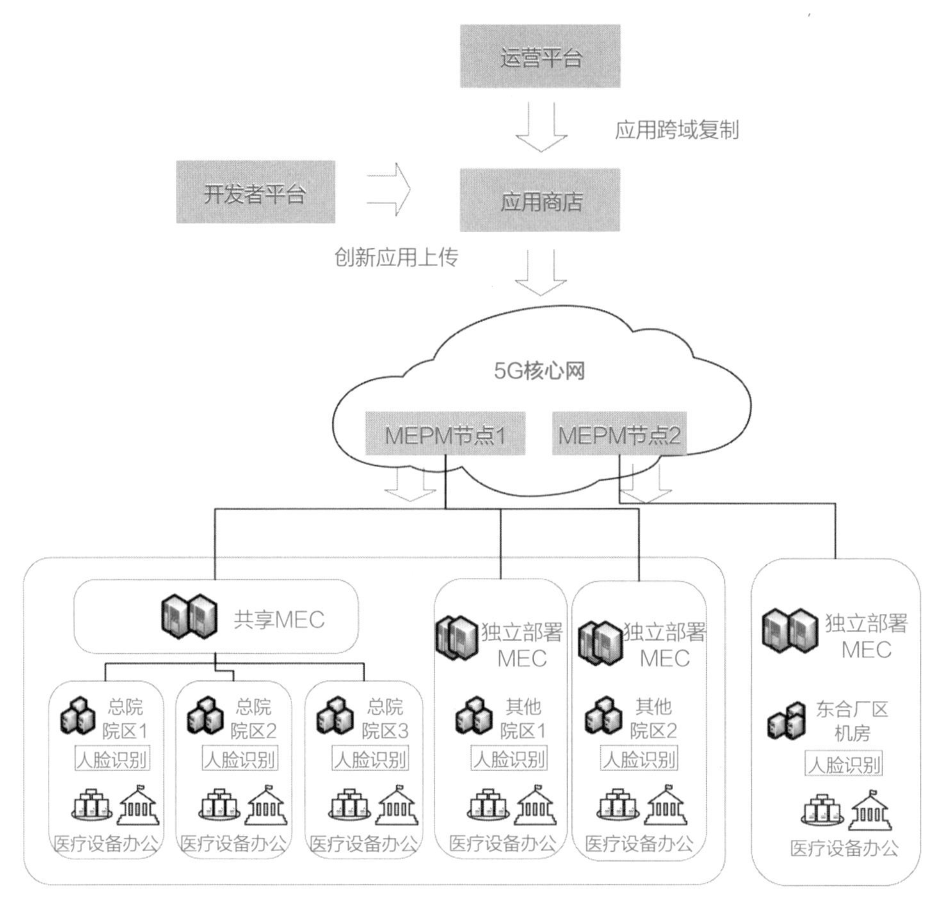

图5.8　大型医院MEC业务层设计方案

一方面，可以将应用集中到统一的运营平台，在边缘端快速部署，同时交付和上线多个区域的MEC服务；另一方面，通过建立高速率、低时延、高带宽5G MEC网络，可以使医院在各个院区的网络部署一体化、设备数字化、操作标准智能化。

总的来说，边缘计算是云计算的一种形式，可以大大减轻从事IT行业员工的负担，为未来的互联网带来极大便利。

（6）边缘计算减轻IT团队的负担

边缘计算作为云计算的补充，允许IT决策者选择工作负载合适的计算位置。这种策略可以帮助卫生系统优化数据的收集、存储和分析效率。边缘计算架构的本地部件可以在健康护理部门的总部或中心的资料库中进行远程配置和管理。这样就可以减少IT团队需要花费的时间，从而更好地处理突发事件。同时，边缘计算系统还具有内建自修复和自动灾难复原的能力。

头脑风暴：

1）什么是智慧医疗？

2）智慧医疗的设备有哪些？

3）智慧医疗中存在哪些亟须解决的问题？

4）边缘计算能够为智慧医疗做出哪些贡献？

二、智慧交通

1. 什么是智慧交通

随着时代的发展，人口密集化程度增加，人们对交通提出了新要求。智慧交通是指将大数据、通信等技术融于一体，建立起一套包罗万象的，能够高效实时处理路况和交通问题的智慧交通系统。

随着社会的发展，人们需要越来越多的信息和物理实体上的交流，其中，信息交流依靠的是通讯，物理实体上的交流依靠的是交通。所以通信行业以及交通行业发展得非常迅速，智能交通领域也一直受到广泛关注。

在未来的智能交通系统中，道路智能化将会是重中之重。有专家指出，未来的智能交通系统将道路智能化划分为三个等级。

首先是C级道路，体现为交通设施信息的数字化，比如将红绿灯信息反馈给车辆。

其次是B级道路，通过路侧的传感器，将道路区域范围内所有的交通参与者（包括人与机动车、非机动车）的精确信息反馈给周边运行的车辆，同时车辆传感器会进行反向反馈。B级路网需要利用边缘计算，包括感知计算和感知融合计算，通过路侧的设施将场景交通的信息反馈给车辆设备，从而对自动驾驶系统提供全域的感知信息。

最后是A级道路，也被称为协同控制，即路侧系统通过全局的规划或者道路的规划，给出控制的指令，由车自己决定运行轨迹。

边缘计算技术通过缩短通讯时延以及全域感知增加了智慧交通的可行性。低时延的特点对未来智能交通的驾驶有很大的帮助，包括交通节点（例如路口）上的人车全域感知，以及高速公路上不同场景的部署。不仅如此，未来的计算需要云、边、端协同计算，而智能交通场景对于计算资源包括带宽资源的要求比很多其他的场景更加高，因此需要结合边缘计算技术提升计算速度。

2. 车联网

车联网的概念源于物联网，即车辆物联网。它以运动中的车辆为信息感知对象，借助新一代信息通信技术实现车与万物之间的联系。车联网提升车辆整体智能驾驶水平，为用户提供安全、舒适、智能、高效的驾驶体验和交通服务，并提高交通运行效率，提升社会交通服务智能化水平。简而言之，未来的汽车不再仅仅是一辆交通工具，而是一个多功能的移动终端。车辆互联不但能让乘客在获取最新资讯娱乐的同时享受更舒适的乘车体验，还能够通过与其他车辆、基础设施与云端的直接互联使驾驶更加安全、高效。

移动边缘计算是对MEC的早期定义，它表示将集网络、计算、存储、应用于一体的开放平台安置在应用端或数据源一侧，提供最近端服务。2016年，欧洲电信标准化协会将MEC的概念扩展为多接入边缘计算， 把边缘计算的接入方式延伸至多种接入方式，不再局限于蜂窝网络。边缘计算实现了更快的网络服务响应，在行业实施业务、应用智能和安全与隐私保护等方面有着很好的表现。相比于主要聚焦非实时的大数据分析应用的云计算来说，边缘计算更加注重对时延和带宽要求很高的应用领域。比如对时延和可靠性要求都非常高的车联网，它在MEC平台上部署C-V2X[①]业务，借助5G、LTE-V[②]等新一代通信技术，实现“车—路—人—云”的协同交互，以降低应用数据的时延和边缘侧的计算和存储压力，提高服务质量。

下面再给大家介绍一下MEC框架，它对整个车联网的体系有着很大的作用。

（1）MEC的参考架构

欧洲电信标准化协会于2016年发布了与MEC相关的3份技术规范，提出了MEC框架、参考架构、相关功能单元及其相互间的参考点，如图5.9所

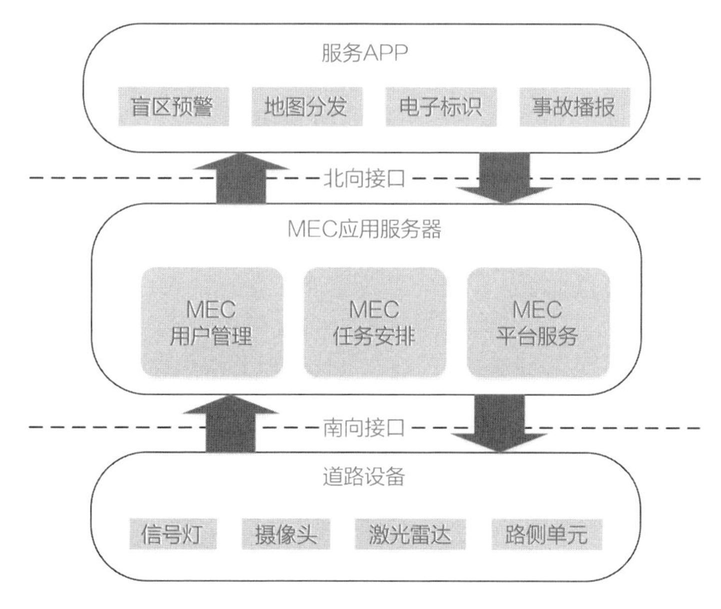

图5.9 车联网MEC参考架构图

① C-V2X是基于3GPP全球统一标准的通信技术，即基于3G/4G/5G等蜂窝通信技术演进形成的车用无线通信技术。——编者注

② LTE-V是一个专门针对车间通讯的协议。——编者注

示。MEC框架主要包括：MEC应用服务器、道路设备、应用服务APP以及衔接三者的南北向接口。其中道路设备包括摄像头、路侧单元等感知设备，它通过南向接口与服务器进行交互，南向接口遵循各厂商的适配规则，将感知数据上传到云。至于应用服务APP，具备电子标识、事故播报等功能，通过北向接口与服务器进行交互，北向接口遵循各外部服务应用的适配规则，比如可扩展通讯和表示协议。上传到MEC服务器中的数据集分为3个层次，包括传感器原始数据集、中间件数据集以及输出数据集，服务器可依据不同的C-V2X应用场景，调用相关的数据集。

在欧洲电信标准化协会发布MEC参考架构和功能单元，目前国内外各标准组织对于MEC与C-V2X融合、面向车联网应用场景的标准化并没有实质的成果或者做出明确的规划，这导致国内的MEC与C-V2X融合的系统架构、功能、性能、开放接口、测试方法等均未形成标准化方案。现在，国内部分企业也开始在一些行业联盟和协会中立项探索MEC与V2X融合接口标准化课题，以解决车联网业务中由于车辆快速移动带来的连续性问题。

MEC架构是有点抽象，不过，基于它能实现的功能，通俗易懂，很贴近现实。

（2）十字路口交通信息感知

道路旁感应装置（激光雷达、毫米波雷达、摄像头等）收集道路数据，然后对路口的车辆、行人、非机动车等交通参与者进行识别、分类，并产生各个参与者的身份识别号、纬度、速度、航向角、加速度、历史轨迹、时间戳等信息，并将其传送至MEC服务器。当网络车辆订购了交叉路口的碰撞警告服务后，将收到由MEC服务器广播的交叉路口交通参与者的所有信息；网络交通工具在收到广播信息后，将其自身的位置与状态信息相结合，实现对网络交通的控制。

（3）闯红灯预警

当车辆通过信号路口时，当信号灯变成红色或处于红色时，如果车辆没有停在停车线上，那么该系统就会检测到该车辆有危险，并向该车辆发出警告，提醒其他车辆不要发生碰撞。通过路侧单元， MEC定期将道路交通状况和交通信号灯的实时状况进行传输；网络车辆根据全球导航卫星系统给出的地理位置，计算出其与停车线路的距离，并根据目前的车速及其他流量指标，估算出其抵达交叉口所需的时间；车联网系统通过将所收到的红灯转换时间和红灯保持时间的数据进行比较，确定是否发出警告。

（4）高精地图分发和本地信息服务

另外， MEC具有较大的带宽和较低的延迟特性，能够为用户提供高精度的地图发布、道路预警等应用。无人驾驶汽车不需要预先储存大量的高精度地图，即可在道路上与周围的 MEC建立联系，实时获得周边地区的高精度地图。

（5）MEC信息服务流程

当用户发出服务请求时，MEC平台将按照不同的应用程序类型来管理和指派处理任务。针对具有高延迟、高可靠性的业务，访问部署在本地或接入层的 MEC接口，完成感知和计算。对于高延迟和可靠性不高的业务，可以在汇聚层部署MEC，甚至是云上部署，此时，路由管理将访问部署在汇聚层 MEC的对应接口，以完成服务。通过消息队列遥测传输协议的广播/订购模式，实现了路旁局部计算设备与 MEC平台之间的通信。比如在交叉口的交通信息检测中， 路侧单元会在100毫秒内定期地发出检测结果，以确保每隔100毫秒就能接收到最新的信息，而未被接收到的数据则会被删除，见图5.10。

通过上述的内容，读者可以发现，其实光靠车辆联网很多时候达不到实时性要求，所以车路协同也成了未来车联网发展的重点之一。

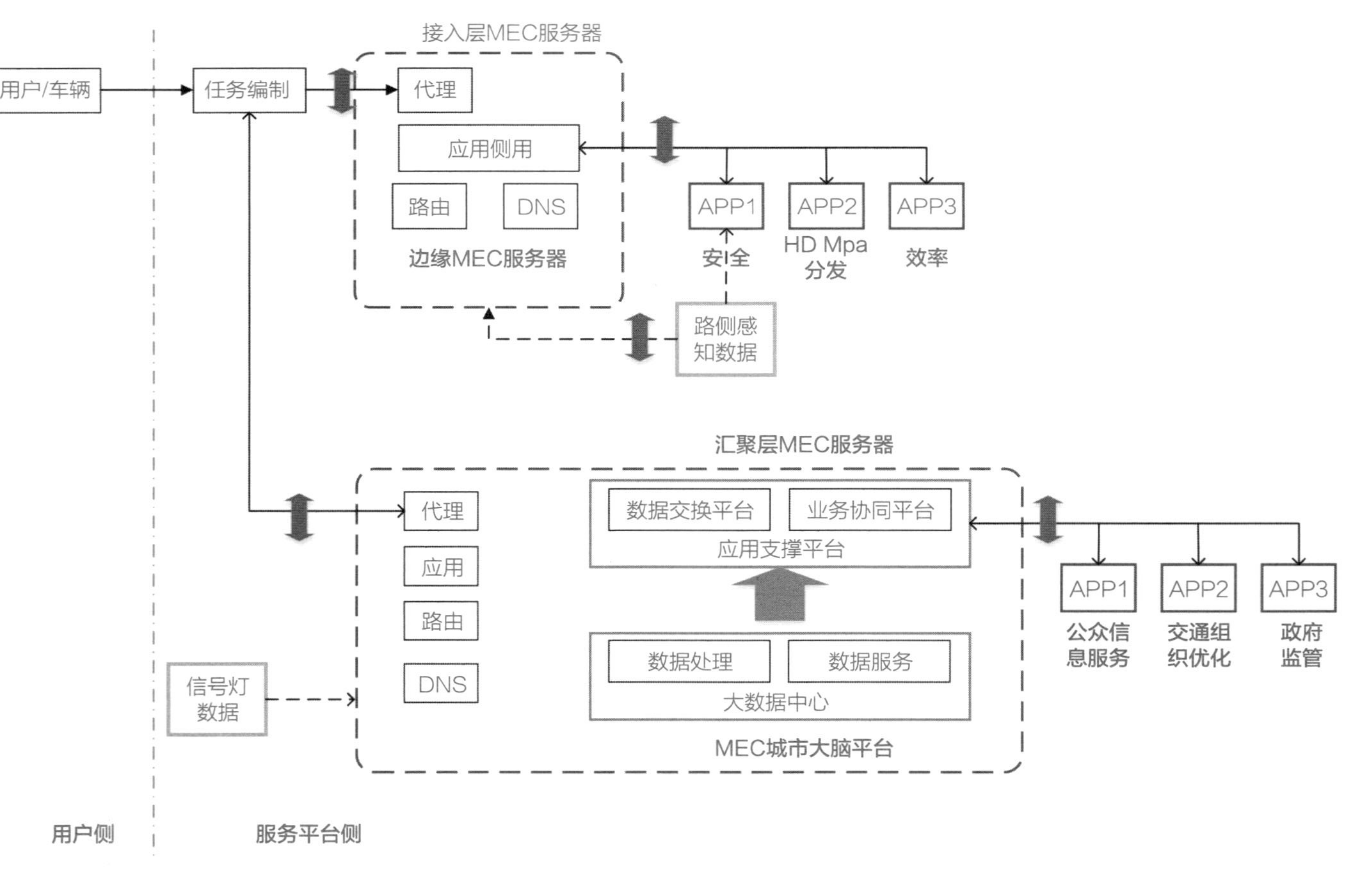

图5.10 MEC车联网信息服务流程

3. 车路协同

所谓的车路协作，就是将车辆和道路连接起来，通过对车辆的各种数据进行分析，从而做出相应的决策。智能车辆和道路的协作是最新发展趋势，它利用先进的无线通信技术、新一代网络技术，实现车车、车路动态的实时信息交互。它还基于全时、空交通信息的实时采集和融合，进行了车辆安全控制和道路协调管理，使人车路协调、安全、高效、环保的道路运输体系得以充分发挥。美、日和欧洲各国在20世纪90年代就已经开展了这方面的研究和探索，而我国在这方面的研究也在十多年前展开。实际的道路交通场景对计算的要求非常高，尤其是在汽车数量越来越多、交通压力越来越大的今天，车路协同系统需要对本地的实时信息进行快速的分析和计算，并将其结果传递到周围的车辆，或者是综合全局的综合信息，以实现对全局的综合分析。在车辆和道路协作方面，边缘计算可以起到很好的辅助作用。边缘计算服务器能够充分利用远程部署的优势，对交通状况进行实时采集，遇到突发情况，则会将其发送至车辆/道路设备，提醒相关方尽快解决；如果该数据有可能影响到整个系统，就会向中央云报告，由中央云来决定是否继续发布，并帮助中心云提供总体的交通情况。

实践出真知，光靠理论知识无法实现融会贯通，所以本小节将简单介绍一下车路协同的模型、架构和方案。

（1）场景模型

本节车路协同方案涉及的高速公路 A为一级公路，具有双向六车道的规模，总长度为18千米，设计时速80千米每小时。该协同体系包括：视频监控（综合治安）、网格管理、城市应急指挥、智能城市管理等多个领域。通过与需求方的交流及实地观察， A路段的施工需要覆盖全部的监控视频，可完成高清晰度的视频的实时传输，具有较高的吞吐能力和较低的延迟；可完成人员识别和目标识别等功能；可完成数据的存储功能，并在指定的时间内完成录像文件的保存。高速公路 A节点建设比较分散，节点距离终端比较近，这些节点包括高清视频监控、交通监控摄像机、电子警察摄像机、交通信号控制器、交通引导显示屏、交通事故监控摄像机等。这些服务要求带宽很高，延时很低，连接数量很大，可靠性也很高。

（2）车路协同系统及边缘计算组网架构

车路协同系统组网架构如图5.11所示。在这个场景中，边缘节点快速响应路口实时出现的意外状况，中心云则统一处理计算量大的全局数据。

例如，在接收到行人的警示时，当车辆进入十字路口，通常会放慢车速，避免与行人或非机动车相撞。在现实中，因司机视线盲区、行人违反交通规则，交通安全事故时有发生。车路协作系统通过设置摄像机和毫米波雷达进行实时监测，并根据实时的行人位置和交通信号的状况，向司机发送红色或者接近车道的行人信息，帮助司机做出相应的减速判断。同时，边缘云还能向中央云层报告经过初步分析的行人数据，然后由中央云层根据大数据对行人的行为做进一步预测，并将距离较远但正在接近的行人信息添加到交通工具中，从而进一步减少交通事故的发生。

（3）边缘计算节点部署方案

基于上述体系结构与模式，我们能够实现边缘计算的方案部署。在考虑A段的交通量、施工进度和周边环境条件的基础上，我们可以将移动集装箱部署在高速公路A的边界计算节点，利用已有的运营商链路连接到数据中心的云平台。相对于传统的户外机模式，移动边缘计算节点具有灵活部署、云边协同、运算灵活以及一次可交付的优势。本方案可快速定制，不受季节因素的影响，施工周期较短，与业主单位的施工要求相适应，具有很好的示范意义和应用前景。

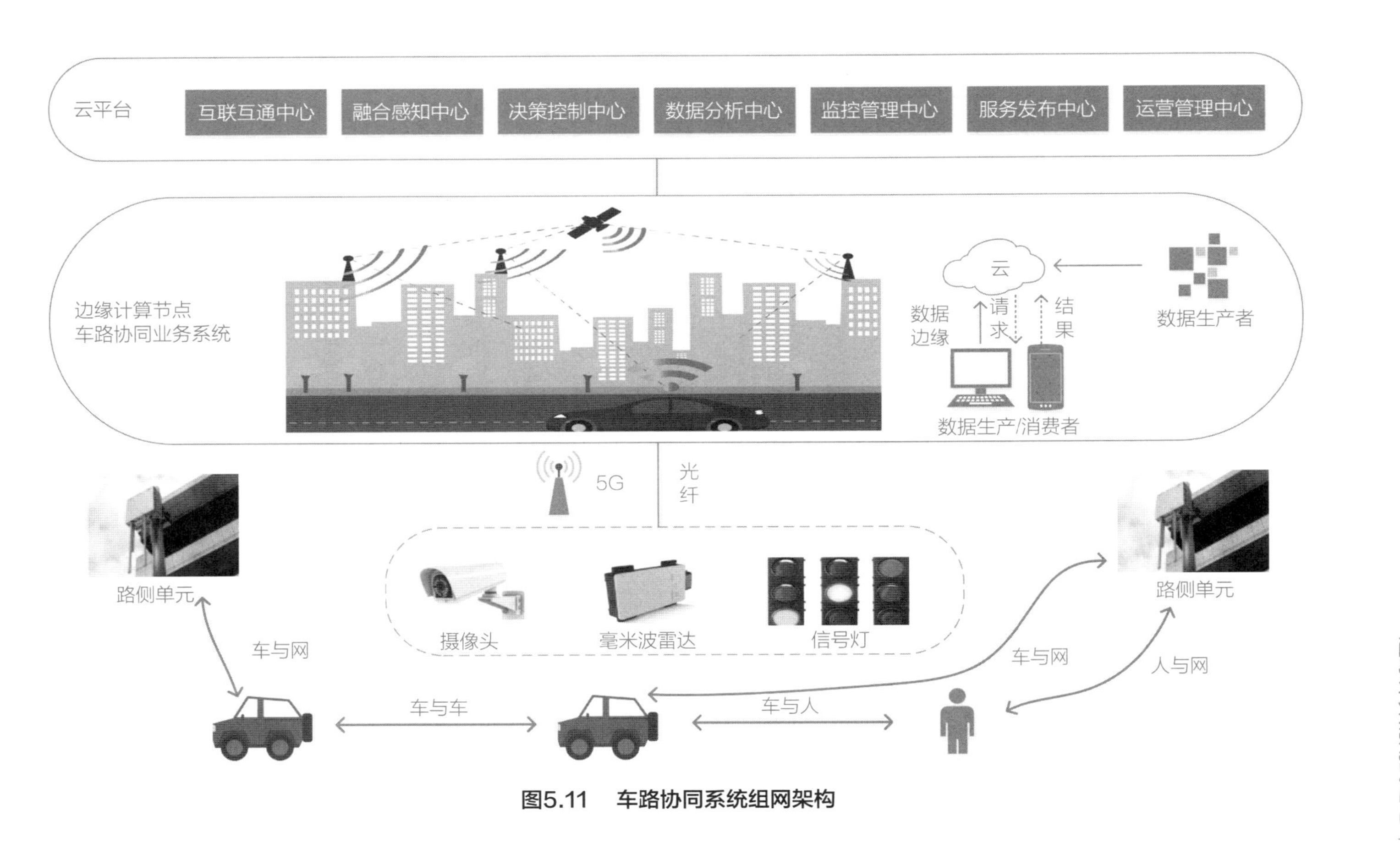

图5.11 车路协同系统组网架构

4. 智能汽车柔性生产

近年来，随着汽车联网、智能汽车、自动驾驶等领域的迅速发展，汽车工业也从快速发展变为高质量发展，与此同时，国家也在大力推动智能制造和柔性制造的快速发展。当前，我国汽车智能化和柔性制造的转型还处在起步阶段，随着国家政策的推进，国内各大汽车企业纷纷进行智能化改造和提升，而在这次新冠感染疫情期间，比亚迪公司迅速对汽车生产线进行了紧急生产，显示出中国的柔性制造水平。近年来，5G网络、人工智能、边缘计算等新技术与汽车制造产业的融合将促进汽车产业的新生态、智能汽车柔性制造、自动驾驶和汽车制造的融合。

（1）5G+边缘计算智能汽车柔性制造技术及系统要求

柔性制造是指利用物联网、人工智能、云计算、数字孪生、大数据等技术对传统制造业进行赋能，以达到最优的配置。在这个过程中，利用计算机辅助设计和计算机辅助制造技术建立虚拟原型技术，建立虚拟仿真平台，可以实现虚拟评价和产品开发的智能化；采用数字孪生技术，可实现生产过程的数字化，生产制造的标准化，生产设备的智能化管理；利用人工智能与机器视觉技术，可对产品的表面裂纹、磨削废料、压力损伤、挫伤等进行识别；运用大数据技术，可整合全流程与企业的数据，实现全流程可视化、全生命周期的跟踪与生产流程的协调。在智能汽车的柔性制造过程中，将机器人应用于标准、重复操作等工序和关键部位，能够极大地提升生产线的生产效率。工业视觉是在制造过程中，由计算机视觉替代人工进行质量、完整性等检测工作，目前，以人工智能为基础的工业视觉技术已经在智能汽车制造领域得到了广泛的应用，为制造业的柔性提供了有力的支持。汽车制造的柔性化发展，使得工厂对高性能、灵活的网络有着越来越高的需求，5G网络可以提供足够的带宽，以满足生产和管理的需要，而5G+工业网络则可以促进企业上云。柔性制造技术通过优化网络设施，提高设备的互联程度，加速各种应用的集成和云化的迁移，实现工业数据的采集、分析和云端的汇集，从而提升智能汽车智能制造的网络化、智能化水平，利用“云计算”的分布式模型，实现仿真评估、数字孪生、工艺模拟、虚拟工厂等方面的应用。

（2）5G+边缘计算架构

我国的柔性制造技术与国外相比还处在起步阶段，目前很多汽车工厂都能收集到大量的生产数据，但是系统的封闭性导致了数据孤岛。5 G通信技术能有效地减少网络的延迟，增加网络的带宽利用率，并能有效地保证数据的稳定传输。边缘计算采用容器技术，实时获取各种设备的异质数据，并为其提供了支持深度学习的弹性计算资源。同时，边缘计算资源的分配能够保证对小型区域的数据进行离线处理与分析以及对各种数据的安全传输与处理。在边缘端，我们可以将已处理过的资料上传到云端，用于分析和建立模型，为各种情况下的故障预报提供数据依据。工业生产流水线的设备资料主要有采集和指令两部分。其所收集的数据是一种状态数据，主要是来自工厂生产车间的数据，例如质量数据、车间环境数据、安全监控数据。指令数据是控制数据，它主要是将控制、管理、配置等数据传递给生产设备。针对生产车间设备升级的现状，多数采集和指令数据都要分别进行。

数据采集方案主要包括：

工业装备的无线网络化改造：目前，在工业园区中，WiFi是目前最主要的接入方式，但是由于其抗干扰能力和安全性等缺陷，使得网络的连通性性能不稳定，很难满足工业环境下的网络传输质量要求。为此，本节提出了利用5G网络技术，将设备端的数据传送给位于工厂内的边缘网关。图5.12显示了5G+边缘计算的柔性制造系统的体系结构。

数采网关：在产线上部署的5G/F5G[①]数据采集网关，分析、封装、处理

① F5G：第五代固定网络。——编者注

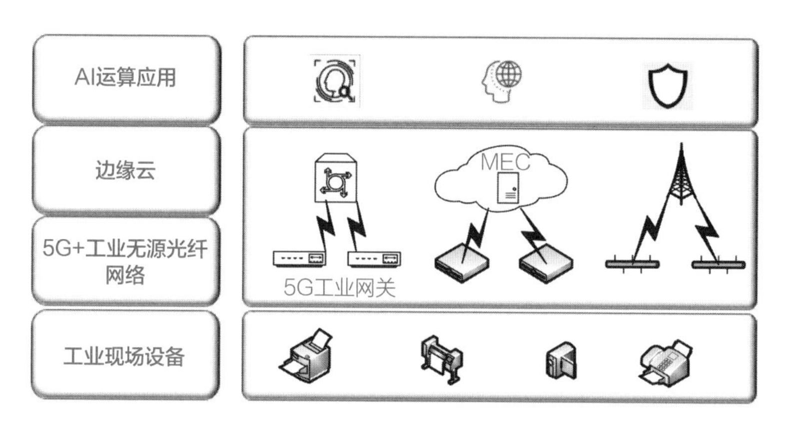

图5.12 5G+边缘计算智能汽车柔性制造系统架构

数据。

5G+MEC：应用5G技术，在MEC的分流作用下，将MEC系统下沉到厂区的边缘，并在MEC上对采集的数据进行局部处理，再由MEC向设备发送决策命令。

区域资源池：采用云平台的资源池分配方式，将对延迟不敏感的数据存储到所在地区的资源库中，然后由资源库中的人工智能加速装置对其进行训练和优化。5G与MEC技术相结合，可以实时分析、处理工业生产过程中的设备数据，并进行数据采集、分析、优化，提高生产效率。

（3）安全质量检测与安全生产监控

感知、分析、决策和执行是实现汽车柔性生产过程的关键，而在生产过程中，可视化是实现高效感知的关键。因此，在这一点上，监控是非常重要的。机器视觉利用传感器等感知设备来替代人类的眼睛进行检测和识别，是影响到汽车智能化制造的一个重要环节。5 G+边缘计算的智能汽车云边端应用测试系统在边缘端部署高实时模块，在云中部署模型培训模块。配置摄像机、工业照相机，实时监测生产环境、产品质量、员工标准等；利用模型修剪和模型压缩技术，实现高精度和高速度；将通过边缘端摄像机采集的视频数据输入到多级工作服的检测模块中进行视频流处理；通过对视频流的分析，提取出云边协作训练的相关数据；实时采集边缘上现有的计算资源和硬件设备，通过循环神经网络获得最优化的模型的参数，然后向控制模块发送压缩命令。

工业质量检测。为提高检测精度和工作效率，本文提出了一种基于5G宽带网络的工业可视化技术，并在此基础上实现了对产品质量的检测和识别。图5.13显示了5G+边缘计算的智能汽车柔性制造云边端系统的结构。

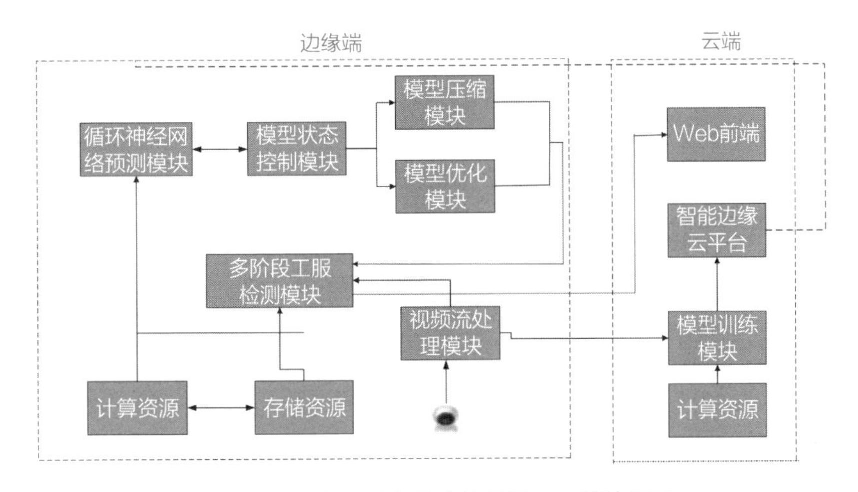

图5.13 监控系统架构在边缘端、云端的部署

5G+边缘计算智能汽车柔性制造云边端系统，支持多个协议，可对各种相机进行高效的控制：在流水线上安装高速、高灵敏度的工业照相机，从多个角度进行图像采集。

5G+边缘计算智能汽车柔性制造系统云边端系统中，云平台被用于数据分析和处理：深度学习模型被建立在训练和测试图像上，通过对边缘数据进行分析处理，从而发现产品存在的问题，如表面裂纹、磨削废料、压力损伤、挫伤等。5G+边缘计算的智能汽车柔性制造云边端系统能够实现对应用的全寿命管理，并能实现可视化的迭代，其结构如图5.14所示。

我们利用5G+边缘计算技术，实现了基于5G+边缘计算的智能汽车柔性制造云边端系统的可视化展示。可视化技术取代手工质量检验，能有效地改

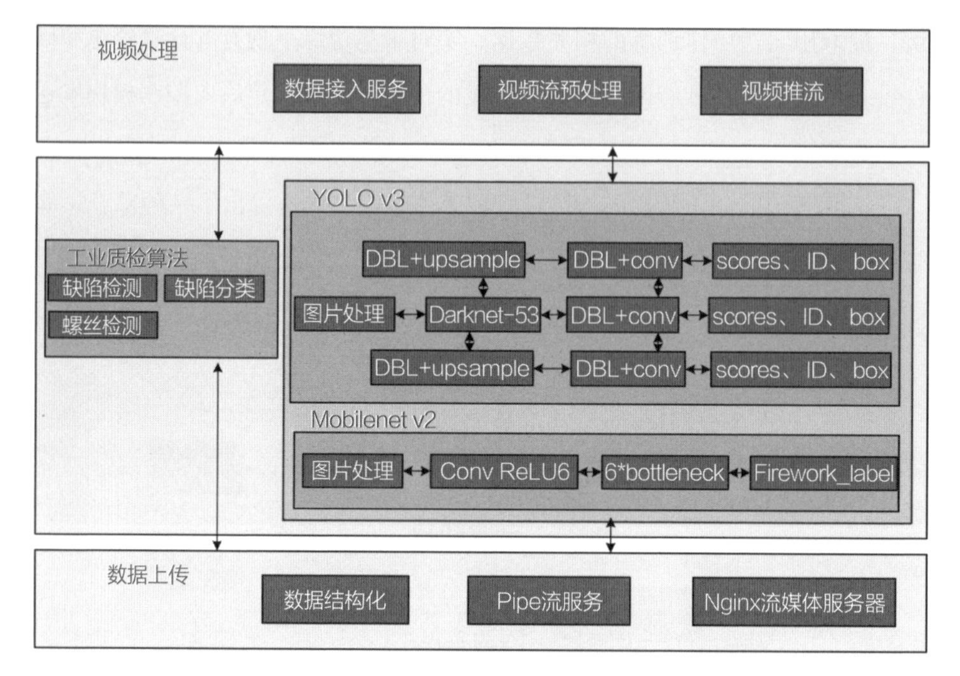

图5.14 基于5G+边缘计算+人工智能的工业质检框架

善质量检验的安全性、准确性、稳定性和质量检验的效率，减少人工费用，并能及时地检测出缺陷元件和缺陷类型，从而提高产品的质量和质量。

安全生产监控。安全生产是企业的永恒主题，它包括企业安全、环境安全和设备安全。安全生产监控是将摄像机和边缘计算网关配置在设备和生产线周边，并以5 G为基础，采用基于深度学习的机器视觉在线监测技术对安全生产进行监测。

将摄像机和边缘计算网关布置在产线四周使得5G+边缘计算的智能汽车柔性制造云边端系统能够实现多协议的充分利用；该监控系统在边缘端进行数据分析、处理和响应，对摄像机上传的图像数据进行快速处理，并对其进行实时监测和应急报警；5G+边缘计算的智能汽车柔性制造云边端系统能够实现全寿命管理，并支持智能摄像机的配置和更新；该监控系统将有效数据上传到云计算平台进行建模培训，并在边缘端对故障进行预报；运用可视化技术对安全生产进行监测，能有效地减少设备的监测费用，改善设备的运行稳定性；该监控系统能够及时地对安全信息进行反馈，防止意外的发生；如果发现有不安全和不规范的行为，则会向员工发出警示，提醒他们改正错误，并提升工厂的作业安全水平。本系统的测试精度可达99%，较以往的测试精度高3%。

三、智慧城市

1. 什么是智慧城市

经过前两节内容的介绍，我们已经了解了边缘计算与医疗和交通的密切关系，从这一节开始，我们要讲解边缘计算与城市的结合。

智慧城市是以信息和通信技术为基础，通过感知、分析、整合城市的关键信息，对与民生、环境和公共安全有关的重要信息以及城市服务、商业活动等作出智能化反应。智慧城市的本质就是利用现代科技对城市进行智能化的经营管理，从而为城市居民提供更加优质的居住环境，推动城市的和谐持续发展。在中国，智慧城市已经进入了现代化的发展时期，而智慧城市的发展则是一个具有中国特色的现代化城市信息范例。智慧城市的理念就是要创造一个“宜居、舒适、安全”的城市居住空间，提高城市的综合管理水平、经济建设水平和民生服务水平，以达到“感知、互联、智慧”的目的。要想达到这一目的，就必须要有技术上的进步与革新。所以，智慧城市建设是一个包含大量信息系统建设、科学应用综合技术的大规模信息系统建设项目，它将推动整个城市的基础建设，并支持和促进城市的工业的发展。物联网技术在信息化建设中起着举足轻重的作用，而在物联网中的应用也必然离不开边缘计算。从网络铺设、传感器安装、系统平台搭建到全面的数据收集，边缘计算在智慧城市中具有广泛的应用前景。例如，通过在道路两旁的灯柱上设置感应装置，可以方便地采集到街道的地面状况信息，并对空气质量、光照强度、噪声水平等进行监测；在路灯出现故障时，可以及时向维修部门报告；在电梯内部设置感应器，对电梯的载客人数、运行时间进行采集，并将数据上传到云端，对电梯运行情况进行统计和分析，并对故障原因进行排查；在商用建筑停车场设置停车感应装置，方便业主管理停放的车辆；通过对停车场信息的收集、分析和合理分配，形成一个完整的停车场感知体系，在某种意义上解决交通高峰时期的“停车难”问题。

上面为简单的举例，在智慧城市中，边缘计算所起的作用体现在以下几个方面：海量数据处理、降低时延以及位置感知。

在智慧城市的构建过程中，仅靠一个统一的中心化的云计算模型是不能解决一切问题的，因此我们必须将各种不同的计算模式进行整合。边缘计算遵从最大限度地向数据源移动的原理，在边缘端处理用户的需求。在智慧城市中，边缘计算具有如下优点：

海量数据处理。一座人口密集的大城市每天都有海量的信息生成，若将这些信息全部交给云端管理，势必会造成庞大的网络负荷，以及极大的资源消耗。若可以就近处理数据，并将其置于数据源所在的局域网中，则可大大减少网络负荷，并提高数据的处理能力。

降低时延。在大城市中，许多业务都需要具备实时性，这就需要更快的反应速率。例如，在医学、公共安保等领域，采用边缘计算技术，可以缩短网络中的数据传送速度，从而使网络的组织更加简单；而数据分析、诊断和决策都可以通过边缘节点完成，以提升用户体验。

位置感知。对于某些基于地理位置的应用，边缘计算的性能优于云计算。例如，通过定位，终端可以将相应的定位和数据传递到边缘节点进行处理，边缘节点则可以根据已有的数据进行判断和决策。在整个流程中，网络的开销最少，用户的要求很快就被回应了。

下面给大家介绍一下智慧城市的系统架构，它主要基于边云协同的架构。

2. 边缘计算赋能的智慧城市系统架构

（1）基于边云协同的城市交通整体架构

整个城市运输体系结构以“中央大脑”为基础，与“边缘服务器”共同发展，实现上层与下层、整体与局部的一体化，形成“中央大脑+边缘服务器”的双重管理方式。在这样的双重控制方式下，我们需要在中心脑和边缘服务器之间建立和发展灵活高效的信息通讯协议。

中央大脑。中央大脑是一组可以在需求时进行动态扩展的业务簇，它具备全局信息视野、计算能力、存储能力和人机互动能力等，适用于对整个城市进行综合分析和发布宏观调控指令。它采用自定义网络的方法将外围计算服务器进行智能化装配，形成整个城市的运输系统。中央大脑的主要优点是具备可扩展的信息处理功能以及全局信息管理功能。

边缘服务器。边缘服务器因为最接近城市网络中的感知终端，所以能够最准确地感知到车辆的行驶状态，并对车辆的故障进行快速判断，从而在第一时间做出有效的应对措施。它在实时性、可靠性、安全性和局部数据的处理上都有着明显的优越性，能够对局部地区的监测结果进行最优的实时控制，并且与中心的调度方案一致。

控制协议。一个合乎逻辑的控制机制可以将中枢和外围的功能分离，让中央大脑摆脱那些复杂的硬件连接，将运算的力量运用到海量的数据上；并在此基础上实现边缘计算和控制区中各硬件的协同工作。

具体的城市交通整体架构如图5.15所示。

（2）边缘服务器的主要功能

边缘服务器具有数据计算、网络存储等功能，它可以从边缘设备接收到感知数据和请求，经过计算和处理后，将处理后的数据反馈给边缘设备，从而实现对边缘设备的控制。它的主要功能如下：

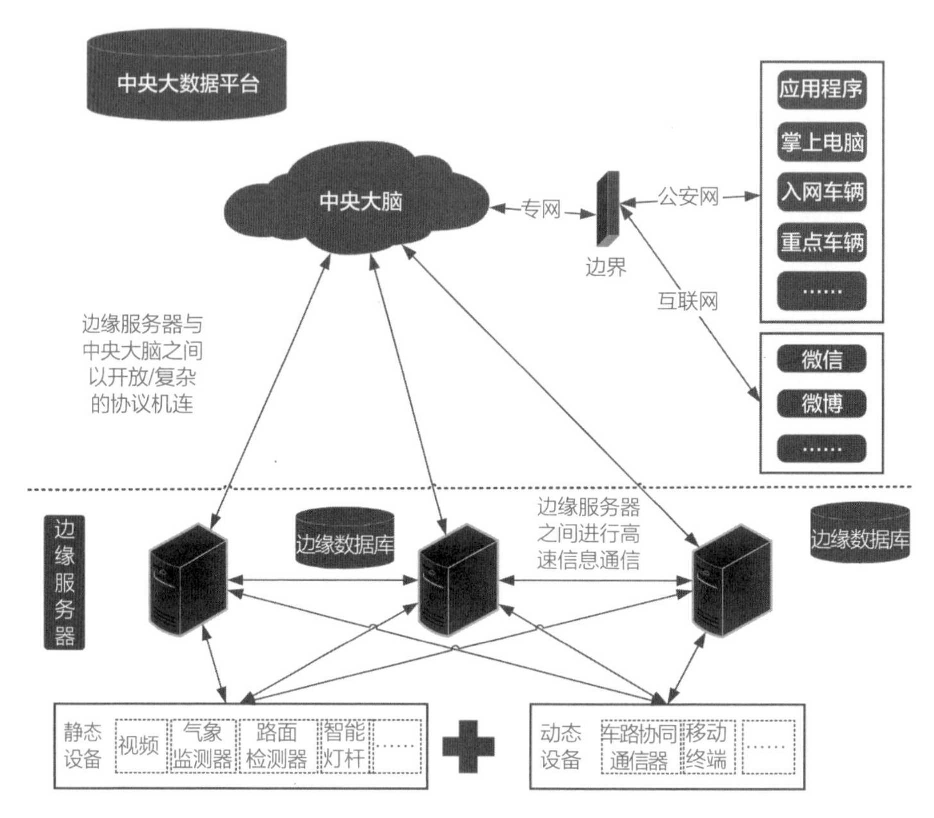

图5.15　城市交通整体架构

根据中央大脑的需求，将各种智能硬件连接起来，从而完成对车辆的实时监控和实时监控；

监管数据质量，包括数据清洗、质量监控和数据规范化；

分担海量多源数据（例如视频、图片）的存储压力，上报必要信息给中央大脑进行处理；

分担中央大脑的运算任务，完成区域内的交通阻塞和时间的分析计算，并将分析结果反馈给中央大脑；

根据用户的要求，在边缘服务器上共享或实时访问各种类型的数据；

监控数据访问，分享、分发和管理数据；

采用中心智能控制系统，完成系统信号的最优控制；

自动化运行维护，进行自动的监测和警报，并在遇到故障时通知维修人员。

将经过中央大脑训练好的执法算法在边缘实现；

在车—路系统中，为汽车和行人的智能终端提供一个可动态访问/发布的网络接口。

（3）双层架构中边缘侧的特点与优势

利用边缘计算流量控制系统，可以分担云端数据处理系统的运算与储存，以降低系统的硬件配置要求，从而降低了建造成本。从感应硬件的设置上看，过去针对不同的用途，需要有针对性地建造不同的外部设备，这导致外部设备的复用性较差；而采用可插拔的方法将外部装置与边缘计算流量控制系统相连接，既能对现有的外部设施进行再利用，又能有效地减少外部设施的重复建造成本。

利用边缘计算流量控制器，可以使各边缘装置相互连接，以达到协同控制的目的，从而提高整个交通的综合管控能力；利用接近边缘设备的优势，能够对紧急情况进行更迅速的判断，并预先嵌入各种交通计划，从而达到对事故的迅速处理；在处理的同时，流量控制器还可以通过对车辆的实时情况进行动态的修正，提高事故处理的效果。同时，在中央通讯出现故障时，动态修正功能能够确保在边缘计算流量控制服务器所能控制的区域内进行流量管理，提高整个网络的鲁棒性。当某些边缘装置所收集到的资料有问题时，流量控制器可以根据周围装置所收集到的数据对其加以补充，以提高其容错性。

该系统既能够支持诸如自动驾驶等新兴的应用领域，又能支持诸如稽查布控等应用场景。

3. 智慧城市视频网联服务平台

通过前面的讲解，大家想必也已经想到了，城市的智慧化需要数量庞大的数据采集终端作为辅助工具。不错，针对智慧城市中海量的数据和不同的服务，我们需要一个庞大的视频网联平台来为用户提供服务，毕竟，城市不像车辆那样，只需要一个小小的平台或者摄像头就可以解决。

在智慧城市中，通过应用MEC分流网关和 MEC技术实现了智慧城市的智能视频网络连接。通过5G边缘计算能力，实现了视频计算与存储的前置处理，从而提升了视频网络业务的处理效率和业务性能。智能视频网络服务系统的主要架构包括“一云一边一端四平台”。“一云”是由硬件资源池、操作系统如云海OS[①]、PaaS产品如云海IOP[②]组成的云平台，用于支持云体系结构的运营。“一边”是指在移动设备的边缘设备上配置 MEC分流网关、构建MEC系统、提供边缘计算和存储等业务。“一端”包括终端和边缘设备，即各种视频、图像、数据采集终端和边缘计算设备，比如智能摄像机。“四平台”主要是视频网络融合平台、视频赋能平台、综合运维管理平台、能力开放与运营平台。视图联网融合平台具备视频的接、转、存以及播放、分发等基础功能。视频赋能平台含视图人工智能和视图大数据两个子系统，具备人脸识别、车辆识别、视频结构化等功能，为上层应用提供结构化数据，并对新的场景进行建模训练。综合运维管理平台能够对视频资源和后台资源进行全生命周期管理，主要功能包含视频建设规划、运行监控、性能优化等。能力开放与运营服务平台为高层系统提供接口，将视频网联服务平台功能项目进行归类、打包，并以云计算形式提供给开发者和运营者。

---

① 云海OS：中国首款云数据中心操作系统。——编者注

② 云海IOP：浪潮公司旗下的一款助力行业云平台建设的平台即服务产品。——编者注

4. 边缘计算使小区更加安全

（1）基于边缘计算的小区安防系统架构

以云计算平台为基础的安防系统存储能力强，数据处理灵活，而监测前端要将数据收集到云端，经过云服务器反馈处理后再进行下一阶段的处理。这样做可能会造成数据处理的主要工作都集中在云端，增大了云端服务器的负载，进而导致回馈到应用程序端存在传输延时。基于边缘计算的小区安防系统架构边缘设备、边缘网关、边缘服务器，以及云计算中心之间的关系如图6.16所示。虚线表示边缘区，每个边缘区包括边缘服务器、边缘设备和边缘网关设备，也就是说每个边缘服务器都能对邻近的设备和资料进行近距离的操作，而无须向云端平台提交全部的数据和服务。

边缘设备由单元楼、路口监控摄像头、智能门禁终端、传感器等组成，这些设备由不同的通讯协定连接至系统，并将所收集的数据经由无线传送至各边缘节点。

边缘网关设备主要实现边缘设备的接入和设备间的互联互通，利用网关可以动态地增加设备，小区业主可以在家里安装监控等设备，并添加设备详细信息进行注册；同时设定报警机制，监测各个设备的工作状态，设定设备的业务逻辑，对符合故障状态的设备进行预警报警、智能故障诊断和服务执行、远程诊断和预防维修。

边缘服务器能够控制边缘设备、处理单个数据等，它还能将数据处理过程中的复杂数据上传到云计算中心。同时，该边缘服务器可以直接对包括监控摄像头、摄像存储设备、安全监控设备在内的边缘设备进行直接的注册和管理。

云平台对每一个边缘服务器上传的行为进行分析，然后将风险信息提交给物业和有关的工作人员进行审查。云平台针对类似入侵、火灾等突发状况进行建模，并进行定期训练更新，然后将其反馈至边缘服务器；当遇到类似的状况时，边缘服务器可以与有关单位直接沟通并进行处置。

通过云计算平台，我们可以远程对边缘计算服务器的软件（网关和服务器软件）进行升级，并对其进行远程监控和管理，如图5.16。

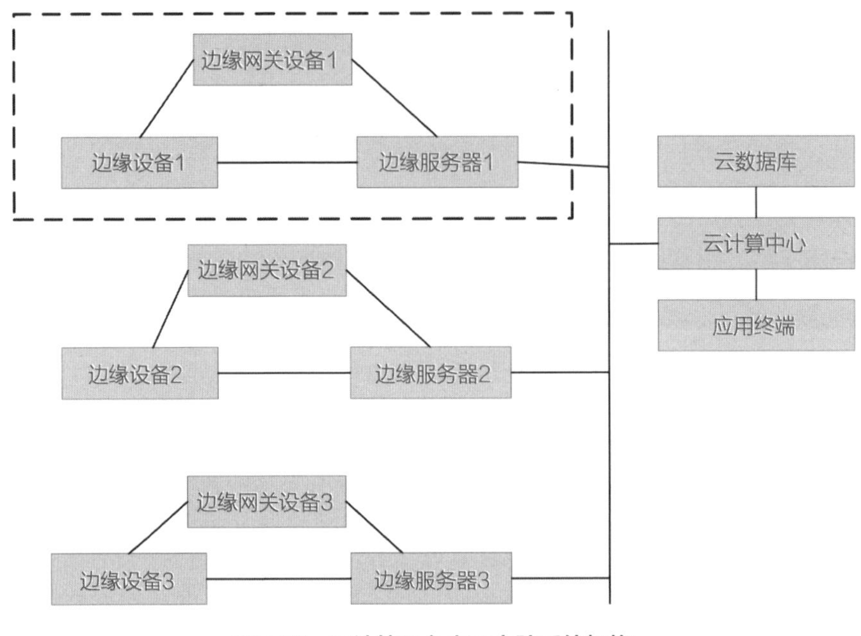

图5.16　云计算平台小区安防系统架构

云计算中心仅需要对来自边缘服务器的数据进行分析训练，剔除多余的信息，并将其一部分或所有的数据迁移到边缘——这无疑减少了云计算中心的计算、存储和网络的带宽需求。

（2）数据处理流程

边缘运算下的小区安全体系结构的数据处理过程是：将边缘设备的数据以无线方式传送给边缘服务器，再由边缘服务器对边缘设备进行直接管理控制。设定传感器危险行为阈值，并以此为据判断是否有火灾、煤气泄漏等危险情况发生，针对视频监控，利用深度学习等智能算法，在边缘服务器上进行数据预处理（例如，视频帧的筛选、视频压缩等），将预处理后的数据传送到云计算中心。数据处理流程见图5.17，边缘服务器可以完成对数据的简单判定，复杂的数据会被传送至云计算中心。

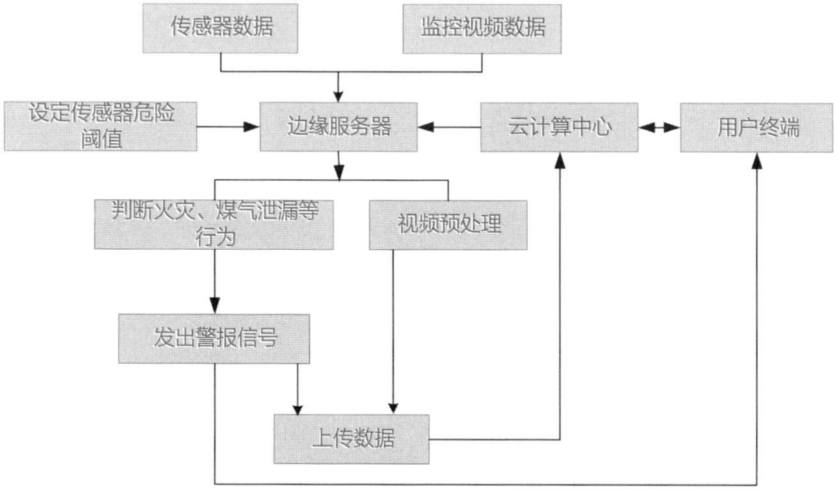

图5.17　边缘计算平台数据处理流程图

边缘计算听起来很陌生，但其实生活中到处都有它的痕迹。尤其是在智能家居这方面，下节笔者给大家介绍一下智能家居。

四、智能家居

1. 什么是智能家居

智能家居是利用感知技术、通信技术、网络技术和语音技术，将住宅中的基础设备连接起来，实现住宅空间中的“万物互联”。智能家居中的“大脑”是家庭网关，也叫作主机，是整个智能家居系统的核心，它统筹支配智能家居中的所有智能设备，是智能家居运行的必要条件。当然，各种智能开关、智能窗帘、智能照明等智能设备也是必不可少的，这些智能设备可以让传统的家电变成智能可控的。这样，再加上有线或无线网络、对控制管理实现可视化的应用，我们就可以享受到智能家居带来的舒适与便捷了！也就是说，现代家居产品结合物联网技术后变得聪明和高效，极大地提升了居家生活的体验，这便是智能家居了。目前，中国的智能家居行业中有以海尔、美的、格力等为代表的传统家电企业，以小米、阿里巴巴、华为为代表的互联网企业和其他专注于智能家居业务的中小规模企业。随着科学技术、研发能力和市场需求的改变，智能家居中的智能设备越来越多，实现的功能越来越丰富，带给用户的感观也越来越精彩。智能家居的发展可以分为三个阶段，分别是单品智能阶段、场景智能阶段和智慧家庭阶段。

2. 智能家居的发展阶段

（1）单品智能阶段

一开始，智能家居是以全屋智能为重点发展的，但是受安装成本和市场因素的影响，各类智能单品获得了消费者的青睐。智能音箱、智能扫地机器人、智能门锁等智能单品因满足消费者对智能家居的低预算需求，成为当前最热门的智能家居单品。消费者花较少的成本，就可以获得生活舒适性与便捷性的大幅度提升。智能音箱是传统音箱升级过后的产品，消费者可以通过语音实现歌曲点播、天气预报等超越传统音响的实用功能，甚至还可以使用语音命令对其他的智能家居设备进行控制，比如打开客厅照明、拉开卧室窗帘等，实现各类智能单品的联动。智能扫地机器人的消费群体主要是忙碌的上班族和懒于家务的年轻人，让其从费时费力的清洁家务中解脱。智能扫地机器人不需要用户过多的参与，它具备自动充电、定时工作等功能，可以自动完成对房间地板的清理工作。智能门锁的实用性受到了广大消费者的认可，被认为是智能家居的入口。它区别于传统机械锁，提供了更多的开锁方式和更可靠的安全保障，还能实现“开门就自动开灯”等丰富的智能联动，兼备便捷性与安全性。该阶段的智能家居以产品为中心，众多企业深入垂直领域，深耕专业单品，使得越来越多的智能单品成为人们生活的一部分。

（2）场景智能阶段

单品智能化还达不到智能家居的总体标准，它仅仅实现了智能家居的第一阶段。智能家居是一个功能完整、全面联动的生活方案，智能家居的第二个阶段是以场景为中心的智慧联动阶段。与各自为战的智能家居单品不同，场景智能的目标是对智能家居的各个功能内部的联动和住宅不同场景之间的联动。将智能家居以功能进行划分，可以划分为安全保障、休闲娱乐、照明控制、音频视频等不同功能；将智能家居以区域空间进行划分，可以划分为客厅、卧室、厨房、卫生间、阳台等不同场景。围绕不同空间，用户需要不同的功能，这一部分给个性定制市场带来很大空间，用户可以按照自己的生活习惯、兴趣喜好，设置住宅环境里设备的联动。例如，在智能客厅中，沙发可以引入健康保健功能，比如说按摩功能、放松功能等；客厅中的灯光可以根据用户的状态自动完成调节，比如说回家模式、离家模式、休闲模式和投影模式；与客厅相连的阳台窗户下雨天会自动关闭；在智能卧室里，当用户晚上睡觉时，系统会把所有灯光关闭，自动合上窗帘，智能床会跟踪用户的睡眠状态；当早上用户醒来，会有舒缓轻柔的音乐响起，帮助用户放松心情，进入美好的一天。

（3）智慧家庭阶段

智能家居的终极目标就是为了让人们的生活更加舒适、安全、方便和高效，因此，智能家居又走向以用户为中心的智慧家庭阶段。在该阶段，人工智能将是智慧家庭发展的关键因素，家居生活中存在的所有智能设备操作都离不开与用户的互动，所有智能设备的运转也离不开为用户服务。除此之外，不同厂商的智能硬件协同工作也是智慧家庭建设的重中之重。单品智能、设备互联、场景智能，全方位提升用户体验，为用户提供智慧化服务。全屋智慧开启的智慧生活，将住宅环境虚拟成一个精彩的数字世界，用户可以通过语音、手势等方式自然地与家里的智能设备“互动沟通”，互联互通、具备人工智能感知能力的智能设备可以“理解”用户行为，甚至“体悟”用户的情绪，点亮用户的生活。

目前智能家居采用的都是云平台来对住宅内的智能硬件进行管理和控制。对于云平台的使用依赖存在一定的问题，比如智能设备的响应速度过慢会极大地降低用户的使用体验，如果家里的网络出现故障，用户可能无法控制家里的智能设备。因此，在智能家居中，越来越多的厂商使用边缘计算的解决方案，使其与云计算协调配合，可以说，这种做法是对云计算的补充和优化。例如，智能家居的网关组件作为家居智能化的心脏，它可以实现系统信息的采集、输入与输出、远程控制、联动控制等功能，是边缘计算的重要载体。一方面，智能家居网关在边缘计算的支持下，对于在住宅中同一网关内的智能设备，可以根据收到的数据和用户预设定的条件和动作做出决策，传递给智能设备执行相应的控制命令。这样，对于能够实现边缘计算的智能家居设备，即使在没有互联网的情况下，也可以不受影响，这就避免了因为断网导致的智能家居系统瘫痪问题。另一方面，在智能家居中各种产品的交互场景中，边缘计算也将与云计算协同，充当网络管理或中央控制系统，实现设备之间的连接、场景管理。用户可以通过网络连接到边缘计算节点来控制住宅内的智能设备，还可以通过访问云平台实现对家庭网关的全管理，比如分析大数据，提供相关资源优化决策建议和实施家庭网络的管理和运营。在用户许可下，云协同智能家居系统可以分析用户在生活上的习惯，主动学习，不断优化智能模式，更好地为用户提供智能服务。

对话课堂

老师：怎么样，经过这一小节的学习，现在你能想象智能家居是什么样子的了吗？

学生：早上，我的卧室可以自动地用好听的音乐唤醒我，自动地打开窗帘。而我的厨房已经自动烤好了香喷喷的面包。等我背好书包关门去上学的时候，智能家居会自动关闭空调和灯光。一旦我放学回到家就激活了回家模式，自动开灯、推荐食谱、自动下单购买日常用品。

老师：晚饭后机器人自动打扫卫生、自动开启电视并切换至相应节目，睡觉前还会自动检查并关闭门窗和电器。智能家居让生活变得非常简单！

3. 面向智能家居的边缘计算系统架构和方案原理

（1）系统架构

系统主要包括业务支撑系统、智能家居边缘计算网关、部署于MEC上的服务、部署于公众网上的服务。智能家居边缘网关运行于用户家中，就近接入MEC节点，MEC节点向其覆盖范围内的用户提供服务，而这种服务是相应的智能家居服务公众网所无法提供的。业务支撑系统提供Service（服务）镜像的上传下载、应用程序的上传下载、应用和业务的部署策略、运营管理等功能[30]。

（2）方案原理

方案中，只包含一个智能家庭边缘计算网关，该网关搭载丰富的网络接口和扩展，用于家庭中的各类终端通信。本网关可运行的操作系统包括OpenWrt、Debian、Ubuntu等。智能家居边缘计算网关中运行的EAgent与业务支撑系统保持连接，用户根据自己的需要，通过EAgent从业务支撑系统下载APP。在家庭环境中，用户的手机APP可以与智能家居边缘计算网关直接连接，选择自己需要的APP，以及设定参数。在MEC服务器上预部署MEC-Agent，而MEC-Agent与业务支撑系统保持长连接。根据业务部署的需求，业务支撑系统向MEC-Agent下发部署指令，MEC-Agent再根据部署指令下载镜像，并创建容器，拉起服务。PAgent被部署于公众网，与业务支撑系统保持长连接。根据业务部署的需要，业务支撑系统向PAgent下发部署指令，

PAgent再根据部署指令下载镜像，并创建容器，拉起服务。在方案中，业务的处理主要由家庭内部的边缘计算网关中的APP来处理，当该APP无法处理时，再由部署于MEC的Service来处理。当MEC需要将业务信号发送给公众网时，再由公众网Service处理；反之，当用户需要从公众网访问业务时，由公众网向部署于MEC上的Service发起查询。在方案中，用户使用智能家居服务的过程中产生的数据及数据分析主要发生在边缘侧，并不会在公众网发生，这个方案有更好的性能和安全性。具体方案见图5.18。

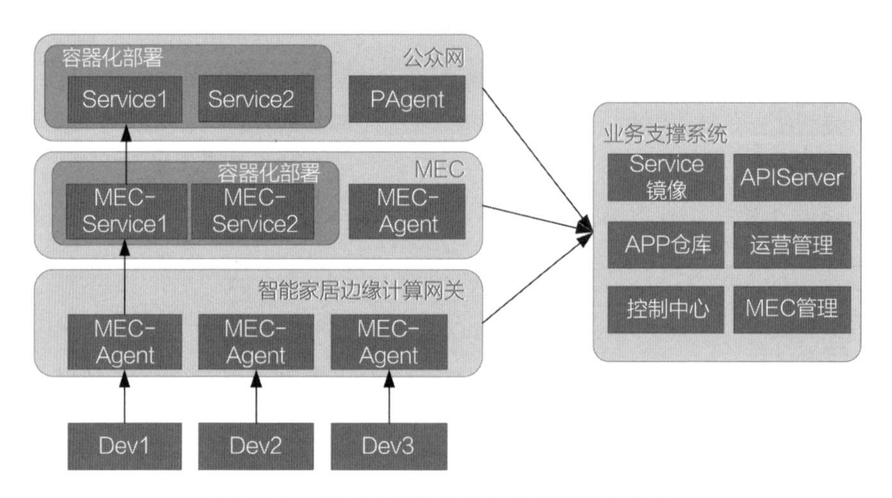

图5.18　基于边缘计算的智能家居解决方案

4. 应用场景

（1）家庭安防

当用户将家庭安防应用设定为布防状态时，如果传感器、门磁、窗磁或门锁识别到有人进入屋中，安防应用就会调用摄像头进行拍照以识别用户。

如果识别用户不是家庭成员，摄像头就会启动录像过程。同时安防应用会向MEC上的安防Service发起入侵告警。

如果MEC上部署了110 Service，则安防Service会向110 Service发起报警，否则就会向部署于公众网的安防Service转发告警信息，公众网安防Service再向110发送报警消息，同时通知用户。家庭安防示意如图5.19。

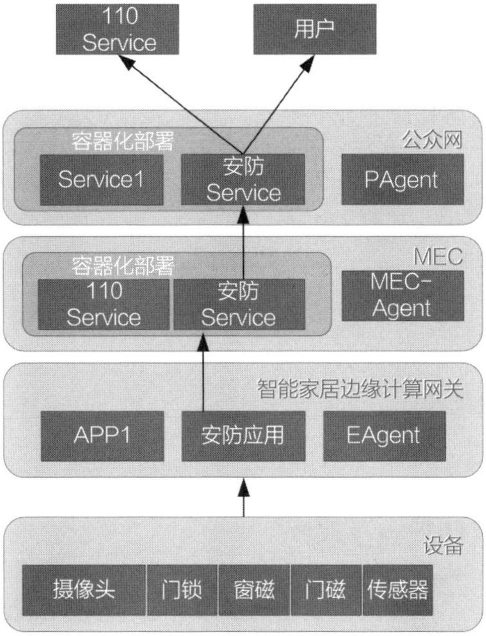

110
Service
用户
容器化部署
公众网
Service1
安防
Service
PAgent
容器化部署
MEC
110
Service
安防
Service
MEC-
Agent
智能家居边缘计算网关
APP1
安防应用
EAgent
设备
摄像头
门锁
窗磁
门磁
传感器

图5.19　家庭安防

（2）室内温度控制

当传感器检测不到屋内有人时，温度控制应用就会通知温度控制器关闭制冷或制热设备；摄像头会捕捉用户，温度控制APP会学习用户使用温度控制器的习惯，当捕捉到用户在相应的房间时，自动将温度调节至用户喜欢的温度，见图5.20。

智能家居边缘计算网关
温度控制
EAgent
设备
温度控制器
摄像头
传感器

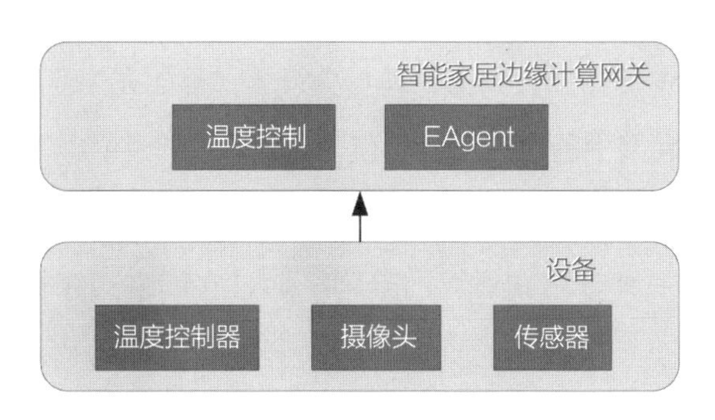

图5.20　家庭温度控制

头脑风暴：

1）什么是智能家居？

2）智能家居的发展阶段有哪些？

3）面向智能家居的边缘计算架构是怎么样的？

4）智能家居的应用场景有哪些？

五、工业互联网

1. 边缘计算驱动工业互联网

工业互联网是一个全新的工业生态体系，它把众多工业设备集成互联，提升资源配置和生产制造效率，从而推动新兴业态与创新应用，实现智能化生产、网络化协同、个性化定制、服务化延伸的目标。目前全球正在经历第四次工业革命，其核心的特征是数字化、网络化、智能化。可以说，工业互联网是新一代信息通信技术与工业经济深度融合的全新工业生态、关键基础设施和新应用模式，它通过人、机、物的全面互联，实现全要素、全产业链、全价值链的全面连接。

当今工业领域和计算机学科的所有前沿技术，包括边缘计算、智能控制、数字孪生、5G传输、大数据处理与决策等，都能在工业互联网中找到具体应用。工业互联网中的边缘计算不仅能为工业生产中的实际问题提供一个很好的解决方案，还可以为工业的智能化转型注入新动力。

边缘计算是一种分散式运算的架构，通过在网络边缘侧汇聚网络、计算、存储、应用、智能等五类资源，提高网络服务性能、开放边缘数据、激发新模式和新业态。工业生产作业的现场往往有很多不同种类的设备需要连接通信，以采集和传递数据，设备和网络由于其复杂性常常会产生很多问题，而工业互联网的边缘计算可以较好地解决这些问题。

工业的生产属性体现在工业现场的复杂性和对工业系统计算能力的实时性与可靠性两个方面。工业设备之间的连接需要边缘计算机提供“现场级”的计算能力，实现现有各种网络通信协议的相互转换和互联，同时处理不同网络的配置、安装、保养和维护等难题。此外，工业互联网边缘计算需要解决工业生产的实时性和可靠性问题。在一些工控场景中，计算延迟需要不超过10毫秒。因此，如果所有数据和指令都在云端进行处理，就难以满足对工业系统计算能力的实时性要求。同时，在工业作业生产现场，网络传输质量也至关重要，如果发生网络崩溃、传输过慢等意外情况，将会对工业生产造成巨大影响，因此，工业系统的计算能力要增强“本地存活”的可靠性，减轻断网等意外因素的影响。边缘计算能够提供工业互联网的发展新动力，满足工业转型升级必备的“设备开放，数据共享”的需求。当前工厂内部的大部分工业生产设备还采用软硬件一体化封闭系统的“哑设备”，这样采集到的生产数据无法共享，而且如果设备的生产厂家不同，设备之间的数据标准等都可能不同，这样采集到的数据无法匹配，更加影响工业发展对数据共享的要求。实际上，工业互联网所要求的智能化生产、网络化协同、个性化定制和服务化延伸，都需要边缘计算改变工业现场“哑设备”的情况，实现数据的开放和统一。所以，工业智能呼唤“边—云协同”的新模式[31]。工业互联网的边缘节点拥有大量、实时、完整的数据。工业智能的发展方向是将人工智能等新技术分别与云平台（长周期模型数据）和边缘节点（实时性现场数据）结合，为工业互联网的业务流程优化、运维自动化、业务创新带来新的驱动力，为工业生产带来显著的效率提升与成本优势。边缘计算的发展能够与云平台在工业数据的分析应用和工业智能发展上形成互补，实现“边—云协同”新模式。

2. 基于边缘智能协同的工业互联网体系

（1）体系架构

未来智慧工厂对各项业务都有着极大的需求，例如基于计算机视觉的故障缺陷自动检测、目标跟踪、集中远程操控等。在智慧工厂中，各项应用对于系统的响应时延都有很高的要求，除了网络传输的时延，人工智能计算带来的时延、数据分析产生的时延等也不容忽视。因此，在工业互联网体系中引入边缘智能协同是个很好的解决方案，本节将为大家介绍基于边缘智能协同的工业互联网体系架构。图5.21展示了此架构中，从边缘智能到云端管控主要包括的功能模块。

工艺建模与参数优化模块：通过边缘设备和传感器等采集工厂生产线、运营系统等数据，通过大数据分析与工艺建模，得到最优的工艺参数配置，并结合人工智能算法获得工艺参数调优方法，实现工业生产效率的提升。

边缘智能协同与边缘算法模块：面对工厂对系统计算容量的高需求与实际生产现场布控的边缘设备的低计算容量的矛盾，需要利用边缘智能协同计算技术实现边缘设备高效实时的信息采集与处理。例如有色金属加工行业中对金属质量进行实时检测、对异构设备故障预防等。

无线空口安全防护模块：针对工业互联网应用中无线传播特性下存在的空口安全隐患，提供无线空口安全防护能力，例如检测违法终端与基站、防御多种安全攻击等，以确保厂区无线通信环境安全可控，提升安全水平。

云边协同智能管控框架：针对上述功能模块，形成云边端一体化系统与管控平台，支持大数据存储分析、人工智能建模与算法实现、可视化界面管理。

（2）边缘智能的协同计算任务分配

在边缘环境架构下实现对神经网络模型的并行训练，将云服务器计算量卸载到边缘，能够进一步地降低时延。分布式模型的并行训练包括不同任务

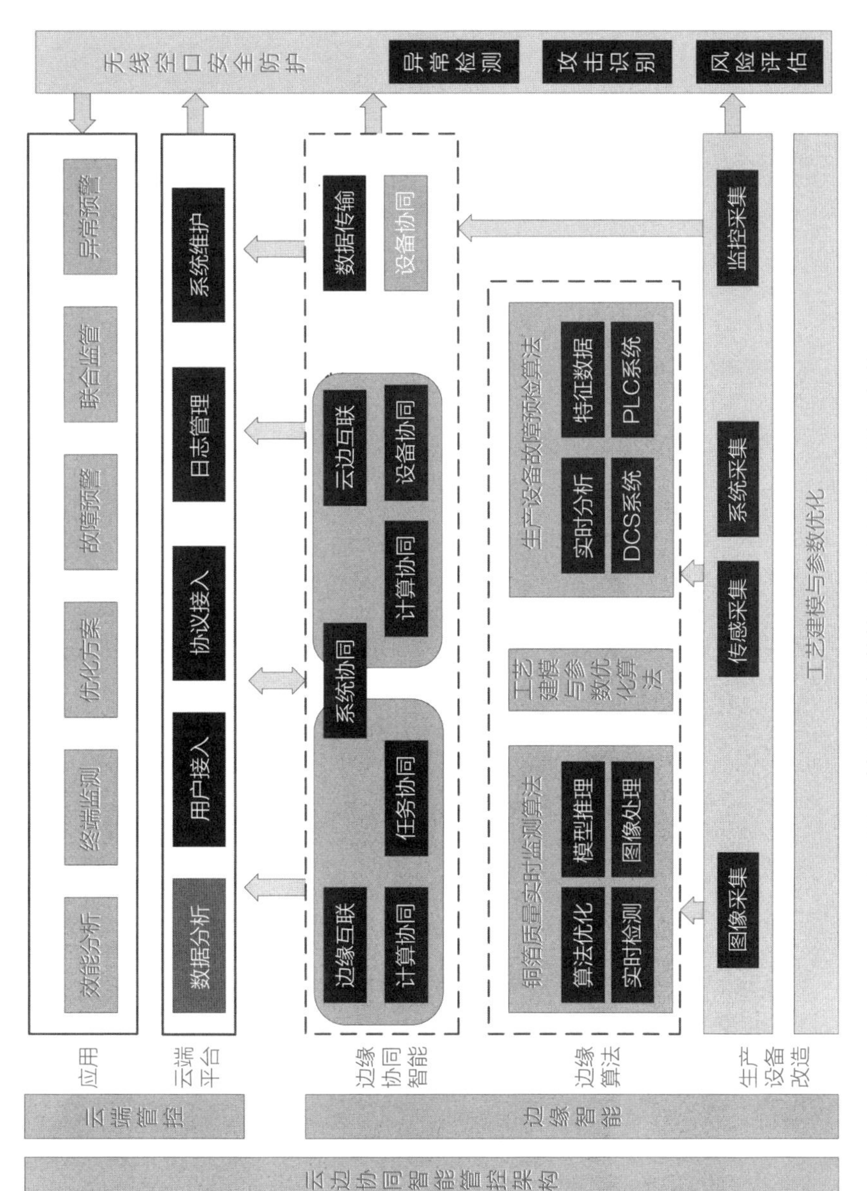

图5.21 基于边缘智能协同的工业互联网体系架构

网络模型间的并行训练和同一任务网络模型内部的并行训练两个方面。

（1）不同任务网络模型间的并行训练

在实际的工厂运作场景中，质量检测、视频监控、危险预警等任务通常被同时处理，这就需要不同任务的网络模型进行并行训练。受益于边缘节点的多任务计算能力，我们可以在边缘节点中部署多种任务的子模型，以达到在某一边缘节点进行不同的数据分析处理任务的目的。边缘节点可以使用从传感器设备接收到的数据执行分配到的任务，通过将自身的子任务模型得到的结果传输至云服务器，同时对自身的子任务网络模型进行训练，而后将多个子任务网络模型训练得到的权重分别传输至云服务器进行模型同步。为了进一步降低时延，边缘智能系统每隔一定周期根据任务复杂度与边缘节点的计算能力之间的关系分配任务，以达到减少信号处理任务完成时间的目的。

（2）同一任务网络模型内部的并行训练

对于质量检测、视频监控等涉及图像处理的任务，可以在不同边缘节点之间实现同一任务网络模型并行训练，包括深度卷积神经网络中卷积层与全连接层的并行化训练。

卷积层的并行化训练：假设输入卷积层的图像或者视频帧数据矩阵为X，卷积核矩阵为F，将X与F进行卷积相乘后得到特征矩阵A。根据卷积层的特性，多个卷积区域间互不产生影响，因此可以将X拆分为多个卷积区域并行做卷积运算，从而达到进一步降低时延的目的。将每个卷积区域分别与滤波器参数矩阵卷积，可以组成特征矩阵A，其中的每个元素都是基于X和F中对应的卷积区域计算的。不同的任务可以同时访问X中不同的卷积区域而不需要更新它们的值，这些任务之间不存在数据依赖性。

全连接层的并行化训练：全连接层部署着多个神经元，每层的神经元均与前一层的全部神经元相连。设在第i层的L_i一共有n_i个神经元，每个神经元与前一层的n_{i-1}个神经元全部相连，但是此层的神经元均相互独立，因此每层的每个独立的神经元可以进行并行计算。

3. 智慧火力发电厂

（1）边缘计算在智慧火力发电厂中的应用架构

火力发电满足了全球近五成的电力需求，智慧火力发电厂的信息系统普遍采用基于工业5G的云计算架构，但是目前关于边缘计算在智慧电厂中的研究相对空白，这是由于智慧火力发电厂的信息采集和流程控制十分复杂。在云计算架构模式下，所有终端数据均要传送至云平台进行集中储存和处理，但因为云计算有着诸多不足，智慧电厂物联网体系的数据体量庞大，来源丰富，冗余度高，更需要本地化的处理。图5.22展示了云边融合工业物联网的架构。

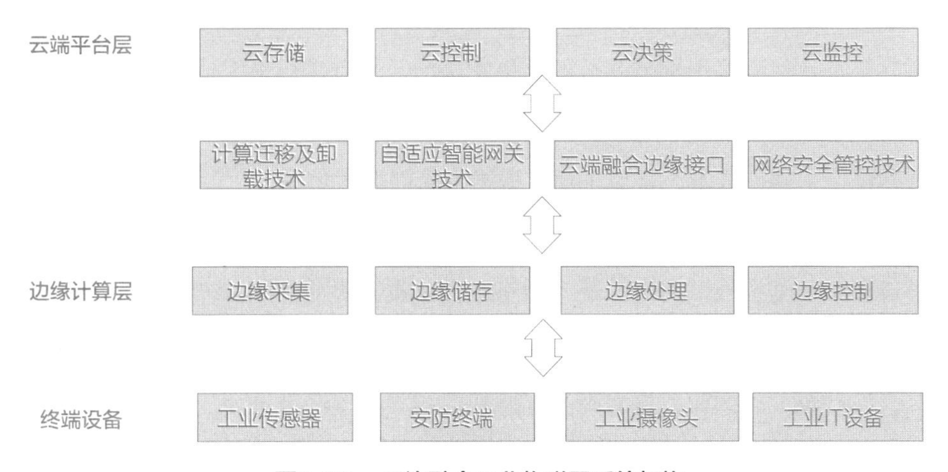

图5.22　云边融合工业物联网系统架构

研究表明，基于云边融合的工业物联网在智慧电厂中的应用有如下优势：有效缓解网络阻塞，降低网络时延，提升数据处理的实时性；实现计算资源的优化配置调度；降低计算硬件的投入。边缘计算在智慧发电厂中主要处于智能化发电平台的应用层，边缘计算层的边缘节点通过对数据的采集、储存、处理和控制可以实现智能检测、分析、诊断及报警等功能。

（2）边缘计算在智慧火力发电厂中的应用场景

工业摄像头及图像识别设备。工业摄像头是一种在众多领域“大展身手”的高分辨率彩色数字相机，具有即插即用、速度快、成像清晰等特点。

在智慧火力发电厂中，工业摄像头结合人工智能的图像识别与追踪技术可以对电厂的安全进行监控管理。经测算，对于一个中等规模的智慧火力发电厂，至少需要布置600个以上的工业摄像头来监测生产现场，才能对设备的故障与危险进行及时的检测与预警，从而实现对生产现场的安全情况进行良好的监控与管理，但是，发电厂的工作人员很难实时处理这样大规模的图像数据。如果将图像数据集中传输给云平台，让云平台处理，大量的网络资源和计算资源就会被占据，影响其他应用。因此，利用边缘计算建立云边融合架构的视频安全监控系统是一个很好的解决方案：首先为每个终端节点配备能够智能化处理图像的芯片，在边缘节点对特定故障进行识别，对异常特征进行筛选，然后将识别与筛选的结果发送给云平台进行更大成本、更加准确的运算，从而发出精确、完整的预警，预防危险事故的发生，这样的方案有效地降低了硬件成本，避免了信息激增带来的技术难题。

传感器与状态感知。电厂设备的维护往往采用传统的定期检修和巡逻检查等方式，维护周期固定，缺乏动态调整，难以提前预测。而且，火力发电厂的设备种类繁多，数量庞大，不同的生产现场，传感器的感知数据冗余度高，波动较大。例如，检测高温部件和管道等厚壁部件的温度梯度分布可以感知设备的损伤及寿命状况，但是将波动明显、冗余度高的感知数据集中传输给云平台处理，会占用大量的网络资源、存储资源及计算资源。此时，具有数据采集、存储、处理功能的边缘计算芯片就可以在设备层对数据进行集中处理，并将不同时间段存储的检测数据进行对比，判断设备寿命及内部损伤，减少云端数据处理中心的压力。

智能机器人及可穿戴设备。智能机器人的应用是智慧电厂的重要组成部分，智能机器人在巡检过程中需要处理大量传感数据，但是机器人受电池容量和计算资源的限制，存在故障定位时间不及时、事故处理响应慢等问题。因此，使用边缘计算服务节点为巡检机器人提供计算服务是发展智能机器人替代人力的有效技术手段。

（3）智慧火力发电厂部署边缘计算中的问题

信息安全问题。相比于集中式云平台的智慧电厂，使用云边融合架构避免了信息在云计算中心被一并窃取，也降低了信息在传输路径上被窃取的风险。这样做虽然降低了网络被攻击的隐患，但边缘计算多类别、高数量的设备接入也带来了新的信息安全问题。边缘计算服务节点因其处于网络的边缘位置，数据处理能力有限，导致分厂轻易地就会被攻击。虽然一个边缘计算服务节点被攻击对整个网络的危害比较轻微，但是它极易变成黑客进一步攻击网络的切入口。因此，边缘计算节点的身份认证、访问控制、入侵检测、隐私保护、密钥管理等几个方面的信息安全防控机制的体系化建设至关重要。

边缘计算节点的部署问题。多接入边缘计算是适合于智慧火力发电厂的网络架构，其中的边缘计算节点的部署需要综合考虑性能与投资。边缘计算资源的部署是一个优化问题，可归纳为以下步骤：

确定智慧电厂边缘计算资源需求：统计智慧电厂的边缘计算任务，建立根据空间和时序分布的边缘计算资源需求表。

边缘计算节点预选位置确定：确定边缘计算节点的预选点，部分预选点根据实际需求作为部署点。

建立边缘计算部署优化模型：可以以部署费用最小为优化目标，并将链路容量、计算资源、传输时延作为约束条件。

建立边缘计算部署混合整数线性优化模型，求解优化模型，确定边缘计算布置节点的位置及计算资源。

4. 电力行业

（1）边缘计算在电力行业中的应用优势

首先，电力行业有着天然的边缘计算落地条件。电网公司有着数量多、分布广的变电站、营业厅、配电所，可分级打造边缘节点，建设集算力与电力于一身的边缘计算数据中心站，构建云计算、边缘计算、端计算相互协同的数据处理完整链条。

其次，边缘计算在智慧火力发电厂的应用业务明朗。通过云边端协同计算，对内可以有力支撑电网智能巡检、视频监控、在线监测等业务开展；对外则可面向电信运营商、高清视频服务商、游戏服务商等产业互联网与消费互联网领域提供 5G 基础设施资源、图形处理器算力、视频分发等服务。边缘计算具有“算力下沉”的近端优势。电力行业中位于网络边缘侧的海量终端设备（例如电表的融合终端、电力巡检仪等）都具备一定算力，都可以作为边缘计算节点，原先需要集中采集传输到云中心进行统一处理的工作可下沉到各边缘节点本地处理。这样既可显著削减对传统电网云数据中心的网络带宽流量洪峰，降低远距离传输网络带宽成本，又可以极大地减少数据在传输过程中的暴露面，提升安全性。

最后，在火力发电行业中还有很多存量的物联网传感器设备，其算力资源十分有限，其中很多设备甚至依赖于电池供电。这些设备一方面由于资源受限，并不适合用于传输和处理大量数据的业务场景；另一方面，它们在处理复杂的计算任务时会消耗设备电池的有效工作寿命，提高设备维养成本。因此，我们可将这类物联网设备不能够完全胜任的算力迁移到靠近它们的边缘计算节点，以提升计算效率和数据处理效率。

在电力物联网推进的过程中，边缘计算依靠其更低时延、更高效率、海量异构设备连接、本地隐私安全保护、边缘可靠性自治等优势，为电力行业打造智能配电、智能输电、智能用电等多种场景提供更高效、更智能、更安全、更可靠的解决方案。

（2）电力行业边缘计算平台架构设计

平台采用多级分布式计算架构，即“中心云-区域云-边缘云”的体系架构，以满足不同场景下对于计算、存储、网络、响应时间的需求，见图5.23。例如，针对时延敏感的场景，边缘云可部署于多接入边缘计算服务器上，以缓解传感器设备与边缘节点的计算、存储压力，降低端到端的数据传输时延，使传感器设备做出正确、及时的响应。边缘计算平台整体架构设计包含云层、边层和端层三大层次。

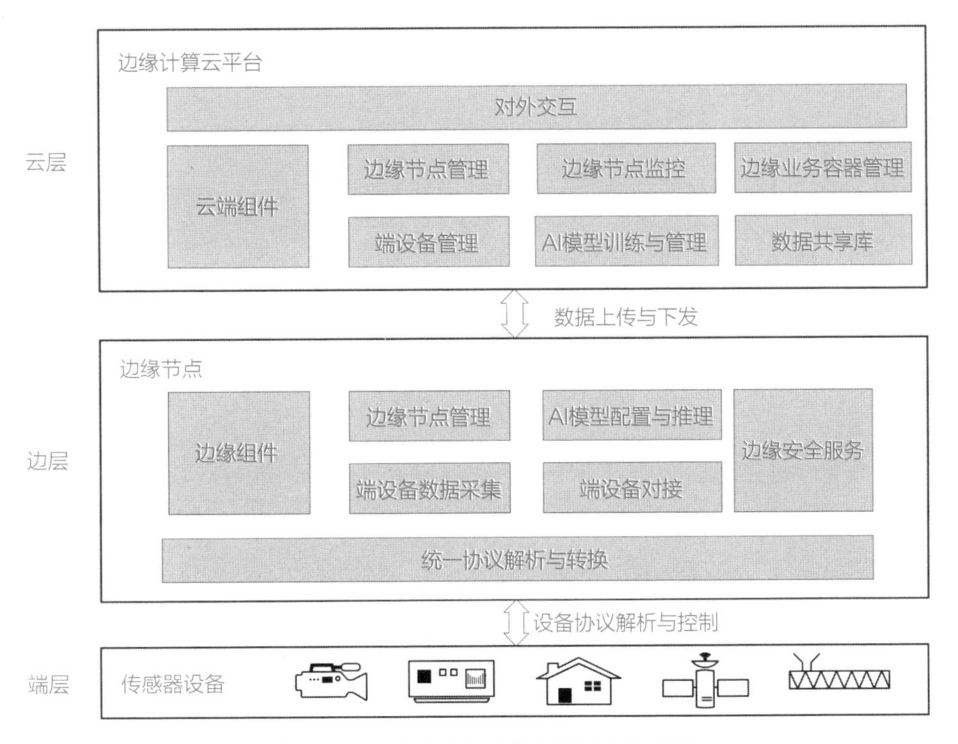

图5.23　电力行业边缘计算平台架构设计

（3）典型应用场景

在电力行业，边缘计算的应用场景总体上可分为采集、预测、巡检三大类：像智能电表、智能配电站房等是典型的采集类应用场景，这类场景通常需要对接大量电力设备终端和物联网传感器，并且需要采集大量数据在边缘侧进行处理，从而提高配电网可靠性以及经济效益；预测类的典型应用场景包括用户用电量预测、设备用电异常检测等，这类场景往往需要结合大数据建立精确的算法模型，以实现精准预测，预防危险事故的发生；巡检类的典型应用场景包括电网自动化巡检、设备缺陷智能检修等。

智能配电站房。配电站房是整个供电系统与分散的用户群直接相接的部分。配电站房内环境温度过高、湿度过低、漏水、非法闯入等情况极易引起各种电力事故。而传统人工巡视的运维方式存在人力成本高、安全可靠性差、意外停电风险大等问题。智能配电站房是指在配电站房内安装各类传感器设备，通过传感器采集站房内变压器、高低压柜、开关等电气运行及环境温湿度相关信息，组建一张自主可控的配电物联网，通过边缘计算本地分析处理，实现站房内环境信息与电气量等信息的实时采集，以及配电站房的远程智能化运维管理，避免配电房内各个系统功能单一，信息不共享的问题。采用边缘计算技术的智能配电站房具备以下五方面优势。

全域联动：智能配电站房在整体设计时即考虑设备之间的联动，如温湿度传感器与空调、智能门禁与视频监控、智能门禁与防触电设备、环境感知与风机等设备之间的联动。当某个感知数值超过阈值，即可联动其他设备，保证配电站房正常运行。

多网融合：智能配电站房的网络通信支持NB-IoT（窄带物联网）、远距离无线电、4G、5G、接入点、光纤等多种通信方式，可根据不同的应用场景构建通信网络，且支持自组网技术和多网络融合，从而节省网络配置时间和难度，保证数据传输的速度、稳定性和可靠性。

即插即用：为了保证智能配电站房设备的可维护性和可扩展性，站房内配置的硬件固件以及边缘节点核心组件、边缘应用均支持即插即用，免去了更新或维护设备造成的时间和人力成本。

边缘物联代理：智能站房可配备高性能的边缘物联代理装置，针对设备巡检、故障检测、视频监控、网络故障实时诊断、多业务可信接入、电力物联网数据共享和智能分析等场景，实现数据统一复用，以及安全可靠、便捷的运维。

无源无线：智能站房配置的感知设备多采用无线部署方式，这样做既摆脱了布线带来的施工难度，又提升了整体美观度。部分感知设备同时采取了无源架构，解决了取电问题，在节约能耗的同时也带来更高的安全性。智能配电站房的核心在于边缘计算节点（边缘计算盒子）。边缘计算节点将对接站房内各种传感器设备，采集它们的数据，而运行于边缘计算节点上的边缘应用可本地处理数据，并依靠边缘智能实时作出响应。

采用边缘计算的智能配电站房具备以下功能。

电量预测：精确的电量预测是进行电网规划和建设的重要依据。因此，精确的电量预测方法是当前电力行业研究的重点之一。目前，电量预测方法种类很多。传统的电量预测方法，如回归分析法、指数平滑法、时间序列预测等方法的研究者颇多。这些预测方法对于特定数据样本类型有一定优势，如回归分析法适合于中长期预测，算法简单；时间序列适合短期电量预测，算法复杂度较低。但是电量预测受时间、经济、政策、季节、气候等诸多复杂因素的影响，另外各地区用电量的变化也呈现差异性和多样性，这给电量预测方法的通用性和预测准确度带来挑战。业界提出将边缘人工智能芯片与深度学习领域的长短期记忆网络模型结合的解决方案，这个方案不仅能把多个因素当作特征维度作为输入，综合考虑各个因素最终给出一个合理的预测值，还能学习各种数据的变化趋势，对电量变化的差异性和多样性有很强的泛化能力。长短期记忆网络模型对互联网应用的负载流量的预测效果显著，它对多种形态的流量变化趋势都有优异的预测效果，预测误差可以控制在5%以内，完全满足电力行业电量预测应用的需求。

用电异常检测：居民的异常用电行为导致供电企业的线路损坏率居高不下，严重影响了电力企业的正常运营秩序。这类频繁的异常用电消耗，不仅使电力企业遭受严重的经济损失，还威胁到了人们的生命安全。因此，智能高效的异常用电检测模型对电力行业管理部门至关重要。目前，我国电力行业的异常用电检测几乎都是采用人工排查或根据用电数据库规则推断的方法，这些方法存在适用性、准确率和效率较低的问题。通过边缘人工智能优化用户设备定位和电力异常检测，并引入基于系统状态的检测方法、基于数据驱动的检测方法等，都能有效探索用户日用电量、月用电量等不同时间尺度的数据，提升检测的效率与准确率。

输电线路无人机巡检：可燃性飘挂物、导线散股、导线烧蚀等问题时刻威胁着输电线路的安全运行，如果不及时处理，就会影响输电线路的正常供电。传统巡检存在巡线距离长、效率低、工作量大、工作条件艰苦等问题，而无人机则具有携带方便、操作简单、起飞降落对环境的要求低等特点。得益于边缘计算技术，搭载了云边协同机载运算模块的无人机，借助人工智能识别系统，可在输电线路中实现自动伴线飞行，以实现输电线路的异常信息识别与采集，并将异常点现场的高清晰度照片及地理位置上报云端，有效增加超负荷运行下设备检测的次数，从而实现对输电线路上的树木、建筑进行及时排查，确保输电线路的安全。

输电线路断股补修：受雷击、线路振动等因素的影响，输电线路中会出现线路断股的现象。线路断股作为一种严重的线路故障，需要及时进行维护。由于传统的人工维护需要工人在高危环境下作业，所以以边缘计算为核心的线路断股修补系统被提出以降低工作的危险性。边缘计算输电线路断股补修系统需根据应用场景，对专用维护工具进行设计。边缘智能一体机器人可以基于人工智能进行图像特征分析，独立实现边缘侧智能作业处理，完成故障的自主检测，并根据检测结果开展相应的维护作业。边缘计算输电线路断股补修系统包含边缘智能一体机器人本体及其云端控制平台。机器人本体在被安装到架空地线后，在云端控制平台的控制下，可以携带专用工具沿线路行进，跨越防震锤接近断股故障区域，然后利用断股复位工具将线路断股复位，并最终利用断股压接工具完成断股补修。

5. 关键术语

（1）边云协同

边云协同是边缘侧与中心云的协同，它包括资源协同、应用协同、数据协同、智能协同等。工业智能的发展方向是将人工智能等新技术分别于云平台（长周期模型数据）和边缘（实时性现场数据）结合，为工业互联网的业务流程优化、运维自动化、业务创新带来新的驱动力，从而带来显著的效率提升与成本优势。边缘计算的发展能够与云平台在工业数据的分析应用和工业智能发展上形成互补，实现“边云协同”新模式。

（2）卷积层与全连接层

卷积神经网络中每个卷积层都由若干卷积单元组成，每个卷积单元的参数都是通过反向传播算法得到的。卷积运算的目的是提取输入数据的不同特征，第一层卷积层可能只能提取一些低级的特征如边缘、线条和角等，其后的卷积层则能从低级特征中迭代提取更复杂的特征。

全连接层中的每一个结点都与上一层的所有结点相连，它被用来把前边提取到的特征综合起来。由于其全相连的特性，一般全连接层的参数也是最多的。

（3）GPU

GPU又称显示核心、视觉处理器、显示芯片，是一种专门在个人电脑、工作站、游戏机和一些移动设备（如平板电脑、智能手机等）上做图像和图形相关运算工作的微处理器。

（4）NB-IoT

NB-IoT是万物互联网络的一个重要分支。NB-IoT构建于蜂窝网络，它只消耗大约180kHz的带宽，可直接部署于全球移动通信系统网络、通用移动通信系统网络或长期演进网络，以降低部署成本、实现平滑升级。

NB-IoT是物联网领域一个新兴的技术，支持低功耗设备在广域网的蜂窝数据连接。NB-IoT支持待机时间长、对网络连接要求较高设备的高效连接。NB-IoT设备电池寿命可以提高至少10年，同时还能提供非常全面的室内蜂窝数据连接覆盖。

（5）LoRa

LoRa是基于Semtech公司开发的一种低功耗局域网无线标准，其目的是解决功耗与传输难覆盖距离的矛盾问题。一般情况下，低功耗无线电的传输距离近，高功耗则传输距离远。但LoRa技术解决了如何在同样的功耗条件下比其他无线方式传播得更远的技术问题，实现了低功耗和远距离的统一。

LoRa实际上是物联网的无线平台。Semtech的LoRa芯片组将传感器连接到云端，实现了数据和分析的实时通信，从而提高效率和生产率。

头脑风暴：

1）什么是工业互联网？

2）基于边缘智能协同的工业互联网体系是怎样的？

3）边缘计算在智慧火力发电厂中的应用架构是怎样的？

4）边缘计算在电力行业中的应用优势有哪些？

六、虚拟现实/增强现实

1. 什么是虚拟现实和增强现实

你是否了解虚拟现实是什么，你是否体验过虚拟现实，接下来我们就进入虚拟现实的世界。

虚拟现实即VR（Virtual Reality），最早可以追溯到1957年莫顿·海利希（Morton Heilig）发明的仿真模拟器。20世纪80年代，美国VPL公司的创始人杰伦·拉尼尔（Jaron Lanier）提出了这个术语。虚拟现实实际上是通过计算机虚拟仿真系统创建一个三维的虚拟空间，使观看者在视觉上有一种临场感。

虚拟现实是一门综合性技术，它主要以计算机技术为基础，综合运用了计算机仿真技术、三维图形技术、传感器技术、显示技术、人机界面技术等。它构建的体验虚拟世界具有多感知性、交互性、自主性、存在感4个特征。从理念上看，虚拟现实技术的核心特征可以归纳为“3I”，“3I”即沉浸（Immersion）、互动（Interaction）和想象（Imagination），即通过对现实的捕捉和再现，将现实的世界和想象的世界融为一体，将用户引入兼具沉浸、互动与想象的虚拟世界。因此，拓展人们想象力、满足人们好奇心的奇观类和想象类题材，更适合使用虚拟现实技术来呈现，如目前热门的领域：房地产领域、虚拟现实+旅游等。这些只是虚拟现实改变人类生活的冰山一角，我们相信未来的众多行业都会与虚拟现实进行深度契合。

简单介绍完虚拟现实，接下来就继续探索一下增强现实吧。

增强现实即AR（Augmented Reality），是一种实时计算相机图像的位置和角度，并添加相应的图像、视频和三维模型的技术。这项技术的目标是将虚拟世界放在屏幕上，并与现实世界进行交互。增强现实是1990年被提出的。随着便携式电子产品的中央处理器的计算能力的提高，增强现实技术的应用将越来越广泛。增强现实是一种将现实世界信息和虚拟世界信息“无缝”集成的新技术。它利用计算机等科学技术，在现实世界的一定时空范围内，模拟和叠加难以体验的物理信息（视觉信息、声音、味觉、触觉等），将虚拟信息应用到现实世界中，使人的感官能够感知到，从而达到一种超越现实的感官体验，而这种感官体验是通过将真实的环境和虚拟的物体实时地叠加到了同一个画面或空间中实现的。增强现实技术具有多媒体、三维建模、实时视频显示及控制、多传感器融合、实时跟踪及注册、场景融合等新技术和新手段。

增强现实技术不仅广泛应用于类似虚拟现实技术的应用领域，如尖端武器和飞机的研发、数据模型的可视化、虚拟训练、娱乐和艺术，而且由于其能够增强真实环境的显示输出能力，所以在医学研究和解剖训练、精密仪器制造和维修、军用飞机导航、工程设计、机器人远程控制等领域比虚拟现实技术有更明显的优势，且被广泛应用。虚拟现实和增强现实技术的出现完全改变了用户与虚拟世界的交互方式。为了保证用户的体验，虚拟现实/增强现实的图片渲染需要具有极强的实时性。尽管虚拟现实/增强现实技术已经存在了两年，但大规模采用仍需要边缘计算。边缘计算处理可以将图像渲染得更接近最终用户，从而进一步增强效果。研究表明，将虚拟现实/增强现实的计算任务卸载到边缘服务器或移动设备，可以降低平均处理时延，这对于虚拟现实/增强现实及其相关用例，超低延迟和高带宽至关重要。

2. 面向增强现实的边缘计算架构

增强现实的巨大潜力主要体现在工业应用中。在过去的几年里，无数个原型已经被实现。尽管市场容量如此巨大，但大多数增强现实原型都无法开发成适销对路的产品，其原因有以下两点：

首先，由于现有的增强现实硬件仍然缺乏计算性能，无法为用户提供令人信服的增强现实体验。例如，2012年推出的谷歌眼镜在运行要求苛刻的增强现实算法时存在过热和电池寿命短的问题。甚至更现代的设备，如微软的HoloLens，仍有局限性，例如可渲染多边形的数量有限。其次，在不同的移动设备（指不同的硬件、操作系统、平台等）上运行增强现实应用程序并维护本地更新是非常昂贵的。

这些问题是如何解决的？通过在无线网络中使用边缘计算将计算实时迁移到高性能服务器，边缘计算使计算资源和服务更接近最终用户。与云计算相比，它的主要优点是减少了延迟，从而提高了应用的实时性。对于增强现实应用程序，边缘服务器可用于提供计算密集型增强现实算法的远程执行。这种架构对客户端设备和边缘服务器之间的数据传输路径提出了很高的要求，因为它需要在短时间内发送大量数据。

增强现实在工业领域的一个著名应用案例就是远程辅助。在该案例中，机器操作员如果遇到无法解决的机器错误，可以通过视频传输和增强现实获得远程专家的帮助。

（1）架构

本节介绍的增强现实边缘计算体系结构由两个主要角色组成，这两个角色分别为客户端和边缘服务器。前者希望将得到的增强现实信息叠加在他对物理世界的感知上，而后者的任务是为用户带来增强现实体验，因此它需要运行具有计算挑战性的增强现实算法。客户端设备可以是任何带有集成摄像头的移动设备，而边缘服务器应该是具有相应图形卡的高性能计算机，该计算机配备有相应的显卡。在实际用例中，还涉及另一个角色，即远程专家。因为远程专家必须能够从操作员那里将注释绘制到视频流中，所以他应该配备笔记本电脑或平板电脑。

我们假设操作员和远程专家之间的连接已提前建立。运营商的移动增强现实设备摄像头先以配置的帧速率捕获帧，并将其与一些惯性测量单元数据一起发送到边缘服务器上。远程专家现在看到了传入的视频流，并且能够随时暂停视频流，向其中画出一些有用的提示标注。之后，这些标注和相应的图片标识码一起被发回给边缘服务器。这样，边缘服务器可以将带标注的图像与保存的相机姿势相匹配，并且可以在视频中正确注册标注。注册新标注后，服务器可以将其呈现到相机屏幕。此外，双向音频连接在人机之间建立。

用户端—移动设备。如前所述，客户端设备可以是运行操作系统的任何移动设备，并且具有集成摄像头和惯性测量单元。该设备的唯一任务是从这两个组件捕获实时数据，然后将其发送到边缘服务器，以显示输入的视频数据。对于速度更快的设备，还可以只卸载跟踪进程，并在客户端设备本身上进行渲染。

服务器端—边缘云。图像处理服务器负责所有需要在客户端移动设备上进行过多计算的操作，即相机姿势跟踪和可能的增强渲染，它连续接收用户收集的视频流和惯性数据。对于姿势跟踪任务，需要初始化步骤。这是通过从接收到的图像中提取视觉边缘特征，并与先前从应用环境中收集的特征的预注册数据库进行匹配来实现的。与图像标识码对应的相机姿势的最新历史记录被保存在图像处理服务器中。当接收到远程专家绘制的标注时，服务器使用姿势信息和现有的三维环境信息来定义附着到真实世界中标注的平面。这是通过使图像中的标注与实际环境平面最大程度重合来实现的。在本地化之后，标注被渲染到移动设备传入屏幕的每个帧中。然后，渲染的图像将被发送回最终用户，并覆盖在实时视图上。

远程专家。远程专家的应用程序应至少提供以下功能：显示从机器操作员收到的视频流、暂停视频流、提供视频流中的绘图标注的工具（以及再次删除标注的工具）、将评论发送回边缘服务器。由于Unity 3D应用程序被部署在客户端设备和边缘服务器上，因此Unity 3D也被用于远程专家应用程序，以避免数据交换中的兼容性冲突。

（2）应用

增强现实远程协助系统。制造企业总是在想尽办法最小化机器停机时间。的确，机器操作员可以解决发生的大多数错误，但维护工作需要机器或部件制造商从旁协助的情况并不罕见。在某些情况下，电话支持不足以使机器再次运行，服务工程师必须到现场处理这一问题，这意味着长时间停机和高昂的差旅成本。此时，视频会议系统就可以提供便利。机器操作员戴着增强现实眼镜，通过IP语音（VoIP）与远程专家联系。与此同时，眼镜集成摄像头记录实时视频流并将其发送给远程专家，以便专家评估现场情况。现在，增强现实技术可以进一步扩展此类应用，为专家提供设施，将助手的虚拟叠加绘制到视频流中，然后在操作员的增强现实眼镜中显示。通过这种方式，可以消除潜在的误会，例如按下哪个按钮、检查哪个电缆等，以便操作员可以快速解决问题，从而降低成本。已经有几个增强现实远程实时支持应用程序问世，但其中大多数没有使用适当的跟踪方法，即远程专家的标注无法正确注册。相反，这些解决方案要么只能在操作员的眼镜中显示数据表和手册，要么使用过时的方法，如标记跟踪。这主要是因为上述移动增强现实设备的计算资源不足，但如果我们使用AR边缘计算架构就很容易解决这一问题。

可穿戴增强现实设备。基于透视光学的增强现实头盔显示器已经出现了几十年，尽管直到最近才被用于国防。如今，增强现实头盔显示器已在消防、治安、工程、物流、医疗、教育等多个市场中被使用，这些领域的应用强调传感器、特定数字成像和强大的连接性。消费类应用程序也在迅速增长，这类应用程序强调连接性和数字图像功能。这样的细分市场之所以能够兴起，得益于智能手机行业最近的技术飞跃。目前，头戴式显示设备厂商考虑的姿势跟踪方式有两种：内–外跟踪和外–内跟踪。在外–内跟踪中，用户的头部由外部传感器观察。这通常是通过在头戴式设备上添加某种标记，同时使用摄像头作为外部传感器来实现的。这种外入式追踪（外–内跟踪）的一个主要问题是，外部摄像头的视野范围会限制用户的移动范围。在内–外追踪中，传感器被安装在设备上，并根据观测结果计算出其姿势。由内向外的姿势跟踪与由外向内相比有几个优点：移动范围不受外部传感器的视野限制；与惯性传感器的融合也成为可能，可以获得更强大的姿势估计能力。但是使用摄像头的视觉输入进行姿态跟踪需要非常密集的计算，尤其是在没有现有环境信息的情况下必须部署同步定位和映射方法。然而这种计算负荷对于头戴式显示器的嵌入式处理器来说可能是难以承受的，所以通常考虑通过网络将部分处理工作外包给一个更强大的处理单元集群。在这种情况下，降低网络造成的延迟变得至关重要，这时我们就可以使用增强现实边缘计算架构。

3. 基于 MEC 的虚拟现实关键技术

虚拟现实区别于多媒体技术的特征是什么呢？

VR具备的特征有沉浸感、互动性和想象力，其中沉浸感和互动性是虚拟现实与传统多媒体技术最重要的区别，交互时延和场景逼真度是衡量虚拟现实用户体验的关键指标，而低成本是影响虚拟现实技术广泛普及的关键商业因素。

为了在虚拟现实的用户体验和成本之间取得合适的平衡，软硬件厂商通过大量的技术尝试，推出了多种形态的解决方案[32]。5G+MEC的低时延、高带宽网络特性和计算节点下沉，为寻求虚拟现实用户体验和成本之间更佳的平衡提供了新思路。MEC是实现虚拟现实规模化部署的最佳方式。

（1）MEC网络组织架构及其对虚拟现实的价值

在MEC网络架构下，将虚拟现实应用部署在MEC节点上会带来以下优势：由于MEC计算节点被直接部署在移动网关附近，可以减少虚拟现实应用数据与终端用户之间网络传输的设备跳数，减少网络处理延迟；虚拟现实应用程序运行在MEC节点上，可以实现数据本地化处理。对于同一用户面功能下的接入用户，数据不需要进入互联网，可以减轻互联网上的传输压力；虚拟现实内容制作的边缘化。例如，在虚拟现实直播场景中，可以直接在MEC节点上进行虚拟现实视频拼接、编码转码和分发。本地用户可以就近卸载，或其他MEC节点覆盖的用户可以通过内容分发网络快速分发；MEC 的分布式组网方式，可实现移动场景下虚拟现实的连续体验，如在高速移动载体（例如汽车和高铁）上观看虚拟现实直播或参加视频会议。

（2）基于MEC的虚拟现实关键技术

MEC的高带宽、低延迟和移动接入功能将是实现高虚拟现实体验的最佳方式。本节以虚拟现实直播视频场景为例，说明基于MEC的保证虚拟现实极限体验的关键技术。虚拟现实直播视频场景是基于MEC的虚拟现实应用的典型场景。在MEC场景中，虚拟现实视频业务需要管理、终端和云的联动，实现虚拟现实内容在管道中的生产和分发以及在云中的内容管理。

基于 MEC的虚拟现实视频内容制作技术。虚拟现实全景视频的端到端技术链包括全景视频捕获、视频拼接、投影、编码、分发和解码。在MEC场景中，虚拟现实摄像机采集的多幅图像可以利用5G大空口带宽上传到MEC节点，完成全景视频拼接、投影和流媒体播放。对于虚拟现实内容制作，MEC可以简化内容制作流程，简化虚拟现实直播设备的组成和成本。

管、端联动，实现虚拟现实内容的高画质、低时延传输。虚拟现实内容制作完成后，需要实现快速分发到用户端，减少用户视角切换延迟，确保图像质量。虚拟现实视频内容的分发涉及视频编码和转码、封装和流媒体。全帧虚拟现实视频的分辨率较高，而用户视野（场视角）内区域的分辨率较低。因此，全帧传输的带宽利用率较低。4K全景图像的分辨率达到100兆字节，而场视角的分辨率只有几十兆字节。因此，基于场视角度的管、端联动的内容分发方式可以更有效地利用带宽资源，同时确保用户体验。在编码阶段，我们使用Tile编码技术将虚拟现实图像分割成多个独立的编码Tile并分别编码。在视频分发链路中，我们根据用户上传的场视角信息，将用户场视角覆盖区域内的编码Tile分发给用户进行解码、拼接和显示。为了减少用户视角切换延迟，每个独立平铺都使用足够短的画面组进行编码。为了防止切换用户视角时没有图片的问题，可以根据网络情况将全景低清晰度视频流推送给用户。

端、管、云联动，实现虚拟现实内容的快速分发。MEC具有内容转发、分流和加速能力。因此，使用MEC内部网可以实现类似内容分发网络的虚拟现实内容的快速分发。对于5G接入网用户，虚拟现实内容可以直接通过MEC内网就近分发，无须上传到云，然后通过内容分发网络分发，进一步减少虚拟现实视频网络处理延迟。在虚拟现实内容制作中，MEC节点扮演着直播源站的角色，它可以将制作的虚拟现实视频内容上传到云端，并通过内容分发网络加速分发网络实现虚拟现实内容分发。

头脑风暴：

1）什么是虚拟现实和增强现实？

2）MEC 可以为实现虚拟现实的规模化部署提供哪些帮助？

3）边缘计算能够为虚拟现实和增强现实作出哪些贡献？

第六章

边缘计算的精彩未来

边缘计算是一次技术的改革，它不但对技术领域有着改变和影响，还对社会和生活领域有着长远影响。边缘计算给社会发展注入了新鲜又澎湃的能量。

一、边缘计算改变技术

1. 计算变成一种“基础设施”

在这个信息爆炸的时代，用户从信息的消费者变成了信息的创造者，这种用户参与的模式使得互联网数据急剧增长，与互联网诞生时相比，当前互联网产生的数据量膨胀了上千亿倍，而且未来的数据膨胀还在不断加剧。过去，企业和个人的数据都被存储在自己的计算机里，随着海量数据的增长，高效且低成本地存储和处理变得十分困难。但边缘计算可以高效、低成本、低功耗地满足社会对于海量数据的实时计算、保存以及隐私保护的需求。

过去，计算能力都被放置在个人计算机或者服务器里，但是越来越复杂的计算需求以及摩尔定律的消亡使得这样做的可能在未来微乎其微。

云计算应运而生，它的发展就如同100年来人类用水的演变进程，随着水的净化和输送技术的工业化，家庭和企业逐渐关闭了自己的水井，转而从高效便利的公共水厂购买自来水。云计算数据中心就如同大型水厂，而连接数据中心的互联网络就如同四通八达的水管。要存储和处理海量信息，不仅需要大带宽的网络基础设施，还需要处理海量数据的云计算平台。在当前的发展中，云计算平台正逐步成为一种社会公共资源，为企业和个人提供信息服务。

但是，随着科技的继续发展，天文数字般的物联网设备的涌现，单一的云计算已经越来越难以满足当前的社会需求。因此，推动边缘计算已经是箭在弦上了。

> 发展趋势：
>
> 单一的个人计算机或服务器响应计算需求——云计算响应计算需求——边缘计算和云计算协同响应计算需求。

2. 边缘计算将会极大降低企业信息化成本

微软将边缘计算作为信息化发展战略，该公司的整体边缘计算设备利用率可以达到行业平均水平的355%，其整体成本是同等竞争对手的2/3。

边缘计算服务最重要的优势在于企业能够降低购买和维护硬件、软件以及其他开销的成本。

一项针对企业的调查结果显示，针对边缘计算能给企业带来的优势，26%的企业认为边缘计算能够降低成本，31%的企业认为边缘计算能够提高业务的灵活度，23%的企业认为边缘计算能够使得企业对市场的反应更迅速。

从这项研究数据我们可以发现，企业对于引入边缘计算进入业务场景的计算解决方案都表现出极大的兴趣。

3. 边缘计算极大程度地影响了企业产品发展趋势

边缘计算将赋予互联网乃至物联网更大的发展和想象的空间，并在很大程度上改变相关企业的运营和发展模式。通过边缘计算，更多想象力丰富的、天马行空的应用得到实践发展的土壤。利用海量的物联网终端设备和边缘计算服务器，万物互联的程度将更上一个台阶，人们对周边设备的掌控程度也将大幅提升。亚马逊技术总裁甚至强调，边缘计算几乎可以应用于我们周边所有的设备中来，甚至创造更多我们从未想象到的设备和生产生活方式。同时，边缘计算将扩大各类软硬件产品的外延，并改变软硬件产品的应用模式，通过边缘计算，我们周边的各类设备将得到更高水平的互联。

再者，相关的产品研发方向也将发生改变。AMD（美国超威半导体公司）总裁表示，未来的技术发展将会和边缘计算中的设备应用发生很大关联，AMD的相关平台将会顺应这种改变，在技术发展的目标设想中也会加入边缘计算相关新内容。

二、边缘计算对各行各业的影响

以边缘计算为主导的技术浪潮对当前的信息产业以及相应的应用模式产生了巨大的影响。传统的三大运营商，强劲的硬件厂商华为、中兴通讯、新华三集团以及老牌的互联网厂商腾讯、阿里、百度，都在边缘计算的时代浪潮下纷纷布局边缘计算并发布其边缘计算商业和产品策略规划。借助这样的互联网技术以及信息产业的时代巨轮推动，传统产业以及人们的生产生活方式也将发生极大的改变。

1. 在互联网领域，使得信息消费模式发生巨大改变

在可以预见的未来里，信息消费的模式将是这样的场景：海量的物联网终端设备分布在我们身边的每一个角落，凭借边缘计算技术的发展，我们无须将终端设备采集的信息再传送回数据中心或者是云中心。直接在本地完成实时计算和响应，既免去了漫长的传输等待时间，满足了某些应用即时响应的要求；又满足了保护用户隐私的需求，从根源上杜绝隐私泄露的问题。

边缘计算可以在大规模用户集聚的情况下提供高可靠性、低时延、隐私保密的服务，而其成本较低的终端设备又能使其在竞争中保持相应优势。

这些优势使得边缘计算受到了广大科技企业的普遍青睐。例如网易、腾讯都是边缘计算服务提供的先驱，他们都在推动着边缘计算相关领域的探索与开发。

2. 在工业领域，助力工业化和信息化的融合

目前，大多数工业领域企业都在着手利用边缘计算整合其现有的数据处理方式，实现对既往建设的数据资源利用。通过边缘计算来处理工业生产所带来的海量数据，以期降低系统的成本，提高系统的效率和性能，加强经营决策的实时程度，将是各企业使用边缘计算的一个重要领域。

以中国联通研究院在北京联通公司实施的基于边缘计算的数据分析的试验为例，该试验证明了相对于原先使用的云计算和数据分析应用，在采用了自主研发的基于多个节点的边缘计算架构的并行数据分析工具之后，完成同等规模的数据分析任务时延性能提高了13倍，而成本仅为当前的1/2。

随着信息通信技术的日益融合，各企业将推出各自的边缘计算相关应用，并开放其边缘计算平台的接口和开发环境，鼓励越来越多的开发者推出丰富的相关应用，带动其业务的增长。

三、面对边缘计算，中国科技企业将走向何方

中国科学院前院长路甬祥在一次会议中讲道：“历史经验表明，全球性经济危机往往催生重大科技创新和技术革命，1857年的世界经济危机引发了以电气革命为标志的第二次技术革命，1929年的世界经济危机引发了战后以电子、航空航天和核能等技术突破为标志的第三次技术革命。”当前，无论是经济社会发展的强烈需求，还是科学技术内部所积蓄的能量，都正在催生一场新的科技革命。

边缘计算正是这样一场新的科技革命！对于中国，它既是机遇，更是挑

战！它必将深刻改变信息产业的格局，同时改变我们的生活，甚至会改变中国科技在全球的地位。我认为，作为中国的科技管理机构，应该直面挑战，抓住机遇，从国家层面重视边缘计算的技术变革，在教育、普及、重点研发、示范工程等诸多领域统筹规划，科学发展，这包括以下四个方面。

1. 助力国家信息建设基础，推动国家信息化快速发展

随着各行各业信息化程度的不断深化，政府、大型企事业单位等重点客户面临着许多困境与挑战：机房的建设和系统运维难，人工成本和能源消耗巨大等。边缘计算将可以提供可靠的硬件、丰富的网络资源、低成本的构建和管理能力，加速国家信息基础设施的建设。同时，边缘计算服务可以帮助中小企业孵化创新，缩短产品投入市场的时间，推动企业信息化进程，进而促进一个国家的企业的信息化快速发展。

2. 促进节能减排，建设资源节约型、环境友好型社会

边缘计算的资源整合可以有效地降低能源消耗，提高能源使用率。实践表明，和传统云计算中心处理任务请求相比，边缘计算能够节省约15%的电能消耗，节能效果显著。据统计，2021年中国信息设备大约消耗2372亿度电能，如果采用边缘计算技术提供数据处理服务，那么全国一年将节省355亿度电能，能够有力地支持节能减排目标的实现。

3. 发展我国边缘计算产业，保护国家数据安全

以美国为代表的发达国家信息服务业的服务范围是跨国界的，其全球强势地位一时还难以撼动，其产业渗透在我国处处可见。我国大量互联网数据被聚集在北美的数据中心上，使用谷歌、微软、雅虎等的搜索和邮箱的网民数量难以估计，国家的数据安全以及国民个人信息隐私的安全令人忧虑。而将公共事务处理任务直接放在边缘节点中完成响应，可以更好地整合资源、

灵活调配。借助边缘计算，我国可以用较低的投入、较快的速度来创建自有的数据资源和知识资源，提高对世界知识总量的拥有率、转化率和使用率。

4. 促进产学研用相结合，加快科学技术创新

边缘计算是为了解决企业信息化发展的实际问题而由产业界推动的技术创新。海量数据处理是现代工业发展的二个标志，边缘计算的应用有采集存储公共交通数据、航空航天实验数据、极端天气数据等。我们应开展边缘计算研发，创建符合以企业为主体、市场为导向、产学研用相结合的技术创新体系，促进我国形成自主创新的基本架构，提高我国科技创新能力。

参考文献

[1] 王其朝,金光淑,李庆,等.工业边缘计算研究现状与展望[J].信息与控制,2021,50(3):257-274.DOI:10.13976/j.cnki.xk.2021.1030.

[2] 赵明.边缘计算技术及应用综述[J].计算机科学,2020,47(S1):268-272,282.

[3] 吕华章,陈丹,王友祥,等.国际标准风起云涌 盘点MEC2018新进展[J].通信世界,2018(12):35-38.DOI:10.13571/j.cnki.cww.2018.12.022.

[4] 孟月.5G创新助力绿色低碳发展[J].通信世界,2022(12):14-15.DOI:10.13571/j.cnki.cww.2022.12.005.

[5] 郭嵩.边缘计算与CDN协同技术[J].电信科学,2019,35(S2):65-70.

[6] 田辉,范绍帅,吕昕晨,等.面向5G需求的移动边缘计算[J].北京邮电大学学报,2017,40(2):1-10.DOI:10.13190/j.jbupt.2017.02.001.

[7] 程琳琳.中国移动成立边缘计算开放实验室34家合作伙伴已入驻[J].通信世界,2018(29):12.DOI:10.13571/j.cnki.cww.2018.29.005.

[8] 李奥,廖军,刘永生,等.中国联通智能边缘计算技术演进规划与应用研究[J].信息技术与信息化,2019(9):241-244.

[9] 佚名.网宿科技构建面向未来的边缘计算数据中心[J].电气时代,2021(9):14.

[10] 章继刚.Akamai保证后疫情时代的安全数字化体验[J].网络安全和信息化,2021(3):11-12.

[11] 周旭,王浩宇,覃毅芳,等.融合边缘计算的新型科研云服务架构[J].数据与计算发展前沿,2020,2(4):3-15.

[12] 耿小芬.移动边缘计算技术综述[J].山西电子技术,2020(2):94-96.

[13] 同[1].

[14] 任姚丹珺,戚正伟,等.工业互联网边缘智能发展现状与前景展望[J].中国工程科学,2021,23(2):104-111.

[15] 金琦,刘宗凡,邱元阳,等.边缘计算,云服务向多元化应用场景的延伸[J].中国

信息技术教育,2022(9):71-76.

[16] 范德俊.AIoT技术在城市安防系统中的应用浅析[J].中国安防,2020(5):69-73.

[17] 张洺雨. 基于边缘计算的车联网切片及其资源分配研究[D].厦门大学,2020. DOI:10.27424/d.cnki.gxmdu.2020.001259.

[18] Farris I, Orsino A, Militano L, et al. Federated IoT services leveraging 5G technologies at the edge[J]. Ad Hoc Networks, 2018, 68: 58-69.

[19] GE X,Song T, Mao G,et al. 5G Ultra-Dense Cellular Networks[J]. IEEE Wireless Communications, 2016, 23(1): 72-79.

[20] Ordonez-Lucena J, Ameigeiras P, Lopez D, et al. Network Slicing for 5G with SDN/NFV: Concepts, Architectures, and Challenges[J]. IEEE Communications Magazine, 2017, 55(5): 80-87.

[21] 梁家越,刘斌,刘芳.边缘计算开源平台现状分析[J].中兴通讯技术, 2019, 25(3): 8-14.

[22] 陈岳林,高铸成,蔡晓东.基于BERT与密集复合网络的长文本语义匹配模型[J/OL].吉林大学学报(工学版):1-9[2022-08-24].DOI:10.13229/j.cnki.jdxbgxb20220239.

[23] 陈思光,陈佳民,赵传信.基于深度强化学习的云边协同计算迁移研究[J].电子学报,2021,49(1):157-166.

[24] 时坤,周勇,张启亮,等.基于联盟链的能源交易数据隐私保护方案[J/OL].计算机科学:1-14[2022-08-24].https://kns-cnki-net--buaa.cyxvip.com/kcms/detail/50.1075.tp.20220810.0952.024.html.

[25] 郑禾丹,马菲菲,李林霞,等.MEC环境下多维属性感知的边缘服务二次聚类方法研究[J/OL].计算机应用研究：1-8[2022-08-24].DOI:10.19734/j.issn.1001-3695.2022.04.0148.

[26] 文旭桦,鄢欢,肖荣奋,等.基于边缘UPF下沉的5G定制网在电子制造业的应用[J].广东通信技术,2022,42(6):2-5,15.

[27] 彭绍亮,白亮,王力,等.面向智慧医疗的可信边缘计算[J].电信科学,2020,36(6):56-63.

[28] 陈丹,肖羽,胡翔,等.多接入边缘计算在医疗行业中的应用[J].信息技术与标准化,2021(4):10-14,21.

[29] 同[28].

[30] 黄倩怡,李志洋,谢文涛,等.智能家居中的边缘计算[J].计算机研究与发展,2020,57(9):1800-1809.

[31] 李辉,李秀华,熊庆宇,等.边缘计算助力工业互联网:架构、应用与调整[J].计算机科学,2021,48(1):1-10.

[32] 刘红波,赵军.基于MEC的VR关键技术[J].电信科学,2019,35(S2):149-154.